KB191154

향기

향기

식물이 빚어낸
매혹적이고 경이로운 이야기

엘리스 버넌 펄스틴 지음
라라 콜 개스팅어 그림 김정은 옮김

SCENT

SCENT
by ELISE VERNON PEARLSTINE

This Korean edition is published by arrangement with Yale University Press, London through BC Agency, Seoul.

일러두기

- 이 책의 각주는 옮긴이 주입니다.

내 이야기에 귀 기울여 준 레너드에게,
그리고 앨리슨, 마이크, 벤, 팀, 앤드루, 에이버리에게

내 목소리를 찾는 것을 도와준 미셸린에게

머리말

역사에 그런 것들이 기록되기 전부터, 사람들은 바닥에 향기로운 풀을 흩어 놓거나 소나무 가지로 집 안의 생기를 돋우거나 튼 손에 꽃잎을 넣은 기름을 문지르는 방식으로 그들의 삶에 향기를 더하곤 했다. 오늘날에는 누구나 향기 나는 로션, 향수, 향기로운 초 한두 개쯤은 있을 것이고, 심지어 향기 나는 화장지도 있을지 모른다. 정원사는 향기가 좋은 식물을 애지중지 키우면서 향기로운 라일락 꽃이 피어나기를 손꼽아 기다리고, 꽃다발을 받으면 거의 누구나 코를 가까이 대고 꽃 냄새와 풀내를 맡는다. 어떤 서점에 가도 원예에 대한 책을 찾을 수 있을 것이다. 심지어 특정 관심사나 지역만을 다루는 원예 책도 있다. 또 식물이 서로 어떻게 반응하는지, 꽃가루 매개 동물을 어떻게 유인하는지, 환경과 어떻게 상호 작용하는지와 같은 식물의 행동에 관한 책도 늘어나고 있다. 향수와 향기에 관한 블로그와 책도 있다. 이 주제들의 공통점은 방향 화합물이라는 것이다. 식물의 2차 화합물이라고도 불리는 방향 화합물은 식물을 보호하고 꽃가루받이에서 중요한 역할을 한다. 또 식물의 행동, 환경에 대한 반응, 건강과 관련된 일에도 한몫을 한다. 이야기에 과학이 어우러진 이 책은 세계 곳곳을 둘러보며 식물이 만드는 냄새 분자의 역사와 그런 분자가 우리 세계에 끼친 영향을 살펴볼 것이다. 우리가 향기 나는 식물과 그 산물을 사랑하기는 하지만, 휘발성 유기 화합물volatile organic compound 또는 〈VOC〉라고도 불리는 식물의 방향 화합물의 진화에서 우리 인간이 해온 역할은 미미하다. 향수와 훈향incense*과 약의 성분이 되는 식물의 진화를 일으킨 것은 나방, 벌, 딱정벌레, 박쥐, 곰팡이이다. 조향사이자 자연학자인 나는 이 책을 쓰고 조사를 하는 내내 향기 나는 식물들과 그 식물들의 작은 친구와 천적들에 감탄했다.

향기의 자연사는 훈향과 향신료와 정원과 향수의 이야기다. 유향나무에서 재스민에 이르기까지, 식물은 꽃과 잎과 씨앗에서 작용하는 방향 화합물의 기능을 통해서 인간이나 주위 세상과 상호 작용을 한다. 종종 테루아라고 불리는 환경적 특징은 식물이 만드는 휘발성 물질에 영향을 주므로, 이 책에서는 향기 식물과 그 산물을 그 원산지를 기준으로 설명할 것이다. 역사는 훈향과 향신료 같은 향기로운 산물에 매료되어 왔고, 산업은 향기로운 재료를 기반으로 발전해 왔다. 정원의 꽃 냄새를 맡거나 향신료로 음식을 만들거나 개인 공간에 향수를 뿌리거나 하는 친숙한 경험의 맥락과 차이는 고대와 현대, 그리고 전 세계에 걸쳐 이루어진 교역과 제조 방식을 통해 형성된 것이다.

향에 대한 지각은 정량화하기가 어렵고 매우 개인적이며 묘사할 수 있는 어휘가 적다. 이 책에 식물의 향기를 묘사하는 설명은 내가 오랫동안 비교하고 대조해 온 식물의 정유essential oil와 추출물에 대한 내 지식에서 유래한 것도 있고, 문헌에서 찾을 수 있는 설명에서 유래한 것도 있다. 모든 사람이 같은 방식으로 냄새를 맡는 것은 아니다. 나의 목표는 향기를 경험하고 묘사하는 방

* 피우는 향. 〈향기〉를 뜻하는 향과의 혼동을 피하기 위해서 훈향이라고 쓴다.

법에 대한 어떤 토대를 제공하고, 냄새를 맡고 묘사하면서 우리를 둘러싼 향의 세계를 즐기는 법을 제시하는 것이다. 휘발성 유기 화합물에 대한 글을 쓰기 위해서는 외부 세계에 대한 식물의 상호 작용에 영향을 주는 분자에 이름을 붙이고 그 분자를 설명해야 한다. 이 책에 등장하는 물질들을 식물이 쓰는 도구 정도로 취급하고 싶을지, 향의 이면에 있는 화학에 대한 글을 더 많이 읽고 싶을지는 당신의 관심사에 따라서 다를 것이다. 식물을 약으로 사용하는 것은 아주 오래된 관행이고, 현재 이루어지고 있는 여러 연구의 주제이기도 하다. 그러나 나는 향에 집중하기 위해서 약용 식물은 극히 제한적으로만 다룰 것이다.

우리가 장미에서 향기를 뿜어내게 하거나 유향나무에서 향기로운 수지 덩어리를 만들게 한 것은 아니지만, 우리의 이야기는 우리가 향료라고 부르는 식물의 2차 화합물과 얽혀 있고 그것을 통해서 이어지기도 한다. 손상된 잎, 가냘픈 꽃잎, 수액이 많은 나무줄기, 새 가지, 꽃가루, 꽃꿀, 씨앗, 나뭇잎에서는 꽃가루 매개 동물, 포식자, 해충에 반응하여 휘발성 물질이 분비된다. 향기를 위해 교배된 소수의 식물을 제외하면, 우리가 즐겁게 음미하거나 이용하는 식물의 냄새는 우리가 만들어 낸 것도 아니고 우리를 위해 만들어진 것도 아니다.

이 이야기를 위해서, 나는 우리가 방향 물질을 활용해 온 역사를 고대부터 현대까지 따라가면서 영성과 신비주의, 권력과 혁명과 통제, 정원, 향수와 산업과 패션으로서의 향기라는 주제를 다룰 것이다. 향기와 얽힌 인간의 이야기는 신비주의와 하늘로 올라가는 향기로운 연기로 시작한다. 그 연기의 달콤한 냄새는 신에게 보내는 메시지로 받아들여졌다. 유향, 몰약, 대마, 코펄 같은 수지와 단향나무와 침향나무 같은 나무는 아주 오래전부터 훈향으로 이용되고 교역되었다. 나무의 목재에서 유래하는 분자는 복잡하다. 종종 크기가 크고 치유 효과가 있으며, 향수와 전통 약재와 종교에서 대단히 귀하게 여겨졌다. 수지에서는 소나무 향과 레몬향, 청량함, 테르펜이 느껴진다. 더 작은 분자인 테르펜의 냄새는 숲속을 걷거나 훈향의 연기가 피어오를 때 맡을 수 있다.

찬장 속 작은 병에 들어갈 정도의 소량이지만 엄청난 향을 풍기는 향신료는 전 세계적으로 교역과 탐험에 영향을 미쳐 왔다. 한때 후추, 정향, 육두구, 생강, 카르다몸 같은 향신료의 원산지는 신비에 싸여 있었고, 비밀과 전설의 대상이었다. 탐험가들은 희미한 단서를 따라서 그 원산지들을 찾아냈고, 그렇게 제국의 확립과 막대한 부의 창출을 도왔다. 향신료는 허브나 덩굴이나 나무의 꽃, 열매, 나무껍질, 뿌리, 씨앗이다. 식물의 이런 부분에서는 저마다 특유의 맛과 향을 내는 분자를 만드는데, 이 분자들은 자연에서는 종종 항균과 보호 작용을 한다. 이런 식물의 서식지는 따뜻한 삼림 지대나 외딴섬이다.

정원은 여러 허브와 장미를 비롯한 꽃들의 보금자리이고, 꽃은 꽃가루 매개 동물을 끌어들이기 위한 향을 만든다. 하지만 우리도 그 향기에 끌려서 아름답고 향기로운 꽃들을 주위에 두고 소중하게 가꾼다. 인간에게는 늘 정원이 있었다. 그리고 정원은 식물을 심고 가꾸는 사람들만큼이나 다양하다. 허브 정원은 종종 구조가 소박하고 목적이 단순하다. 라벤더, 로즈메리, 그 외 향기 나는 식물을 키워 치유와 요리에 쓰려는 것이다. 반면 부자는 식물과 장식으로 부를 과시하는 웅장한 정원을 만든다. 그런 정원은 바깥 세상을 차단하고 조용히 〈꽃 냄새를 맡을〉 장소를 제공한다. 식물 사냥꾼은 항상 독특한 식물을 찾아다니며, 그중 일부가 현재 세계 곳곳의 식물원에 있다. 정원 꽃식물의 상징과도 같은 식물인 장미의 역사는 길고 복잡하다. 어떤 장미는 정원을 벗어나서 야생과 오래된 건물 주위에서 무성하게 자란다.

향기에 관한 책이라면 아름다움과 매력을 목적으로 하는 향기 화합물의 추출과 향수 제조에 대한 이야기가 빠지면 완성될 수 없을 것이다. 꽃은 향기 분자를 만들고 조합하는 데 능하며, 저마다 독특한 꽃향기를 만들기 위해서 수백 가지의 방향 화합물을 생산할 수 있다. 그 향기에 이끌려 다가온 나방, 나비, 벌, 딱정벌레는 달콤한 꽃꿀을 빨고, 그 과정에서 작은 꽃가루 덩이를 근처의 다른 식물에 전달한다. 나방과 꽃담배의 관계는 휘발성 분자를 기반으로 끌어당기거나 밀어내거나 보호하는 작용이 일어나는 사례를 잘 보여 준다. 프랑스 남부에 위치한 그라스는 푸른 지중해 근처의 석회암 산악 지대에서 향수의 도시로 발전했다. 그곳에는 라벤더가 나고 재스민이 무성했다. 향수는 상큼한 감귤류 향, 중심이 되는 꽃 향, 기저에 깔리는 머스크 향이나 나무 향으로 구성되었고, 초창기 향수 제조와 향료 추출 사업의 토대가 되었다.

현대의 향수는 과학과 산업이 만나는 지점에서 탄생했고, 실험실에서 만들어진 합성 분자가 들어간다. 조향사들은 그들의 상상 속 향기를 창조하기 위해서 그런 합성 분자들을 이용하기 시작했고, 코코 샤넬 같은 선구자들은 향과 패션을 결합시켰다. 단일 분자와 공식화된 배합으로 만들어진 혼합 향료는 더 값비싼 식물 추출물을 대체함으로써, 오늘날 패션계에서는 해마다 수백 가지에 이르는 향수 신제품이 출시되고 있다. 새로운 도구와 소비자들의 요구로 인해, 이제 향수 회사들은 다시 식물을 분석하고 향을 만드는 미생물을 작은 생물학적 공장으로 이용하고 있다.

내가 이 글을 쓰는 동안 세상은 어떤 전환점을 맞이하고 있다. 우리는 기후 재앙의 한가운데에 있고, 전 세계적인 유행병에서 벗어날 방법을 찾기 위해 애쓰고 있다(내가 이런 글을 쓰고 있다는 것이 믿기지 않는다). 이 책을 읽는 동안, 당신은 향신료를 재배하며 살아가는 원주민들과 작은 농장들의 이야기에 끌릴 수도 있고, 사람들이 〈상원 의원The Senator〉이나 〈고조할아버지Gran Abuelo〉 같은 이름을 붙이며 애정을 쏟은 거목들이 위험에 처해 있다는 이야기에 마음이 쓰일 수도 있다. 또는 우리가 좋아하는 허브와 정유를 얻는 식물이 자라는 지중해 지역에서 기온과 강수량 사이의 불안한 균형이 지속되는 문제를 신경 쓸 수도 있고, 신비로운 침향목을 만들어 내는 숲 경관이 직면한 문제에 주목할 수도 있다. 지식은 힘이 될 수 있다. 따라서 나는 이 책에서 얻은 지식이 향기로운 선택을 하는 데 도움이 되었으면 좋겠다. 그리고 나의 또 다른 간절한 소망은 독자들이 느긋하게 주위의 향기를 음미할 기회를 갖는 것이다. 나무 아래나 화단 근처에서 잠시 발걸음을 멈추거나, 마당에 향기로운 꽃이나 허브를 심거나, 특이한 향신료를 사용하는 새로운 조리법 한두 가지를 배워 보기를 바란다. 그다음에는 밖으로 나가서 지역 식물원을 지원하고, 공원 청소 활동을 돕고, 친환경적인 정원 가꾸기 방법을 알아보고, 이 세상의 토양과 곤충과 미생물과 식물이 지속될 수 있는 길을 찾아 나가길 바란다.

이 책은 단순히 향수와 향수 제조에 관한 책이 아니다. 우리 역사와 삶에서 향기로운 식물이 어떤 자리를 차지하고 있는지에 관한 책이다. 그리고 정원사, 향수와 향기 애호가, 여행이나 산책을 좋아하는 사람, 요리사, 곤충을 사랑하는 사람, 꽃가루 매개 동물을 끌어들이는 식물을 기르기 위해서 마당의 잔디밭을 없앤 사람, 무엇이든지 냄새를 맡는 사람, 장미나 라벤더에 푹 빠져 있는 사람, 천연 훈향에 대해 더 많이 알고 싶은 사람을 위한 책이다. 어쩌면 당신은 식물과 곤충에 은밀한 삶이 있을지도 모른다고 생각하고, 그저 세상에 대해 더 많이 알고 싶은 것일 수도 있다.

차례

식물의 향기

라임나무 잎을 하나 들고 햇빛에 비추면 수백 개의 작은 향기 주머니가 보인다. 또는 라임 열매의 껍질을 벗기면 청량한 작은 물방울들이 흩뿌려진다. 숲길을 걷다가 큰 소나무에 손을 대보면, 나무와 햇볕 냄새가 나는 끈끈한 송진이 손에 묻을지도 모른다. 향기로운 장미 한 다발을 꽃병에 꽂아 놓으면, 방 안에 향기가 가득하고 어쩌면 옛 연인의 기억이 떠오를지도 모른다. 조그만 통후추 알갱이를 빻을 때 그 알싸한 향기 속에서 향신료 향과 나무 향과 감귤류 향을 느껴 보자. 그런 다음 이런 향을 만든 식물들을 잠시 생각해 보자. 식물이 향기를 만드는 것은 우리를 위해서가 아니라 그들의 꽃가루 매개 동물과 포식자인 나방과 딱정벌레, 세균과 곰팡이, 꿀벌과 파리 때문이다. 식물은 꽃가루 매개 동물을 끌어들이고, 질병과 싸우고, 초식 동물을 쫓아내고, 스스로 치유하기 위해서 자신을 둘러싼 세상과 상호 작용을 한다. 이 책은 그 과정에서 식물이 어떻게, 그리고 왜 휘발성 화합물을 만들고 조작하는지에 대한 이야기다. 또한 선사 시대부터 중세를 거쳐서 산업화 시대에 이르기까지 둥글게 이어져 있는 세계 곳곳의 역사와 문화에 등장하는 사람들과 그들의 식물에 관한 이야기이기도 하다. 이를 통해 우리는 연기, 신앙, 비밀, 권력, 국가 건설, 부, 중독, 혐오, 패션, 유혹을 새로운 관점으로 들여다보게 될 것이다.

많은 이가 그렇듯이, 내게도 향기 이야기는 과자 굽는 냄새, 향초가 주는 위안, 건조한 사막의 여름이 지나간 후 방부목 위에 내리는 비, 예쁜 분홍색 난초, 잘 가꿔진 정원의 기름진 흙냄새처럼 나에게 친숙한 환경과 함께 시작된다. 좋은 향기에 대한 나의 특별한 관심은 조향사라는 나의 직업과 복잡하게 얽혀 있다. 나는 나의 향수를 만들기 위해서, 즉 식물이 무심결에 하는 일을 어찌저찌 재현하기 위해서 내 경험과 향에 대한 이야기에 의지했다. 때로는 온갖 좋은 향기가 가득한 내 작은 갈색 병들을 가만히 쳐다보는 것에서부터 시작한다. 내 손가락만큼이나 친숙한 그 병들 하나하나를 바라보며, 나는 향기에 대한 나의 기억을 불러내어 향을 창조한다. 어떨 때에는 가느다란 시향지를 갈색 병 하나에 살짝 담갔다가 눈을 감고 숨을 들이쉰다. 그런 다음 다른 향료를 적신 새 시향지를 나란히 가져다 놓고 두 향을 함께 맡는다. 숨을 들이쉬면서 향을 한 조각씩 쌓아 나가는 것은 내가 향기를 들이마시고 냄새를 만드는 과정에서 유일하게 중요한 일이다. 때로는 성분들이 어우러지면서 하나의 이야기가 되거나 어떤 감정을 불러일으키기도 하고, 향수를 통해서 창작에 대한 열망이 충족되기도 한다.

식물은 우리에게 주로 먹을거리로 친숙하다. 곡물, 과일, 채소처럼 우리 삶을 지탱해 주는 것이기도 하지만, 향기를 만드는 데에도 귀하고 유용하다. 장미의 향이나 유향나무의 수지 덩어리가 우리 때문에 만들어진 것은 아니지만, 우리의 이야기는 식물의 2차 화합물과 얽혀 있고 이를 통해 중재된다. 식물이 살아가기 위해서는 먹을거리와 생체 구조가 필요하다. 그래서 식물은 단백질과 지방과 탄수화물을 만들어 몸을 지탱하고 양분으로 쓴다. 이런 1차 화합물은 식물의 물질대사에서 생명에 필수적인 기능을 하는 데 반드시 필요하기 때문에, 식물의 에너지와 자원은 대부분 여기에 집중된다. 이런 분자들은 변형되어 향기 나는 화합물을 형성할 수도 있다. 예를 들어 카로티노이드라는 색소가 변형되면 제비꽃 향기가 나는 이오논이라는 분자가 된다. 식물의 생활에서 생식과 질병에 대한 저항성 같은 다른 중요한 과정은 성장과 영양에 버금가는 일이다. 식물은 짝을 찾거나 질병을 피하기 위해서 위치를 옮길 수 없다. 그래서 식물은 꽃에서 방출되는 향기 분자로 꽃가루 매개 동물을 끌어들이기도 하고, 손상된 잎과 줄기에서 나오는 휘발성 분자로 포식자를 쫓아내거나 질병에 저항하거나 조직을 치유하기도 한다. 이는 식물의 향기에 영향을 주는 것이 우리 인간이 아니라 꽃가루받이를 매개하는 나방, 식물을 먹고사는 작은 곤충, 질병을 일으키는 세균과 곰팡이라는 것을 의미한다. 향기를 위해 교배되는 소수의 식물 품종을 제외하고는, 우리가 즐기고 활용하는 식물의 향기는 우리가 만든 것도 아니고 우리를 위해서 만들어진 것도 아니다. 그러나 어쨌든 우리는 인간이 처음 민트 잎을 씹었을 때부터, 또는 향기로운 소나무로 모닥불을 피웠을 때부터 식물의 향기와 치유 특성을 귀하게 여겨 왔다.

훈향, 나무, 수지

인간에게 이 이야기는 신비주의와 하늘로 올라가는 향기로운 연기와 함께 시작된다. 한때 불은 어둠과 두려움으로부터의 보호를 의미했다. 그러다 불은 나무와 수지를 밤하늘에 피어오르며 행복감을 주고는 덧없이 사라지는 향기로 바꿔 놓기도 했다. 나무에서 만들어지는 수지인 유향과 몰약은 그 역사가 초기 이집트 시대까지 거슬러 올라간다. 이집트인들은 사원의 의식이나 시신 보존에 이런 수지를 이용했다. 아프리카의 뿔이라고 불리는 아프리카 북동부 원산인 유향나무와 몰약나무에서 나온 수 톤의 수지 덩어리는 배를 통해 아라비아반도의 혹독한 사막 깊은 곳으로 운반되었고, 그곳에서 대상 행렬의 낙타에 실려서 동서양을 연결하는 초기 교역로를 따라 전 세계로 전해졌다. 건조하고 바위가 많은 지형에서 느리게 자라는 유향나무나 몰약나무에서 생산되는 이런 향기로운 수지는 손상된 나무껍질을 덮어 줌으로써 감염을 유발하는 병원체로부터 나무 자신을 보호하는 일종의 연고 같은 것이다. 지구 반대편에 있는 아메리카 대륙의 나무에서 생산되는 코펄이라는 수지는 오래전부터 숭배 의식과 신비주의 신앙에 사용되어 왔다. 단향나무는 나이가 들수록 심재(心材)가 아름다워진다. 가장 오래된 가지와 줄기와 뿌리에 정유가 농축되면서 해가 갈수록 나무색이 짙어지고, 진하고 고급스러운 향기가 만들어진다. 단향나무에서 향기로운 기름을 추출하려면 죽은 나무의 목질부를 증류해야 하는데, 이때 종종 수 세기 동안 이어져 온 증류 기술과 도구가 이용되기도 한다. 침향나무라고 불리는 남아시아 원산의 또 다른 귀한 나무는 감염으로 인해서 수지를 함유한 거무스름한 심재가 발달하기도 한다. 아가우드, 오우드, 이글우드 같은 다양한 이름으로 불리는 침향나무의 향은 사랑하기가 쉽지는 않다. 약간의 헛간 냄새뿐 아니라 담배와 가죽 냄새, 심지어 장과류berries의 냄새도 풍긴다. 그럼에도 침향나무는 향목으로 만들어진 제품 중에서 가장 인기가 있고 귀하게 여겨지는 나무 중 하나이다. 하지만 너무 사랑받은 나머지, 자연 상태에서 자라는 침향나무는 거의 다 베어져서 절멸 직전에 이르렀다.

1장

태우는 나무: 유향, 몰약, 코펄

오만의 유향나무*Boswellia sacra*

작고 옹이 지고, 종종 나이가 드러나는 유향나무는 아라비아 사막의 와디에서 자란다. 와디는 마른 계곡이지만 겨울에는 이따금씩 물이 흐르기도 한다. 종잇장처럼 얇고 군데군데 벗겨져 있는 나무 껍질 위에는 작은 딱정벌레 한 마리가 수지 속에 갇혀 있고, 나무줄기는 끈끈한 물질로 덮여 반짝거린다. 더 아래에는 액체 상태의 수지가 줄기를 따라 내려오다가 작은 물방울 모양으로 굳어 있다. 만약 나무에 손을 댄다면 뜨거운 태양열에 눅진하게 변한 향기로운 수지가 조금 묻어날지도 모른다. 나뭇진의 냄새이지만 살짝 레몬 향도 나면서 부드럽고 미묘하게 매력적이다. 수지는 식물의 표면이나 조직 속에 있는 특별한 구조에서 만들어지고 분비된다. 반면 수액은 식물의 몸속을 두루 돌아다니면서 물과 양분을 운반한다.[1] 수지의 또 다른 특징은 휘발성 화합물을 갖고 있다는 점이다. 그중 테르펜이라는 물질이 가장 흔하며, 이런 휘발성 화합물은 식물이 주위의 세상과 상호 작용을 하는 데 중요한 역할을 할 수도 있다. 수지는 일반적으로 나무줄기 속에서 만들어진다. 그러나 잎, 새순, 솔방울 같은 구과 식물의 열매, 꽃에서도 약간 끈적한 액체의 형태로 배출될 수 있다. 수지는 단단함을 비롯해서 끈끈함, 색, 향과 같은 물리적 특성도 다양하다. 수지는 많은 식물군에서 만들어지도록 진화해 왔고, 수지의 성분은 식물마다 비슷하지만 그 조합은 목적에 따라 다양하다. 수지는 초식 동물과 질병의 공격을 막고, 탈수와 자외선으로 인한 손상으로부터 식물을 보호하는 하나의 층이 되어 준다. 반면 꽃가루 매개 동물을 끌어들이기도 하고, 끈끈한 수지를 활용해 보호를 받거나 둥지나 은신처를 만들려는 다른 동물을 불러들일 수도 있다.

유향나무와 몰약나무의 수지는 나무줄기에서 물방울 형태의 덩어리로 배출된다. 유향나무의 수지 덩어리는 색이 다양하다. 흰색에 가까운 것에서부터 예쁜 녹색, 짙은 호박색을 띠는 것도 있다. 반면 몰약나무의 수지는 거의 항상 투병한 갈색이다. 유향의 향은 감귤류나 꽃의 느낌이 살짝 도는 수지 향인 데 비해, 몰약은 더 씁쓸한 약 냄새 같지만 신비스러운 농후함이 있다. 중앙아메리카와 북아메리카의 열대 숲에는 유향나무와 가까운 친척뻘 되는 나무가 있는데, 이 나무에서는 유향과 비슷한 향기가 나는 코펄이라는 수지가 생산된다. 수지가 나무에서만 만들어지는 것은 아니다. 때로는 대마의 경우처럼 꽃에서 끈끈한 물질이 만들어지기도 한다. 악취가 나고 번들거리는 대마의 꽃눈은 수지를 아주 많이 함유하고 있으며, 방향 화합물과 향정신성 성분이 가득하다. 대마와 같은 종류의 식물인 삼은 대단히 유용한 섬유를 만들며, 인간이 재배한 최초의 식물들 중 하나일 가능성이 크다. 삼의 눈과 씨앗은 인간에게 발견된 이래로 수 세기에 걸쳐 전 세계로 퍼져 나갔다.[2]

이 책에서 향기가 나는 방식과 이유를 배우는 동안, 우리는 그런 성분의 화학명을 함께 탐구할 것이다. 향기 성분이 중요한 까닭은 식물에서는 환경적 어려움에 대한 반응을 결정하고, 인간

사회에서는 귀하고 값어치 있는 향기를 결정하기 때문이다. 수지를 생산하는 식물에서 나는 향기는 모두 테르펜과 연관이 있다. 테르펜은 식물이 만드는 화합물 중에서 가장 종류가 다양하며, 그레이트스모키산맥의 안개, 가문비나무의 향기, 감귤류 껍질의 청량한 기운, 대마에서 풍기는 대단히 다채로운 향, 투르펜틴*의 독특한 냄새, 향신료의 알싸함과 꽃 내음 속에 들어 있다. 모노테르펜은 열 개의 탄소 골격으로 이루어진 유기 분자인데, 이 정도면 유기 화합물의 세계에서는 작은 축에 속한다. 테르펜은 휘발성이 있어서 향수의 톱 노트top note로도 유용하고, 향신료를 갈거나 뿌릴 때 우리 코에 가장 먼저 들어오는 톡 쏘는 냄새로도 유용하다. 때로는 모노테르펜에 탄소 다섯 개짜리 덩어리가 추가되어 세스퀴테르펜이 만들어진다. 분자의 크기가 더 커진 세스퀴테르펜은 휘발성이 조금 작아져서 더 천천히 증발한다. 세스퀴테르펜은 단향나무와 침향나무에서 중요한 향기 요소이며, 다른 나무와 향신료에서 더 미묘한 요소의 일부를 구성한다.[3]

테르펜류, 즉 테르페노이드는 식물의 수지에 반드시 들어 있는 성분이며, 식물이 주위 환경과 상호 작용을 하는 수단이다. 테르페노이드 분자의 이름은 종종 그 향기를 암시한다. 피넨은 소나무 같은 침엽수에서 발견되지만, 후추, 카르다몸, 올스파이스 같은 향신료, 바질, 딜, 라벤더, 로즈메리 같은 허브, 블랙베리와 감귤류 같은 열매에도 들어 있다. 리모넨은 거의 순수하게 감귤류에서 나는 향이며, 어떤 사람에게는 가정용 세정제의 냄새이다. 대부분의 감귤류에 다량 존재하는 리모넨은 많은 종류의 향신료와

* 송진을 증류하여 얻은 기름. 테레빈이라고도 한다.

열매와 상록수에서도 발견된다. 미르센도 향신료, 감귤류, 유칼립투스, 허브에서 발견된다. 미르센의 향은 향신료나 허브의 향, 발삼 향(수지 향이면서 달콤한 바닐라 냄새도 있는 향), 심지어 살짝 장미 향이 난다고 묘사되기도 한다. 테르펜의 종류는 더 많지만, 이 몇 종류의 테르펜이 다양한 종류의 식물에 두루 자주 나타난다. 테르펜은 식물의 여러 부위에서 초식 동물을 쫓아내기도 하고 초식 동물을 잡아먹는 포식자를 끌어들일 수도 있으며, 꽃향기에 조합될 수도 있다. 더 서서히 증발하는 세스퀴테르펜은 우리 코에 더 늦게 닿아 나무 향에서 복잡한 느낌을 낸다. 수지를 함유한 침향나무의 대단히 복잡한 향기는 150가지가 넘는 방향 물질의 산물이며, 그중 일부가 세스퀴테르펜이다. 단향나무의 향기는 수지가 아니라 심재에 축적된 세스퀴테르펜에서 난다. 카리스마 넘치면서 고급스러운 단향나무의 향은 버터처럼 부드럽지만 한편으로는 동물적인 나무 향이다.

이제 우리는 휘발성 분자와 그 분자를 만드는 식물의 이야기, 다시 말해서 식물의 방향 물질은 왜 만들어지고, 어디서 만들어지는지에 대한 이야기를 시작하려고 한다. 그리고 향기의 이면에 있는 식물 메커니즘의 다양성, 생활사, 서식지, 관계들을 살펴볼 것이다. 이 이야기는 인간에 대한 이야기, 우리 역사와 문명에 향기가 미친 영향에 대한 이야기이기도 하다. 그렇기 때문에 세월만큼이나 오래되고 이 세상만큼이나 방대한 서사들 속에 담긴 인간, 길, 종교, 의례, 연기, 향수, 훈향에 대한 이야기가 될 것이다.

보스웰리아속*Boswellia*에 속하는 유향나무는 아라비아반도의 해안

지대에서 자라며, 감람나무과Burseraceae에서 가장 유명한 식물이다. 유향나무는 아라비아반도 남단의 바위투성이 모래땅에서 듬성듬성 숲을 이룬다. 그 지역은 우기에만 비가 내리는 산맥과 건조한 사막 서식지가 접하고 있어서 유향나무는 매우 적은 양의 양분으로 근근이 살아간다. 이 고대의 나무들은 척박한 서식지에서 살아간 대가로 향기라는 선물을 받았고, 많은 이가 그 향을 갖고 싶어 하고 신성하게 여기게 되었다. 역사 시대 내내 유향은 매우 귀한 교역품이었고, 이는 낙타의 가축화와 아라비아반도를 관통하는 인센스 로드Incense Road의 발달과 깊은 연관이 있었다. 인센스 로드는 일찍이 기원전 1500년경에 이 지역에 통화와 물품과 발전을 가져다주었다.[4] 유향을 뜻하는 단어 〈frankincense〉는 순수한 훈향 또는 순수한 빛을 뜻하는 옛 프랑스어 〈franc encens〉에서 유래하는데, 이는 우리에게 훈향의 정의 자체를 다시 한번 일깨워 준다. 유향에 함유된 방향 화합물은 유향나무의 조직 내에서 만들어진다. 유향나무의 수지는 균류에 의한 감염에 저항하고, 곤충의 공격을 물리치고, 건조를 방지하고, 손상된 조직을 메워 주는 천연 보호 성분이다. 일반적으로 색이 옅고, 새어 나오면 이슬처럼 맺혀서 조금 흐르다가 나무껍질에 있는 상처 주위에서 굳어서 고체가 된다.

유향 냄새를 처음 맡으면 전형적인 수지 향에 가려져 있는 다른 성분의 향은 느끼지 못할 수도 있다. 그러나 당신의 코가 수지 향을 무시할 수 있다면 다양한 향을 감지할 것이다. 상쾌한 향, 감귤류의 향, 심지어 꽃 향이 나기도 한다. 유향의 향기를 온전히 만끽하기 위해서 내가 찾아낸 가장 좋은 방법은 유향 덩어리를 살짝 데워서 녹이는 것이다. 연기는 조금 나도 되지만 태워서는 안 된다. 오만의 도파르에서 자라는 보스웰리아 사크라*Boswellia sacra*에서 채취되는 유향은 호자리Hojari 또는 오마니Omani라고 불리며, 예쁜 연두색이나 레몬색이 난다. 이런 고품질의 수지 덩어리에서는 고전적인 유향 수지의 향기가 나지만, 앰버 향* 위에 신선한 달콤함과 흙냄새가 덧대어진다. 내가 좋아하는 유향은 소말리아 원산의 B. 프레레아나*B. frereana*에서 채취되는 마이디maydi이다. 이 유향은 금빛이 도는 호박색을 띠며, 전형적인 유향의 향기 사이로 청량한 레몬 향이 또렷하게 드러난다. 소말리아를 비롯한 아프리카 북동부에서 자라는 또 다른 유향나무종인 B. 파피리페라*B. papyrifera*의 유향은 가톨릭교회에서 훈향을 피울 때 쓰인다.

유향과 비슷한 다른 수지로는 몰약이 있다. 몰약나무가 속하는 콤미포라속*Commiphora*에는 많은 종이 있지만, 일반적으로 약이나 정유를 만드는 데 쓰이는 종은 C. 미르하*C. myrrha*이다. 몰약나무는 유향나무와 서식지도 같고 치유 효과가 있는 수지를 생산한다는 점도 같아서 인센스 로드의 귀한 교역품이었다. 짙은 호박색을 띠는 몰약은 유향과 섞어서 사용되기도 했고, 훈향과 향수와 전통 약에서 중요한 성분으로 쓰인다. 몰약과 유향은 역사와 생태와 용도 면에서 비슷한 점이 많다.[5] 몰약에서 얻는 정유의 향은 따뜻하고 향신료의 향긋함이 있으며, 약간의 발삼 향과 약 냄새도 난다. 특유의 향과 약간의 앰버 향 때문에 몰약은 향수에서 훌륭한 효과를 낸다. 그러나 기본적으로 몰약은 유향과 함께 훈향으로

* 호박amber과는 관계가 없으며, 따뜻하고 달콤하며 분가루의 느낌으로 묘사되는 성분들의 조합으로 만들어진 향.

쓰였고, 피부와 입에 난 병을 다스리는 전통 약이었다.

유향나무는 볼품이 없어 보일 수도 있지만, 유향나무의 꽃은 달콤한 향기가 나고 나무줄기와 가지에서 눈물처럼 흐르는 수지는 금보다 더 귀하게 여겨졌다. 유향나무는 아라비아반도의 해안 지대와 아프리카 사하라 사막 이남 지역에 자생한다. 유향나무를 찾으려면 아라비아반도의 와디를 돌아다니면서 말라 있는 물길 주위의 건조한 바위투성이 언덕과 석회암 절벽을 기어 올라가야 한다. 거기서 홍해와 아덴만을 건너 아프리카 북동부의 척박한 토양과 가파른 언덕에서도 역시 바위투성이인 곳을 힘겹게 기어 올라가면, 아라비아반도와 비슷하게 유향나무와 몰약나무가 듬성듬성 자라고 있는 마른 숲을 볼 수 있다. 이 강건한 식물들은 드물게 내리는 비와 사막의 바람을 맞으며 토양에서 양분을 빨아들여 치유 능력이 있는 귀한 수지를 만들어 낸다. 그 수지 덩어리는 우리의 종교 의식에 쓰였고, 세계 곳곳으로 팔려 나갈 수지를 채취하는 지역 공동체를 지탱해 주었다.[6]

보스웰리아 파피리페라를 포함하여 에리트레아와 에티오피아의 유향나무들은 약 9미터까지 자란다. 고대 이집트인들은 수지가 많은 이 나무를 좋아했고, 에리트레아 주변 지역은 유향나무의 원산지였던 신비스러운 푼트 왕국일 것이라고 여겨지고 있다. 바위가 많은 토양과 비가 잘 내리지 않는 혹독한 환경에서, 유향나무는 약 8년간 자란 후에 향기로운 수지를 가장 많이 생산한다. 유향나무의 잎은 녹색이고 둥글게 말려 있으며, 봄이 되면 가지 끝에 뭉쳐서 돋아난다. 종이처럼 얇은 나무껍질은 줄기에서 벗겨지고 있고, 여러 갈래로 갈라진 나무줄기는 가파른 절벽과 바위투성이 비탈에 단단히 고정될 수 있도록 밑동 부분이 부풀어 있다. 잎은 건기가 시작될 때 떨어지고, 이른 봄에 달콤한 향을 풍기는 꽃이 피면 그 직후에 초록색 잎눈이 다시 돋아난다. 그 지역의 토종 꽃가루 매개 동물은 이 나무를 좋아하며, 꿀벌은 유향나무의 꽃에서 얻은 꽃가루와 꽃꿀로 품질 좋은 꿀을 생산할 것이다. 나무는 바위투성이의 혹독한 서식지에서도 잘 살아가는 것처럼 보인다. 만약 사람의 손을 타지 않고, 화재나 잎을 뜯어 먹는 가축으로 인한 피해도 입지 않는다면, 좋은 환경에서는 아주 많은 씨를 뿌려서 후손을 넉넉하게 남길 것이다. 그러나 남용과 다른 압력은 천연 군락에 좋지 않은 영향을 미친다. 염소와 낙타는 잎을 뜯어먹고, 하늘소는 줄기에 구멍을 내고, 지역민들은 농지를 만들기 위해서 땅을 개간하고, 수지를 채취하는 사람들은 때때로 과도하게 수지를 채취하는데, 이 모든 것이 유향나무에 해가 된다. 유향이 점점 인기를 얻으면서 유향 채취가 증가하자, 과학자들은 지속 가능성에 대해 우려를 제기하고 있다. 일부 지역에서는 이런 압박으로 인해서 유향나무가 건강한 군락을 유지하지 못하고 있다. 그러나 일부 연구는 소 울타리와 방화선을 만들고 지속 가능한 수지 채취를 하면 유향나무 군락이 유지될 수 있다는 가능성을 보여 주기도 했다. 유향 — 그리고 몰약 — 은 지역민들의 중요한 소득원이며, 생산국에 외화를 벌어다 준다.[7]

아덴만을 가로질러 예멘과 오만의 해안을 따라 아라비아반도 남부 해안에는 풍성한 운무림이 형성되어 있고, 보스웰리아 사크라는 바로 그 안쪽에 있는 내륙에서 자란다. 이 종의 분포를 이해하려면, 먼저 해안의 강우 유형과 식생부터 조사하고 나서 내륙으로 넘어가야 할 것이다. 3월과 10월 사이, 아라비아반도에는 인도양으로부터 계절풍이 불어온다. 바다에서 불어오는 이 산들바람은 상승하는 동안 냉각되고, 밤이 되면 습도가 높아져서 고지대 위를 맴도는 짙은 안개를 형성한다. 공기 중에 남아 있는 습기는 식생에 응축되어 한 방울씩 천천히 지면과 메마른 뿌리 위로 떨어질 수도 있고, 서로 뭉쳐서 일종의 안개비가 되기도 한다. 유향나무는 습한 지역에서도 자라지만, 그런 지역에서 생산되는 수지는 품질이 좋지 않다. 내륙으로 들어갈수록 더 건조한 언덕들이 와디 사이사이에 흩어져 있다. 선선하고 습한 고지대 너머, 비를 대신하는 안개가 닿지 않지만 때때로 시원한 바람이 부는 그곳에는 와디가 있고 사람들이 가장 탐내는 유향나무가 자라는 건조한 숲이 있다.[8]

오만의 도파르 지역에 있는 살랄라 마을은 지리적으로 참고할 만한 장소일 것이다. 살랄라 마을은 아라비아반도 남단의 거의 중심부에 위치하고 있다. 살랄라 서쪽에 있는 알무그사일이라는 지역과 북쪽에 있는 와디 다우카에는 보스웰리아 사크라가 큰 군락을 이루며 자라고 있다. 두 지역 모두 건조한 관목 서식지이며, 앞쪽으로는 해안 지대의 푸른 산맥이 자리하고 있다. 멋지게 뻗은 가지들이 우산 모양의 수관을 이루고 있는 이곳의 유향나무들은 적막한 바위투성이 지형을 따라 자라고 있으며, 주기적으로 범람하는 계곡인 와디 사이에서 튼튼한 바위를 단단히 붙잡고 있다.[9] 와디 다우카는 국립 공원으로 지정되어 보호받고 있으며, 〈유향나무의 땅〉인 오만의 유네스코 세계 유산 지역 중 한 곳이다. 이 지역 전체에 걸쳐서 유향나무는 건조 지대와 사막 지대의 경계에 있는 반사막 지대의 중요한 요소이며, 지역 생태계에서 필수적인 부분을 차지하므로 핵심종이라고 불릴 만하다. 이곳에서도 유향나무 군락은 감소하고 있다. 그 원인은 아프리카와 마찬가지로, 염소와 단봉낙타가 뜯어 먹거나 땔나무로 잘리거나 하는 문제 때문일 것이다. 게다가 기후 변화로 인해 기온은 올라가고 강우량은 감소하고 있다. 이 나무들은 습윤과 건조가 아슬아슬하게 균형을 이루고 있는 지역에서 자라기 때문에 기온이나 강우량에 작은 변화만 일어나도 서식지가 줄어들거나 아예 사라질 수도 있다.

일단 채취가 되면, 유향나무 수지는 열을 받았을 때 향이 가장 잘 방출된다. 아마 초기 인간은 온기를 얻거나 조리를 하기 위해서 불을 피웠을 때 그 향을 처음 맡았을 것이다. 사람들이 유향나무로 모닥불을 피우고 그 주위에 옹기종기 모여서 동지애를 다지고 안전을 도모하는 모습을 쉽게 상상할 수 있다. 향이 나는 연기는 그들의 감정을 한껏 고양시켰을 것이다. 캠프파이어를 즐기는 사람이라면, 모닥불 주위에 앉아 있는 사람들의 몸과 머리와 옷에 연기가 배어든다는 것을 알 것이다. 만약 그 연기가 기분 좋은 향을 풍긴다면, 규칙적인 목욕을 하지 못했던 시절에는 좋은 일이었을지도 모른다. 내가 상상하기로는 그로부터 얼마 지나지 않아서 그 귀한 나뭇진을 따로 모아서 향기를 이용하게 되었을 것이다. 훈향을 뜻하는 〈incense〉라는 단어는 특별히 유향만을 지칭하는 경우도 종종 있지만, 다른 향기로운 나무와 수지, 또는 말린 나뭇잎과 꽃잎과 뿌리에 향신료나 용연향 같은 다른 향기로운 물질들을 섞어서 태우거나 가열할 때 좋은 향이 나는 특별한 배합을 가리키기도 한다. 인간은 처음 훈향에서 올라오는 향기를 사용했을 때부터 그것을 저 높은 곳에 살고 있을 신들에게 보내는 기도나 대화로 인식했을 것이다. 훈향은 메시지를 위로 전달하고, 성스러운 공간을 정화하고, 사람들이 명상과 제례 의식에 집중할 수 있게 했다.

이집트인들은 향료를 많이 사용했던 것으로 유명하다. 죽은 사람의 몸에 향료를 바르고 미라로 보존하기도 하고 — 종종 동식물의 기름을 섞어서 — 향기 나는 연고를 만들기도 하고, 훈향으로 만들어 태우기도 했다.[10] 유향과 몰약은 이집트인들의 향료 도구함에 흔히 들어 있는 재료였고, 미라의 보존에도 이용되었다. 고대 이집트인들은 향료를 만들 때 주로 동식물의 기름을 기조제base로 썼다. 액체 상태의 기름으로는 향유를 만들었고, 굳기름으로는 향 연고를 만들었다. 향유와 향 연고에 단골로 들어가는 재료로는 유향과 몰약, 계피와 카르다몸, 붓꽃과 백합, 민트와 노간주나무가 있고, 그 외 현지에서 구할 수 있는 재료와 수입된 재료들이 들어갔다. 침연법maceration을 통해서 선택된 재료를 정해진 순서에 따라 정해진 시간 동안 굳기름에 넣어서 향의 강도를 조절했다. 이집트 에드푸에 있는 프톨레마이오스 왕조 신전에는 향료 실험실 — 또는 저장실 — 로 보이는 장소가 있는데, 그곳의 벽에는 향료의 상업적 처리를 위한 제조법으로 보이는 광범위한 기록이 남아 있다. 향기로운 기름은 신의 몸에 바르는 성유였고, 귀한 선물이었으며, 왕족의 무덤을 위한 껴묻거리였다. 부자와 왕족은 정교하게 세공된 용기에 담은 고체 향수를 사용하기도 했고, 체온에 의해 녹아서 향기를 발산하는 원뿔 모양의 향기로운 연고를 머리 위에 붙이고 있는 모습으로 묘사되기도 했다.

이집트에서는 순수하게 수지로만 만들거나 다른 향기 성분과 섞어서 만든 훈향을 미리 정해진 일정과 의식에 따라서 피웠다. 아침에는 유향, 정오에는 몰약, 밤에는 키피Kyphi라고 하는 성스러운 조합의 훈향을 태웠다. 키피 제조법은 여러 가지가 있지만, 공통적으로 건포도와 포도주, 유향과 몰약 같은 좋은 수지, 향신료, 사초류, 침엽수, 매스틱 나무의 수지를 의식에 따라 함께 굳힌 것으로 보인다. 훈향의 향기는 왕을 신의 영역과 이어 주었다. 종교와 명상과 의술이 교차하는 길목에서, 키피는 뱀에 물렸을 때의 치료제(아마 물약의 형태였을 것이다), 살균제, 생생한 꿈을 꾸는 것을 돕는 보조제, 성스러운 의식의 신성한 요소로 사용되었다.

구대륙에서 교역은 기원전 3000년경에 메소포타미아 땅에서 시작되었다. 메소포타미아 사람들은 티그리스강과 유프라테스강 사이에 있는 그들의 땅에서 육로와 해로를 통해 인접한 지역과 상품을 교환했다. 우리가 꽤 확신할 수 있는 것은 기원전 1500년 무렵이 되자 혹독한 아라비아반도를 가로질러 이어지는 대상로를 통해서 훈향이 이동했다는 것이다. 훈향은 유향나무가 자라는 남쪽에서 비옥한 초승달 지대와 지중해 동부를 통과하는 교역로들이 만나는 곳으로 이동했다. 시간이 흐를수록 배들은 페르시아만과 홍해를 바삐 오가며 중국, 근동과 극동 지역, 아라비아 남부에서 메소포타미아와 이집트까지 물품을 교환했다. 초기 교역품은 중국의 비단과 몽골 유목민의 말이었다. 이 교역을 위해서 극동의 무역상들이 산을 넘고 사막을 건너면서 개척한 길은 실크 로드라고 알려지게 되었다. 다른 쪽 끝에서는 아나톨리아의 도로망에서 시작되는 지중해 지역의 육로가 무려 2,500킬로미터가 넘게 뻗어 나가서 실크 로드와 연결되었다.

기원전 200년 무렵이 되자, 아랍인들은 남쪽에서 훈향을 들여왔고 중국인들은 실크 로드를 따라서 여행을 했다. 그리스인들은 해안선을 따라 인도까지 항해를 하기 위해서 홍해를 지나고 아라비아해를 건넜다. 기원전 100년경에는 한 그리스의 뱃사람이 향신료가 있는 인도로 더 빨리 갈 수 있는 방법을 발견했다(아프리카와 인도의 뱃사람들은 이미 알고 있던 방법이었다). 규칙적으로 부는 계절풍이 여름에는 돛배를 인도의 말라바르 해안이 있는 동쪽으로 밀어 주고, 겨울에는 남서쪽으로 다시 보내 준다는 것을 알게 된 것이다. 그리스의 뱃사람들이 바닷길을 연결하면서, 항구가 발달하고 항로가 재정비되었다. 그리고 스리랑카에서 예멘, 페르시아를 거쳐 아프리카까지 이어지는 육지와 바다의 인센스 로드와 실크 로드를 통해서 향신료와 훈향과 비단이 운반되었다.[11]

초기 이집트인들은 지속적으로 향료를 찾아다니면서 유향과 몰약을 거래했다. 단 세 명뿐인 여성 파라오 중 한 사람으로서 기원전 15세기에 이집트를 통치했던 핫셉수트 여왕은 수지를 찾아서 전설의 푼트 땅으로 보낼 원정대를 조직했다. 푼트의 위치는 오늘날 에리트레아와 소말리아 지역일 가능성이 있다. 이후 여왕은 룩소르 맞은편 나일강 서안에 있는 데이르 엘 바하리에 자신이 남길 유산의 일부로서 신전을 지을 것을 명령했다. 핫셉수트 여왕의 신전은 고대 이집트의 경이로운 건축물 중 하나로 여겨지며, 원정대를 얕은 부조로 세밀하게 묘사한 아름다운 벽화는 이 사원의 백미로 꼽힌다. 이 벽화에서는 물 위에 지어진 오두막들이 대추야자와 유향나무와 몰약나무로 보이는 나무들로 둘러싸여 있다. 그림 문자는 대단히 상세해서 과학자들이 개울에 있는 물고기를 동정할 수 있을 정도이며, 귀한 수지, 몰약나무 묘목, 동물, 황금과 같은 물건도 확인할 수 있다. 그로부터 오래지 않아 푼트 땅은 신화적 장소가 되었다. 더 이상 아무도 찾아가지 않았고, 그 위치는 깊은 비밀이 되었다.[12]

인간의 유향 사랑은 아주 오래전에 시작되었다. 아라비아반도와 아프리카의 뿔 지역에 살던 고대인들은 유향나무의 수지 덩어리가 지닌 장점과 신성한 특성을 확실히 인식했고, 그들의 의술과 삶과 의식에 포함시켰다. 유향과 몰약은 역사 시대의 초기부터 외부 세계로 진출하면서 인센스 로드의 토대를 닦았다. 무역상들은 일단 유향과 몰약을 발견하면, 아라비아반도의 혹독한 사막에서 그것들을 운반하기 위해서 갖은 노력을 했다. 기원전 1500~1200년에 낙타의 가축화가 이루어지면서 훈향의 교역은 더 성장할 수 있었다. 아라비아반도의 사막이라는 극한 조건에 적응한 낙타는 무거운 훈향을 지고 운반하기에 완벽한 동물이었고, 이 오아시스에서 저 오아시스로 나아가면서 내륙의 왕국들이 만들어지는 데에도 일조했다.[13] 기원전 1000년이 되자 유향은 바빌론, 이집트, 로마, 그리스, 중국에까지 알려지고 귀하게 여겨졌다. 인센스 로드를 통한 유향의 이동은 기원전 300년에서 기원후 200년 사이에 정점에 달했고, 유향은 고대 세계에서 가장 활발한 교역 품목 중 하나였다. 유향의 교역으로 혹독한 사막에는 도시와 요새와 관개 시설이 건설되었다. 유향의 높은 수요로 인해, 아라비아 남부의 왕국들은 인도와 지중해 지역과 실크 로드와 연결되었다. 2세기가 되자, 아라비아 남부에서는 해마다 3,000톤이 넘는 훈향이 배에 실려 지중해 지역으로 운반되었다. 아랍 상인들은 바다를 통해 교역할 때도 최고의 향료들은 내륙의 도시에 보관하곤 했다. 오늘날 요르단에 있는 도시 페트라처럼 드넓게 펼쳐진 혹독한 사막 한가운데에 있는 내륙 도시들은 절도에 덜 취약했기 때문이다.

자신들이 팔고 있는 상품의 높은 가치를 알고 있던 유향 무역상들은 이 신비스러운 나무에 대한 전설을 만들어서 그들의 비밀을 지켰다. 나무를 지키는 크고 흉포한 붉은 뱀들이 공중으로 뛰어올라 침입자를 공격한다는 이야기도 있었고, 질병과 전염병이 만연한 지역에서 자라기 때문에 채취가 위험하다는 이야기도 전해졌다. 다른 이야기에서는 신화 속 불사조가 이 나무의 가지에 둥지를 틀고 나무에 맺힌 수지 덩어리를 먹으며 산다고도 했다. 교역로의 경유지 중 한 곳인 어느 고대의 오아시스에서는 지금은 사라진 우바르라는 도시가 훈향 교역으로 번성하고 있었다. 코란에도 언급되며, 아라비아의 로렌스가 〈모래 속 아틀란티스〉라고 불렀던 이 도시는 수 세기 동안 사람들을 매혹시켰다. 아라비아의 도시들과 오아시스들을 통과하는 길을 따라 번성하던 교역은 그리스인들이 우회로를 찾아내면서 쇠퇴하게 되었다. 그리스인들은 아라비아반도를 관통하는 길고 위험한 육로 대신 배에 훈향을 가득 싣고 인도양을 항해했다. 뱃사람 신드바드라는 인물은 아라비아반도 주위를 항해하면서 유향을 거래하던 상인에서 유래했을 가능성이 크다. 신드바드의 모험은 중동의 민간 설화 모음집인 『천일 야화*One Thousand and One Nights*』에 등장하는 이야기로, 빅토리아 시대에 리처드 버튼 경은 이 이야기를 영어로 번역하여 『아라비안나이트*The Arabian Nights*』라는 제목의 책으로 내놓았다.

유향은 사치와 호화로움의 상징이기도 하다. 네로 황제는 그의 애첩인지 아내인지가 죽었을 때 1년치 유향을 모두 태웠다고 전해진다. 그리스도가 탄생할 무렵, 로마 제국은 유향 공급을 조절하고 있던 중동에서 연간 약 3,000톤의 유향을 수입하고 있었다. 알렉산드로스 대왕은 어렸을 때 신들에게 향기를 봉헌하기 위해서 유향을 몇 움큼 제단에 뿌린 적이 있었다. 그의 개인 교사였던 레오니다스는 귀한 향료를 낭비했다고 그를 꾸짖으면서 유향이 나는 땅을 정복하면 유향을 흥청망청 쓸 수 있을 것이라고 말해 주었다. 그로부터 20년 후, 가자를 정복한 알렉산드로스 대왕은 숨겨져 있던 대량의 훈향을 발견하고 이제는 노인이 된 레오니다스에게 유향과 몰약을 후하게 선물로 보냈다. 그러나 유향의 원산지를 찾고자 했던 그의 야망은 좌절되었고, 알렉산드로스 대왕은 가자와 아라비아반도 남단 사이에 놓인 거친 사막을 결코 건너지 못했다. 아우구스투스 황제의 경우도 마찬가지였다. 그는 기원전 25년에 아라비아 펠릭스*의 보물을 얻기 위해서 아라비아 남부로 1만 명의 군사를 보냈으나 혹독한 환경 때문에 실패했다. 향수와 훈향의 경우, 최고의 아라비아 유향은 오만 왕실 내에서 쓰이고 있다. 오만에 위치한 아라비아 향수 제조사인 아무아주는 유향과 중동의 다른 전통적인 향수 재료를 이용해서 〈세상에서 가장 비싼 향수〉라고 불리는 향수를 만들고 있다. 오만의 한 왕자가

* Arabia Felix. 〈풍요로운 아라비아〉라는 뜻이며, 위치는 오늘날 예멘 지역에 해당하는 아라비아 남부이다.

설립한 아무아주는 오만에서 나오는 특별한 재료들을 세상에 알리는 중이다.

유향은 성경에 여러 번 언급되며, 그때마다 거의 항상 몰약도 함께 언급된다. 몰약 역시 사랑스러운 훈향 성분이다. 동방 박사들이 아기 예수에게 선물한 황금과 유향과 몰약에는 상징적 의미가 있다고 여겨진다. 황금은 왕권을 상징하고, 유향은 영적 특별함을 상징하고, 몰약은 죽음을 상징한다. 유럽과 라틴 아메리카의 정교회와 로마 가톨릭교회는 에리트레아산 유향의 최대 소비처이며, 유향과 안식향과 소합향을 10 대 4 대 1의 비율로 섞어서 훈향으로 쓴다. 이 배합의 훈향을 향로에 넣고 태우는데, 줄이 달린 화려한 향로를 의식에 맞춰 흔들어서 연기를 내보내어 어떤 공간이나 성물을 축성한다. 모래나 고운 자갈을 안쪽에 덧대어 내연성이 있는 오목한 잔의 형태인 이 향로에는 원반 모양의 특별한 숯이 들어간다. 빨갛게 달궈진 숯 위에 유향 — 또는 다른 수지나 배합 수지 — 을 놓으면, 달큼하고 연기 향이 있는 유향 냄새가 난다. 아니면 유향을 그냥 발열기에 녹여서 연기 향이 덜한 더 순수한 유향 냄새를 얻을 수도 있다.

내가 향기로 가득한 삶을 사는 동안, 유향은 내게 기쁨과 평화를 준다. 신성한 수지 속에는 뭔가 담백한 것이 있다. 그것은 시간과 환경의 시련을 견디고 기쁨과 치유의 눈물 같은 수지 덩어리를 만들어 낸 나무의 느낌을 그대로 전달한다. 나는 향수를 만들기 위해서 다양한 추출물, 주로 증기 증류된 정유로 작업을 한다. 정유는 같은 향을 내기는 하지만, 가열된 수지와 같은 직접적이고 강렬한 효과는 없다. 유향과 몰약이 지닌 매력의 많은 부분은 가열을 통해 나오기 때문에, 나는 수지와 정유를 조합하여 밀랍 양초를 만드는 것을 좋아한다. 유향으로 작업을 하다 보면, 향수perfume라는 단어가 〈연기를 통하여〉라는 뜻의 라틴어 〈per fumum〉에서 유래했다는 것이 생각난다. 유향의 정유와 추출물은 수지 향과 감귤류 향이 섞인 복합적인 향기를 내고, 나무 향과 꽃 향 성분의 효과를 돋보이게 하면서 더 오래 지속시켜 주기 때문에 향수를 만들 때 중요한 역할을 한다. 몰약을 가지고 작업을 할 때에는 완전히 수지 향으로 범벅된 향수를 만들려는 게 아니라면 손재주가 더 좋아야 한다. 몰약은 향수의 기조가 되는 나무 향에 달콤함과 원만함을 더할 수 있는데, 나는 몰약의 이런 특성이 좋다. 플라스틱이나 약 냄새 같은 경향이 있음에도, 질 좋은 몰약 정유에는 발삼 향의 특성이 있어서 따뜻함과 향신료의 느낌도 나고 묘하게 편안하다.

신대륙 역시 영적인 수지가 나는 땅이다. 아메리카 대륙에서는 코펄이 식물학적이나 인류학적으로 유향이나 몰약과 비슷한 역할을 한다. 코팔리copalli라는 아스텍어에서 유래한 코펄은 토치우드라고 알려진 다양한 종류의 큰키나무와 떨기나무의 향기로운 수지를 일컫는다. 토치우드는 미국, 멕시코, 중앙아메리카와 남아메리카에 걸쳐 분포하는 부르세라속*Bursera*과 프로튬속*Protium* 식물이다. 코펄에 쓰이는 토치우드는 대부분 유향나무와 몰약나무와 같은 감람나무과에 속하지만, 소나무(소나무속*Pinus*의 종), 콩과 식물(히메나이아속*Hymenaea*의 종), 옻나무(붉나무속*Rhus*의 종)의 향기로운 수지가 이용되기도 한다. 부르세라속에 속하는 식물은

100종이 넘고, 미국 남서부에서 페루에 이르는 지역에서 자라고 있다. 이 식물은 멕시코 남부에 있는 계절적으로 건조한 열대 숲과 사막과 나무가 있는 사바나 지역을 뒤덮을 수 있으며, 일부 습한 숲에서도 잘 자란다. 토치우드는 작은 관목에서 큰 교목에 이르기까지 크기가 다양하고, 즙이 많은 줄기는 대체로 파란색, 노란색, 초록색, 붉은색, 보라색 같은 밝은색을 띠며, 나무껍질은 겉껍질이 색종이 조각처럼 떨어져 나간다. 플로리다에 있는 검보림보나무*B. simaruba*는 종종 관광객나무tourist tree라고 불리는데, 빨갛고 벗겨진 나무껍질이 열대의 태양에 과하게 노출된 관광객의 피부를 연상시키기 때문이다. 부르세라속 나무의 수지는 나무줄기와 잎에 있는 수지관 속에서 만들어진다. 이 수지는 테르펜이 풍부해서 식물을 보호하는 동안 상큼한 레몬 향과 수지 향을 낸다. 꽃은 다양한 종류의 곤충에 의해 수분이 되며, 종종 과육이 많은 작은 열매는 새들의 먹이가 된다. 그중에서 흰눈비레오*Vireo griseus*라고 불리는 명금류는 그들의 월동지에 있는 이 나무를 중심으로 영역을 만든다. 꽃향기로 유명한 멕시코리날로이나무*B. linanoe*는 오늘날 정유를 얻기 위해서 인도에서 재배되고 있다. 이 나무의 정유는 나무 대신 열매에서도 얻을 수 있다. 또 다른 코펄의 급원인 부르세라 비핀나타*Bursera bipinnata*에서는 신선한 송진 향이 나는 수지를 얻을 수 있다. 프로튬속의 종들은 더 습한 브라질의 숲을 선호하는 경향이 있으며, 훈향목*P. heptaphyllum*이 그중 하나이다. 프로튬 코팔*Protium copal*은 코펄 훈향의 주요 공급원 중 하나이며, 멕시코와 과테말라와 브라질에서 발견된다.[14]

코펄 수지를 분류하는 더 유용한 방법은 아마 색깔일 것이다.

코펄 블랑코는 흘러나오는 수지에서 유래하며 색이 밝다. 코펄 네그로는 색이 짙고, 종종 수지가 나오는 나무의 껍질을 두들겨서 얻는다. 어떤 사람들에게 짙은 색 코펄은 나무의 피였다. 그래서 피의 의식에 적합한 상징처럼 보였다. 반면 밝은색 코펄은 빗방울을 닮아서 비를 기원하거나 〈나쁜 바람〉을 물리치는 데 이용되었다. 마야와 아스텍 사람들은 의식을 치를 때 코펄을 훈향으로 이용했다. 또 생활 공간을 정화하고, 사악한 것을 물리치고, 혼인과 탄생과 농지와 사냥을 축복할 때에도 이용했다. 옥수수가 인간의 양식인 것처럼, 코펄은 신의 양식이었다. 옥수수 속대 모양으로 만든 코펄 수지는 종교적 봉헌물에서 발견되곤 한다. 아메리카 대륙의 초기 기독교인들은 이런 토종 수지를 무시하고 교회에서 쓸 유향을 바다 건너에서 들여왔음에도, 성스러운 의식에 코펄 훈향을 사용하는 관행은 수 세기 동안 이어져 오고 있다.[15]

코펄나무의 끈끈한 수지와 테르펜 성분은 곤충 집단을 그들의 생태계로 끌어들이기도 하고 거기서 쫓아내기도 한다. 어떤 작은 바구미는 프로튬속 종의 나무껍질을 씹어서 수지를 분비시키고, 그 결과 만들어지는 끈끈한 방울을 자신의 애벌레를 위한 둥지로 쓴다. 일단 수지가 분비되고 바구미가 자신의 몫을 챙기고 있을 때, 잘 관찰하면 둥지로 가져갈 수지를 모으고 있는 부봉침벌을 잡기 위해 다리에 수지를 치덕치덕 바르고 있는 침노린재를 발견할지도 모른다. 개미와 난초벌도 둥지 보호(개미)나 향수 만들기(난초벌)를 위한 몫을 챙기려고 이런 나무를 찾는다(난초벌에 대해서는 8장에서 더 자세히 살펴볼 것이다). 멕시코의 코펄 채취자들은 곤충들을 털어 내거나 집어내고, 특별한 칼을 이용해서 긁어낸 수지를 용설란의 잎에 모은다.

그러나 벼룩잎벌레라고 불리는 블레파리다속*Blepharida*의 작은 딱정벌레는 수지가 많은 식물의 방어 특성을 극적으로 보여 준다. 〈물총 방어〉라는 이름에 걸맞게, 일부 부르세라속 식물은 작은 곤충이 잎맥을 씹으면 다량의 수지가 흘러나오거나 뿜어져 나와서 곤충을 수지 속에 가두기도 하고, 수지가 굳으면서 곤충의 입틀에 엉겨 붙기도 한다. 일부 식물종은 잎 속 수지의 압력을 높게 유지해서, 잎맥이 파열되면 끈끈하고 향이 있는 수지가 잎을 씹는 곤충을 향해 바로 분출되게 할 수도 있다. 코펄 식물과 오랜 세월에 걸쳐 공진화를 해온 벼룩잎벌레의 애벌레는 수지를 한쪽으로 흘러 나가게 함으로써 수지의 분출을 사전에 막는다. 이 벌레는 큰 주맥을 깨물거나 잎에 홈을 파서 수지의 분비를 줄이거나 방향을 바꾼다. 홈을 팔지 주맥을 깨물지는 잎의 구조에 달려 있다. 하나의 주맥에서 더 작은 잎맥들이 갈라지는 경우에는 큰 잎맥을 깨물면 잎에서 수지가 흘러 나가면서 뿜어져 나오지 않을 테니 그것이 맞는 행동이다. 어떤 잎맥은 그물 모양인데, 이런 경우에는 홈을 파는 것이 잎맥에서 수지의 흐름을 줄이거나 방향을 바꿀 수 있는 행동이 될 것이다. 뿜어져 나온 수지를 뒤집어쓴 곤충은 잎을 포기하고 몇 시간 동안 움직이지 못하다가 다른 잎으로 이동한다. 더 어리고 경험이 없는 애벌레는 수지에 뒤덮여서 죽기도 한다. 곤충은 잎의 방어 작용을 피해 갈 수는 있지만, 잎을 상대하는 시간이 늘어나면 생존 확률이 감소한다. 따라서 잠재적으로는 식물의 전체적인 피해를 줄이는 효과가 있다. 성체 벼룩잎벌레는 수지가 많은 잎을 먹고 살면서 몸속에 테르펜이 축적되고, 이렇게 축적된 테르펜은 벼룩잎벌레에게 이득이 될 수 있다. 이 벌레는 향기 나는 배설물을 만들어 등 위에 쌓아 놓는데, 이것이 포식자를 막는 배설물 방패가 된다. 또는 공격을 받으면 테르펜이 풍부하게 함유된 불쾌한 분비물을 입이나 항문으로 왈칵 쏟아 내기도 한다.[16]

나는 오만의 유향나무 숲에 가본 적도 없고 아프리카의 뿔에서 자라는 몰약나무를 본 적도 없다. 하지만 나는 미국 남서부의 사막에서 많은 시간을 보냈다. 하루는 유타 산악 지대의 산기슭에서 하이킹을 하다가 동료 과학자를 통해서 후각 식물학olfactory botany을 알게 되었다. 그 과학자는 향기로 소나무를 구별하는 법을 내게 가르쳐 주었다. 그때부터 나는 종종 눈을 감고 숨을 들이키면서 사막의 향기를 맡곤 한다. 그리고 피뇬소나무의 송진 냄새와 크레오소트 덤불의 질기고 작은 나뭇잎의 향기를 알게 되었다. 이 식물들은 코펄 식물은 아니다. 언젠가는 코펄 식물의 냄새를 콕 집어서 찾아낼 수 있기를 바라지만, 이 식물들도 테르펜이 풍부하다. 그리고 나는 작은 벼룩잎벌레처럼 때때로 향기로운 나뭇진을 온몸에 묻히곤 한다.

마지막으로, 유명한 수지 식물이 하나 더 있다. 수지, 섬유, 식량을 얻을 수 있는 대마는 무려 기원전 1만~3000년 전부터 중국에서 재배된 것으로 추정된다. 대부분의 풀과 마찬가지로, 대마는 거의 모든 곳에서 자랄 수 있다. 식물 생장등을 켜놓은 작은 방에서도 자랄 수 있지만, 강가의 습한 곳을 좋아한다. 대마의 여러 부분은 향정신성 특성이 알려지기 전부터 고대 중국에서 마취제와 훈향으로 이용되었다. 섬유는 나무배의 돛과 종이를 만드는 데 이용되었고, 씨앗은 기근 시기에 식량이 되었다. 대마는 기본형인 칸나비스 살티바*Cannabis sativa*, 아종인 인디카*C. sativa* ssp. *indica*, 변종인 루데랄리스*C. sativa* var. *ruderalis* 따위의 다양한 유형으로 분류되는데, 저마다 모양과 쓰임새가 다르다. 유럽 원산인 살티바는 널리 퍼져 있으며, 잎이 성글게 나고 키가 크게 자라는 편이다. 해시시hashish로 가장 많이 쓰이는 인디카는 아시아 원산이며, 더 작고 더 조밀하게 자란다. 야생 식물의 유전자 풀이 결합된 산물일 가능성이 있는 루데랄리스는 키가 작고 가늘지만 강한 개척자이다. 대마는 아주 오래전부터 재배되어 왔고, 매우 유연하고 적응성이 큰 유전체를 지니고 있으며, 아주 이른 시기부터 다양한 사람들을 따라 이동했을 가능성이 크다. 그렇기 때문에 원산지를 정확히 알아내기 어렵지만, 연구자들은 대마의 원산지가 구대륙 북부의 온대 기후 지대였을 것으로 추측한다.[17]

가늘고 질긴 섬유로 이루어진 속이 빈 줄기로는 밧줄이나 거친 옷감을 만들고, 씨앗을 짜서 얻은 기름으로는 등잔불을 켜거나 비누를 만들 수 있다. 수지가 풍부한 암꽃은 훈향으로 태우거나 담배처럼 피우거나 먹음으로써 환각 효과를 얻을 수 있다. 식물이 칸나비노이드와 테르펜 같은 성분이나 수지에 투자를 하는 까닭은 아마도 덥고 건조한 조건에 대한 방어막이 되고, 암그루에서는 꽃가루를 받는 방법이 되고, 질병과 초식 동물으로부터 보호해 주기 때문일 것이다. 인간이 대마를 이용할 때에는 꽃과 잎은 마리화나, 씨가 없는 암꽃송이는 신세미야sinsemilla, 수지는 해시시, 섬유는 삼으로 정의된다. 중국인들은 오래전부터 마리화나의 약효를 믿어 왔고, 20세기 후반에 샌프란시스코에 살았던 〈브라우니 메리〉도 마찬가지였다. 자원봉사자이자 마리화나 활동가였던 메리 제인 래스번은 처음에는 판매를 위해서, 나중에는 암 환자와 에이즈 환자의 메스꺼움 완화를 돕기 위해서 마리화나로 브라우니를 만들었다.

삼을 이용한 종이 제작은 중국에서 시작되었다. 종이를 만드는 데 삼이 좋다는 비밀을 알아낸 아랍 상인들은 이 비법을 중동으로 들여왔다. 400년 무렵이 되자, 브리튼섬의 색슨족과 바이킹족은 삼을 재배하여 다양한 목적에 광범위하게 사용했다. 삼의 섬유는 베네치아에 부를 가져다주었다. 지중해의 해양 강국이던 베네치아 공화국 시절의 300년 동안, 베네치아 노동자들은 세계 최고의 밧줄을 만들었다. 아메리카의 식민지에서 자란 삼은 미국 독립 선언서 초안이 작성된 종이의 재료가 되었고, 대평원을 횡단하는 포장마차의 지붕을 덮는 천이 되었다. 종종 대마의 왕Lord of Bhang이라고 일컬어지는 힌두교의 시바, 수피교도들의 발자취를 따라 유럽에서 중동을 거쳐 해시시 길Hashish Trail의 자취를 따라간 1960년대의 히피들, 전설의 무슬림 암살자들assassin, 빅토르 위고, 알렉상드르 뒤마, 오스카 와일드, W. B. 예이츠와 같은 19세기 유럽의 작가들, 베니 굿맨, 캡 캘러웨이, 루이 암스트롱과 같은 1920년대와 1930년대의 재즈 음악가들, 베트남 전쟁에 참전한 미군을 포함해서, 대마는 전설과 역사 속에서 여러 신과 인간을 따라 이리저리 흘러왔다. 미국에서 마리화나는 향정신성 약물로 분류되어 법률로 금지되다가, 21세기에 들어서면서 일부 주에서 약용과 오락 목적의 사용이 합법화되기 시작했다.[18]

대마의 영양 기관과 생식 기관에 있는 수지 생산 구조는 머리 모양 샘털capitate trichome이라고 불린다. 이 샘털은 짧고 굵은 자루 위에 수지를 생산하는 미세한 둥근 구조가 얹혀 있어서 버섯과 조금 비슷한 모양이다. 둥근 구조에는 수지가 들어 있는데, 잎이나 줄기나 꽃에 수지를 분비하여 손상에 대응하거나 건조를 예방한다. 대마의 칸나비노이드와 테르펜은 수지를 보완하여 초식동물로 인한 손상을 막아 주는 것으로 여겨지지만, 일부 해충은 이런 방어선을 통과할 수 있다. 불나방*Arctia caja* 애벌레는 고농도의 THC(테트라하이드로칸나비놀)를 함유한 변종 대마를 좋아하며, 포식자를 물리치기 위해서 이 독소를 몸속에 저장할 수 있다. 대마에는 테르펜, 칸나비노이드, 플라보노이드를 포함하여 500가지가 넘는 화합물이 들어 있다. 칸나비노이드의 일종인 델타-THC는 대마 특유의 비휘발성 화합물이다. THC 단독으로는 냄새가 없지만 끈끈한 수지에서 큰 부분을 차지할 수 있고, 향정신성 효과를 담당한다. 테르펜과 세스퀴테르펜은 다양한 품종의 대마에서 특유의 향과 맛을 내는 것으로 유명하다. 이런 물질들은 지리적 범위에 따라 다양하며, 재배자마다 전문으로 하는 신품종과 성분이 있기 때문에 재배 방식에 따라서도 다양하다. 향정신성 효과가 없어도, 다양한 테르펜의 맛과 향은 지각과 선호도에 영향을 주는 것으로 보인다. 칸나비노이드와 테르펜 같은 성분의 이런 상호 작용은 종종 측근 효과entourage effect라고 불리는데, 이 식물이 각 부분의 합보다 더 큰 효과를 낸다는 것이다.[19]

2장

향기로운 나무: 침향나무와 단향나무

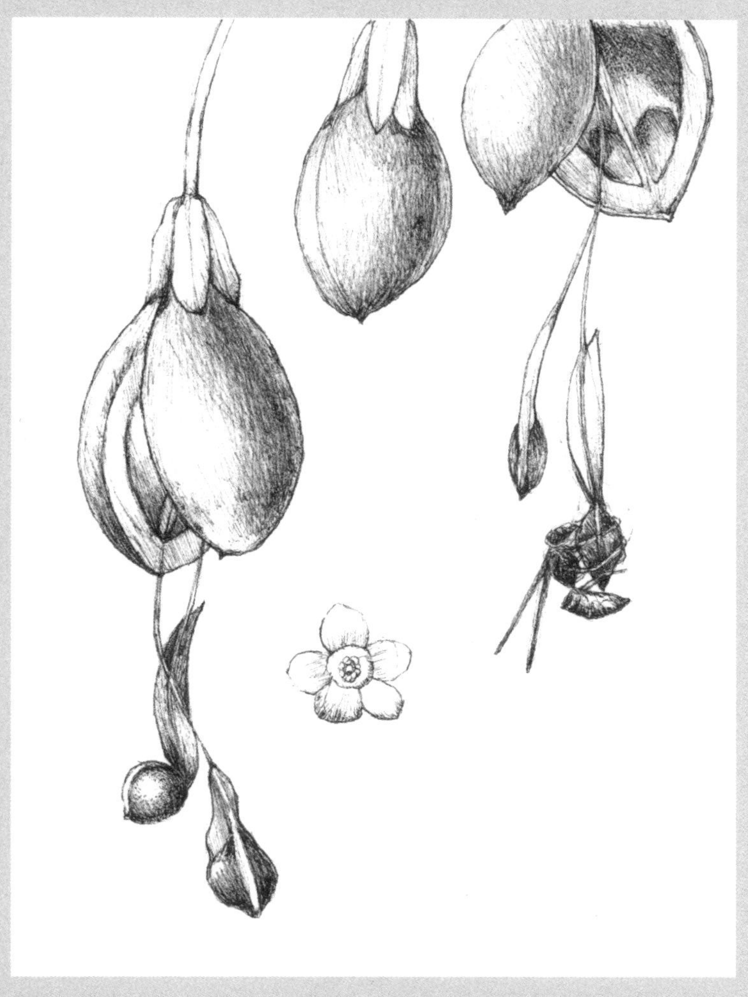

침향나무*Aquilaria sinensis*의 가종피(假種皮)와 말벌이 붙어 있는 꽃

신들의 나무라고 불리는 침향은 아퀼라리아속*Aquilaria*과 기리놉스속*Gyrinops* 나무의 밝은색 목질부에서 나오는 산물이다. 중국에서 뉴기니에 이르는 지역의 숲에서 발견되는 이 나무들은 목재로서 중요한 종은 아니다. 나무껍질은 종이나 노끈의 제조에 사용되기도 하고, 때로는 상자를 만들 수도 있다. 그런데 미세한 균류가 침입하거나 작은 상처가 나거나 곤충이 구멍을 뚫으면, 신비스러운 보호 과정이 시작되면서 살아 있는 목질 내부에 수지로 만들어진 짙은 색의 향기로운 깃털 무늬가 생긴다. 그 결과 침향이라고 불리는 대단히 귀하고 향기로운 나무가 만들어진다.[1] 가하루, 알로에스, 진코, 오우드, 이글우드라는 이름으로도 불리는 침향은 치밀하고 수지가 많아서 물에 가라앉는 나무로 유명하며, 의식, 훈향, 약재, 향수에 쓰인다. 잘게 자른 침향 조각은 훈향이나 의식을 위해서 태울 수도 있고, 증류를 해서 대단히 향기롭고 독특한 정유를 만들 수도 있다.

침향의 정유는 중동에서는 아주 오래된 향수이고 훈향의 성분이며, 최근에는 유럽과 미국의 조향사들이 자신이 조합하는 향에 깊이와 지속성과 신비스러움을 더하기 위해서 쓰고 있다. 향수업계에서는 침향 정유의 향기를 묘사하면서 나무 향, 강렬함, 동물적, 담배와 가죽의 향조note와 같은 단어를 사용할 것이다. 그러나 때로는 이것만으로는 부족하다. 마구간의 오래된 짚 더미의 냄새에 사향과 땀 냄새가 살짝 배어 있고, 그 아래로 카리스마 있는 나무와 가죽 냄새가 깔리는 헛간의 향기라고 묘사하는 것이 더 정확하다. 어떤 종류는 더 다가가기 쉽고, 때로는 장과류의 향이나 향신료 냄새, 또는 앰버 향이나 반창고 냄새나 풀내가 느껴지기도 한다. 어떤 향조가 먼저 느껴지건, 침향의 향기에는 애호가들을 사로잡는 복잡하고 관능적인 특성이 있다. 침향 자체를 태우거나 가열하면 세스퀴테르펜과 크로몬이라는 두 종류의 분자가 방출되는데, 이 두 분자가 함께 작용하여 만들어지는 향은 나무나 정유의 향과는 다르다. 세스퀴테르펜은 열에 강한 반면, 크로몬은 연기 속에서 은은하게 향을 방출한다.[2]

수지를 함유한 침향나무는 세계에서 가장 귀한 목재 중 하나이며, 그 정유는 가장 비싼 향수 재료 중 하나이다. 숲에 있는 모든 침향나무, 심지어 아퀼라리아속에 속하는 나무라고 해도 모든 나무가 향기를 만드는 것은 아니다. 향기가 있는 나무는 10퍼센트 정도에 불과해서, 이 나무를 채취하려는 사람들을 당혹스럽게 한다. 침향나무 속 수지 향은 350가지의 서로 다른 성분에서 유래하며, 나무 색이 검어질 정도로 수지가 축적된 침향나무 조각은 물에 넣으면 가라앉기도 한다. 이 수지는 미생물의 침입으로 인한 상처를 방어한 결과물인 병적 이상의 산물이다. 내생균endophyte이라고 불리는 특정 곰팡이류는 수지의 형성뿐 아니라 침향의 독특한 향과도 강한 연관이 있다. 침향나무는 과도한 채취로 인해 모든 곳에서 개체 수가 감소하면서 전 세계적으로 멸종 위기에 처해 있지만, 채취를 위한 농장을 따로 만들고 자연 서식지를 보존하기 위한 프로젝트가 여러 나라에서 시행되고 있다. 침향나무 농장이 성공하려면 수지가 많은 나무를 생산할 수 있어야 하고, 채취까지의 기간이 야생에서보다 짧아야 한다. 역사적으로 침향나무를 채취해 온 방글라데시, 부탄, 캄보디아, 인도, 인도네시아, 라오스, 말레이시아, 미얀마, 파푸아뉴기니, 태국, 베트남 같은 나라에서는 1990년대 후반이나 2000년대 초반부터 농장 재배를 실험하고 있다. 향기로운 수지가 생성되도록 유발하기 위해 나무에 상처를 내거나 곰팡이를 주입하는데, 때로는 두 방법을 모두 쓰기도 한다. 이런 기술은 자연에서 만들어지려면 종종 수십 년이 걸리는 침향나무를 더 예측 가능하고 빠르게 지속적으로 생산하겠다는 희망을 담고 있다. 농장에 식재되는 나무는 아퀼라리아속에 집중된다. 인도에서는 A. 말라켄시스*A. malaccensis*, 캄보디아와 태국과 베트남에서는 A. 크라스나*A. crassna*, 중국에서는 A. 시넨시스*A. sinensis*를 주로 심는다. 오스트레일리아는 A. 크라스나로 침향나무 사업에 도전하고 있다. 아퀼라리아속 나무의 꽃은 흰색이거나 황록색이다. 드물게 피어나는 꽃은 밤에 개화를 하며, 달콤한 꽃향기는 이 꽃의 주된 꽃가루 매개 동물인 나방을 포함해서 다양한 곤충을 끌어들인다. 회색 털로 덮여 있는 목질의 열매는 익으면 벌어지는데, 그 안에 들어 있는 씨앗은 열매가 벌어져도 땅에 떨어지지 않는다. 대신에 꼬투리에 부착되어 있는 가느다란 털끝에 작은 초록색 펜던트처럼 매달려 있다. 씨앗에는 엘라이오솜이라는 작은 지방 덩어리가 들어 있는데, 엘라이오솜은 영양가 많은 지방을 먹기 위해 씨앗을 떼어 내어 가져가려는 말벌(말벌속*Vespa*의 종들)을 유인한다. 침향나무는 스스로 종자를 잘 퍼뜨리지 못하는 편이다. 따라서 말벌과의 이런 관계는 모든 씨앗이 나무 바로 아래에 모여 있지 않고 80미터 이상 떨어진 곳까지 흩어지도록 보장한다.[3]

침향나무는 인도 북부에서 동남아시아 지역 대부분에 걸쳐 있는 지역의 숲에 자생하며, 드문드문 분포한다. 얼마 남지 않은 고목들은 주로 보존림이나 원시림에 있다. 침향나무 숲은 보르네오섬과 말레이시아 일부 지역의 혼합림 깊은 곳에서 발견된다. 종종 경관을 둘로 분할하는 강가의 가파른 땅에서 볼 수 있으며, 해발 약 900미터 지역까지 분포한다. 경우에 따라서는 이런 험준한 지형이 나무를 보호하고, 지역민들의 소득원이 되어 주기도 한다. 홍콩(香港)이라는 도시의 이름에는 침향과 훈향을 오랫동안 교역해 온 이 지역의 역사가 반영되어 있다. 향기로운 항구라는 뜻을 지닌 홍콩의 산에는 침향나무가 천연 군락을 이루고 있을 뿐 아니라, 주변 지역에도 2000만 그루 넘게 식재되어 있다. 홍콩의 농림수산 보존부는 울타리를 둘러서 어린 나무를 보호하고, 지역 공원에 묘목을 심고 있다. 인도 어퍼아삼 지역에서는 집 안마당에 있는 침향나무가 가계 소득의 20퍼센트까지 차지할 수 있으며, 차 농장에서는 차나무에 그늘을 드리우기 위해서 이 나무를 키우기도 한다. 야생에 남아 있는 침향나무는 얼마 없지만, 인도 북서부에서만 최소 900만에서 1000만 그루의 침향나무가 농장에서 재배되고 있는 것으로 추정된다. 어떤 나무가 수지를 더 많이 생산하는지를 판단하기는 어렵지만, 아삼 지역에서는 아퀼라리아 말라켄시스 종의 다양한 형태를 분류하는 방법이 전해져 내려오고 있다. 침향 채취자들은 이 방법을 이용하여 감염 부위에서 양질의 수지를 생산할 수 있는 나무를 알아낸다. 노련한 침향 재배자들에게는 오랜 경험을 통해서 터득한 그들만의 특징이 있다. 이를테면 썩은 가지와 같은 뚜렷한 질병의 징후를 포함하여 꼭대기와 바깥쪽 가지의 잎마름병, 개미가 우글거리는 나무껍질의 틈새, 바깥쪽 나무껍질 아래에 있는 목질부가 노란색이나 갈색으로 변색된 경우가 그런 특징에 속한다. 그런데 이는 굴벌레나방*Zeuzera conferta*이라는 곤충에 의한 징후와 거의 일치한다. 이 나방은 나무에 구멍을 뚫어 병변을 일으키고, 나무는 평소보다 더 많은 수지를 분비한다. 최고의 향을 지닌 재료를 얻기 위해서 수지는 1월에서 4월 사이에 채취되며, 일부 채취자는 나무는 그대로 둔 채 병든 부분만 쪼아 낸다.[4]

수 세기 동안 보르네오 중부의 산비탈에서 침향을 채취해 온 페난 베날루이 사람들은 숲에서 어디를 찾아야 하는지를 잘 알고 있다. 이렇게 경험에서 터득한 지혜는 전승에 의한 생태학적 지식이며, 인간이 이용하는 자연 식생에 대한 지식과 지역적 연관성에 대한 이해를 목적으로 하는 학문인 민족 생물학ethnobiology의 연구 주제가 된다. 가하루나무라고도 부르는 침향나무의 향기로운 심재를 채취하기 위해서는 먼저 곰팡이 감염을 찾는 방법을 알아야 한다. 나무를 직접 재배하는 아삼 지역 사람들과 달리, 페난의 남자들은 깊은 숲속으로 들어간다. 그곳에서는 징후가 더 미묘하고 잠행이 원칙이다. 침향을 채취하기 전, 그들은 검은 옷을 입는다. 누군가 엿들을 수도 있기 때문에 어디로 가는지는 말하지 않는다. 그들이 찾는 것은 향기롭고 검은색에 가까울 정도로 색이 짙은 아퀼라리아 나무의 수지이다. 그 수지는 기다란 나무줄기 속, 얇은 회색의 나무껍질 아래에 숨어 있다. 그들은 검은색 장비를 갖추고 검은색 천막을 친 야영지에서 잠을 잔다. 검은색은 가하루의 색이다. 그들은 대체로 침묵 속에서 귀를 기울인 채 대대로 전해져 내려오는 징후를 찾는다. 수지는 심재에 있기 때문에, 수지가 존재하는 10퍼센트 미만의 나무에 나타나는 미묘한 물리적 징후를 찾아야만 한다. 이를 위해서 그들은 축적된 지식에 의식을 결합한 방식을 쓴다. 이 수지는 페난 베날루이 사람들이 다른 방법으로는 구할 수 없는 교역품을 살 수 있을 만큼 현금 가치가 높기 때문에, 수색할 가치는 충분하다. 그래서 그들은 매미 같은 곤충이 나무에서 내는 소리에 귀를 기울이고, 경관의 유형을 조사하고, 짙은 색의 수지와 비슷한 검은 물건을 이용하여 부정이 타지 않게 한다. 어떤 집단에서는 나무나 뿌리를 조금 잘라 내어 귀한 수지가 있는지를 알아보고, 수지가 있으면 나무를 죽이지 않고 수지를 채취한 다음 계속 자라게 두어 더 많은 수지를 생산하게 한다.[5]

페난 베날루이 사람들의 지식은 단순한 전승을 넘어서, 과학자들이 알게 된 것을 일부 보강하는 것으로 밝혀졌다. 원주민들은 아퀼라리아의 어린 나무가 씨앗을 만든 어미나무 근처에서 자라는 경향이 있기 때문에 이 나무들이 군생하는 특성이 있다는 것을 알고 있다. 또한 나뭇진이 많은 나무를 얻으려면, 나무에 스트레스를 줄 수 있는 환경인 더 건조하고 더 높은 개울가를 찾아야 한다는 것도 안다. 그들은 야자나무가 아퀼라리아와 함께 자라는 경향이 있다는 것도 안다. 그리고 매미의 정령 때문에 향기로운 수지가 생긴다고 생각한다. 또 그들은 곤충이 나무에 뚫은 구멍, 잎 떨굼, 생장 상태, 두들겼을 때 나는 속이 비어 있는 소리와 같은 병적 증상도 알아본다. 과학에서는 어떻게 말할까? 더 힘겨운 환경에서 자라는 나무는 더 쉽게 손상을 입고 곰팡이에 감염될 수 있으므로 향기로운 수지를 더 빨리 생산할 것이라고 말한다. 아퀼라리아속 나무는 널리 분포하고는 있지만, 말벌의 도움에도 불구하고 분산이 잘 안 되어 한곳에 모여 자라는 경향이 있다. 이렇게 모여 자라다 보니 더 오래된 나무들 사이에서는 감염의 위험이 더 커질 수 있다. 그리고 매미는 땅속에서 나무로 올라갔다가 다시 땅속으로 돌아가는 생활사를 이어 가기 때문에, 숲 바닥에서 번성하는 곰팡이류의 훌륭한 매개체이다.

나뭇진이 많은 침향은 수 세기 동안 약재로 쓰여 왔다. 그리스의 의사이자 식물학자인 디오스코리데스가 기원전 65년에 쓴 글에도 등장하는데, 향수 재료로서는 알로에스라고 불렸다. 성경의 「시편」과 「아가서」에도 언급된다. 기원전 1400년의 산스크리트어 문헌에 묘사된 것처럼, 복잡하고 감정적 여운을 일으키는 그 훈향은 오래전부터 의식이 치러지는 곳에 존재했다. 불교 승려들은 수 세기 동안 기도와 명상을 할 때 침향을 태웠다. 침향나무로 염주를 만들면, 손가락의 온기에 의해 향이 발산된다. 아랍에는 침향나무가 자생하지 않지만, 아랍 세계는 2,000년 넘게 침향의 중요한 소비처였다. 침향나무로 만든 제품은 실크 로드와 인센스 로드의 교역품이었을 가능성이 높다. 단향나무나 향기로운 수지와 마찬가지로, 침향나무도 이동이 가능한 상품이었다. 원산지에서 목적지로 이동하는 몇 주에서 몇 개월 동안 그 향, 즉 그 가치가 유지되었기 때문이다. 예언자 무함마드는 향수 속 침향 향기의 진가를 알아보고, 침향을 자신의 의복에 향기를 내기 위해서만이 아니라 약재로도 썼다. 『천일 야화』 속 이야기에는 침향 향기가 풍기는 집과 궁전이 언급된다. 중동 사람들은 향수를 뿌리기만 하는 것이 아니라 훈향을 피우거나 침향나무로 만든 장식을 이용해서 옷가지와 집 안에도 향기가 배게 하고, 특별한 행사와 결혼식을 위해 질 좋은 침향나무를 아껴 둔다.

극동에서는 훈향이 원래 불교와 연관이 있었다. 불교에서는 더 평화로운 세상에 이르기 위해 부처님이 함께하기를 기원하는 데 훈향이 도움이 된다고 생각했다. 불교에서 쓰는 훈향은 침향, 단향, 정향, 계피, 장뇌를 포함한 일곱 가지 재료를 섞어서 만들며, 가열하면 향이 발산된다. 중국에서는 침향의 향기를 음미하기 위해서 아름다운 향로와 훈향 관련 제품을 만들었고, 일본에서는 길게 늘어진 비단옷의 소맷자락에서 향기가 일어나거나 명상이나 의식을 위해서 따로 마련된 조용한 방에 향이 가득하도록 했다. 겨울에는 잘게 쪼갠 수지를 용연향, 정향, 단향과 같은 다른 향기 성분과 섞어서 반죽 형태의 훈향으로 만들어 태웠고, 여름에는 쪼갠 나뭇조각 자체를 태우거나 가열했다.

11세기 일본 헤이안 시대에 무라사키 시키부가 쓴 『겐지 이야기(源氏物語)』는 세계 최초의 장편 소설로 여겨진다. 이 작품에서 훈향은 종교뿐 아니라 쾌락의 매개체이며, 한 귀족의 삶에서 중요한 부분을 차지한다. 고아한 사람들은 자신만의 훈향을 배합할 줄 알았고, 그들에게 훈향의 배합 기술은 음악이나 시가와 같은 다른 예술과 같은 수준으로 평가되었다. 예술이 발전하는 것은 당연한 일이므로, 훈향 전문가들은 나무, 특히 진코라고 불리는 침향나무를 태워 그 향기를 알아맞힐 수 있었다. 그리고 마침내 향도(香道)라고 하는 훈향 의식이 되었다. 기본적으로 향도에 초대받은 사람들은 주최자의 안내에 따라 훈향을 음미하는데, 이를 향기를 듣는다고 표현한다. 이들은 주최자가 고른 세 가지 훈향의 냄새를 맡고 어떤 향이 미지의 표본과 일치하는지를 맞힌다. 어떤 향도 의식에서는 향기를 묘사하면서 인격을 부여하기도 한다. 그 인격은 역사적 장소에서 유래할 수도 있고, 취향과 연관된 표현일 수도 있다. 예를 들면 최고의 향목인 캬라(伽羅)는 조금 쓴 맛이 도는 고귀한 향을 지니고 있어서 우아한 귀족을 연상시킨다. 이에 비해서 수모타라(寸聞陀羅)에 대해서는 처음과 끝의 새금한 향이 캬라로 오인될 수 있지만, 결국에는 귀족 행세를 하는 하인처럼 본데없는 본성이 드러난다고 묘사된다. 〈향기를 듣는다(聞香)〉라는 표현은 15세기에 처음 쓰였다. 중국에서 유래했을 것으로 추정되며, 일본어의 독특한 표현이 되었다. 향도는 전용 도구, 향도 명인, 법도, 기록이 결합된 일종의 의식이다. 향도는 다른 이들과의 사회적 상호 작용을 유도하는 하나의 놀이가 되기도 한다. 그 놀이는 위에서 묘사한 바와 같이 세 가지 훈향 종류 중에서 하나를 확인하는 것처럼 단순할 수도 있고, 이야기나 여행이나 시와 관련해서 훈향의 향기를 고르고 이름을 짓는 것이 될 수도 있다. 향도의 인기는 에도 시대에 정점에 달했고, 19세기에 일본이 서구에 문호를 개방하면서 쇠퇴하기 시작했다. 그러나 20세기가 되자 향도 명인들은 다시 강좌를 개설하기 시작하고 훈향 상점을 열었다. 그러자 더 많은 애호가가 이곳을 찾았는데, 그중에는 젊은 사람들도 있었다. 향도는 고도로 형식화되어 있고 비밀스러운 규칙으로 이루어져 있다. 참석자들은 재미, 향기의 세계로의 도피,

사회적 상호 작용을 기대하며 찾아온다. 아마 결국 그들에게는 향을 알아맞히는 것보다는 다른 이들과 함께 향기를 경험했다는 기쁨이 더 의미 있게 느껴질 것이다.[6]

일본에는 두 개의 전설적인 침향나무 조각이 있다. 첫 번째 조각은 585년경에 일본 아와지섬의 해안에 밀려왔다. 이 나무를 ― 일부 ― 태우면 연기에서 좋은 냄새가 난다는 것을 알게 된 섬 주민들은 이 나무를 왕실에 진상했다. 두 번째 조각은 중국에서 일본의 쇼무 천황에게 보낸 선물이었다. 란자타이(蘭奢待)라고 불리는 이 전설적인 침향나무 조각은 나라 시대의 보물로 쇼소인의 수장고에 보관되어 왔고, 다른 보물들과 함께 돌아가면서 정기적으로 전시되고 있다. 무게 11.6킬로그램, 길이 1.56미터인 이 나무토막에는 아주 드물게 특별한 선물을 위해서 작게 잘려 나간 흔적이 있으며, 각각의 잘린 자리에는 작은 표식이 있다. 이 침향나무는 완벽한 향기를 갖고 있다고 전해진다.

기원이 신비스럽고 야생에서 찾기 어려워서 희귀하고 이국적이며 대단히 값비싼 침향나무는 〈검은 금〉이라는 별명을 얻었다. 수지가 깊이 파고들어서 색이 검은 최상급 침향나무는 가열하거나 태우는 훈향으로 쓰기 위해 얇은 나뭇조각으로 잘게 잘라서 보관한다. 질이 떨어지지만 그래도 향이 좋은 나무토막은 증류를 해서 정유로 만든다. 전통 방식에서는 오랫동안 침지한 나무를 몇 시간, 심지어 며칠에 걸쳐서 증류한다. 침지 과정에서는 나무 내부의 틈새에서 향기로운 수지가 빠져나오고, 이를 증류하면 증기와 함께 올라오는 향기 분자를 모을 수 있다. 나무와 정유는 교역 과정에서 특정 상품에 친숙한 전문가에 의해 평가되고 등급이 매겨진다. 이런 상품으로는 훈향용으로 얇게 자른 나뭇조각, 나무토막, 정유, 장신구, 또는 향수와 조각품처럼 부가 가치가 높은 다양한 제품이 있다. 침향의 품질은 외관과 향기를 통해서 확인할 수 있지만, 나무를 물에 넣어 가라앉는지를 보는 조금 단순한 방법도 있다. 수지가 많은 나무는 물보다 무겁기 때문에 〈물에 가라앉는 나무〉라는 뜻의 침향이라는 이름을 얻었다. 많은 향수 성분과 정유의 품질이 업계에 의해 통제되는 것과 달리, 침향나무의 품질 기준은 아직 완전히 객관적이라고 말할 수 없다. 오늘날에도 쓰이고 있는 전통적인 등급 체계는 색깔, 수지 함량, 나무의 무게와 같은 물리적 특성에 주로 의존하는 것처럼 보인다. 원산지와 전통이 평가에 영향을 미칠 수도 있고, 나라별로 공급자와 거래상마다 자신들만의 기준이 있는 듯하다. 정유의 경우는 피부에서의 향과 지속성이 중요하다. 향기 화학자는 GC/MS를 활용하여 양질의 침향 정유를 구성하는 성분을 명확하게 밝혀내기 시작했다. 기체 크로마토그래피/질량 분석법gas chromatography/mass spectrometry의 약자인 GC/MS는 소량의 정유에 들어 있는 성분 물질을 분리하여 확인하는 방법이다. GC/MS 장비를 이용하면 수지가 많은 훈향용 나무의 미묘한 차이를 이해할 수 있지만, 액체 대신 연기를 주입해야 한다. 과학자들은 이 방법으로 향목 속에서 발견되는 수많은 세스퀴테르펜과 다른 향기 분자들을 나열할 수 있었다. 뿐만 아니라 가열할 때 피어나는 크로몬이라는 화합물이 세스퀴테르펜과 함께 풍부하고 달콤하고 따뜻하며 오래 지속되는 훈향의 향기를 만들어 낸다는 것도 설명할 수 있었다.[7]

인도 남부의 숲에 있는 어떤 나무는 나이가 들면 심재가 짙은 적갈색이 되면서 진한 향기를 내뿜는다.[8] 단향나무(산탈룸속*Santalum*의 종들)에서는 목질부 깊은 곳에서 나무를 보호하기 위한 향기로운 기름이 만들어지는데, 이 기름은 나무의 나이가 들어갈수록 향이 진해지고 풍부해진다. 나무가 자라는 동안 나무줄기와 뿌리와 가지에서는 변재(邊材)라고 하는 살아 있는 층이 나무껍질 바로 아래에 형성된다. 변재는 뿌리에서 잎으로 보내는 양분과 물을 저장할 뿐 아니라, 손상에 대한 반응으로 조직을 자라게 하거나 방어 화합물을 만들기도 한다. 변재의 안쪽 층은 나무가 자라는 동안 자연적인 진행 과정에 의해 결국 죽게 되고, 나무 중심부에서 나무를 지탱하는 역할을 하는 심재로 바뀐다. 단향나무를 포함한 많은 나무의 심재는 색이 더 짙고 더 향기로운데, 그 이유는 변재와 심재의 경계 부분에서 휘발성 화합물이 만들어져서 안쪽으로 들어가기 때문이다. 단향나무에서 만들어지는 정유는 세계에서 가장 값비싼 정유 중 하나이다.

나무에서 만들어진 향기로운 분자는 가장 오래된 가지와 줄기와 뿌리에 농축되기 때문에, 단향나무 내부의 아름다움은 나무가 오래될수록 깊어진다. 향기 분자는 주로 세스퀴테르펜류이며, 병원균과 씹는 곤충으로부터 나무를 보호하는 역할을 한다. 어린 단향나무는 함께 자랄 식물이 필요하다. 단향나무의 새싹은 가까이 있는 식물의 뿌리에 연결되어 양분을 나눠 먹을 때 가장 잘 자란다. 그래서 단향나무는 〈흡혈귀 나무vampire tree〉라는 별명을 얻었다. 그러나 벵골의 유명한 시인인 라빈드라나트 타고르가 사랑에 대한 교훈을 얻은 나무이기도 하다. 타고르는 〈사랑이 증오를 이긴다는 것을 증명하듯이, 단향나무의 향기는 그 나무를 쓰러뜨린 도끼를 이긴다〉라고 썼다. 흡혈귀는 우리의 생기를 빨아들이지만, 단향나무는 우리의 생기를 되돌려 준다. 단향나무가 만들어 내는 향기는 우리의 기운을 북돋고, 우리를 치유하며, 부드럽지만 강하다. 인도 카르나타카의 우타라 칸나다 구역에 살고 있는 구디가르족의 전통 장인이 아름다운 조각을 하면, 단향나무는 눈에 보이는 향기가 된다. 또는 힌두교 신들을 장식하기 위한 향료 반죽을 만들 때 쓰이기도 한다. 단향나무는 힌두교, 불교, 이슬람교에서 귀히 여겨지며 쓰이고 있다.

품질 좋은 단향나무는 곱게 갈아서 증류를 하는데, 이 증류 과정에는 수 세기 동안 변함없이 유지되어 온 기술과 도구들이 쓰이곤 한다. 나무와 정유의 향기는 믿을 수 없을 정도로 부드럽다. 버터 같은 부드러움에 살냄새와 우아한 나무 향이 살짝 감돌지만 매우 오래 지속되므로, 단향나무는 향기의 구성에서 중요한 베이스 노트 중 하나이다. 단향나무의 정유는 다른 향기를 받아들이는 특성이 있으므로 아타르attar를 만들기에 완벽한 용매가 된다. 아타르는 단향나무 정유로 섬세한 꽃을 바로 증류하여 만드는 산물이다. 나는 다양한 종에서 추출한 다양한 종류의 단향나무 정유를 소장하고 있다. 그중에는 멸종 위기종인 인도 원산의 산탈룸 알붐 *Santalum album*(백단향)에서 나온 소량의 정유도 있다. 종종 마이소르 단향나무Mysore sandalwood라고 불리는 이 단향나무의 정유는 다른 유형이나 종의 단향나무 정유를 비교하기 위한 하나의 기준이 된다. 단향나무는 인내심을 요구한다. 처음에는 시향지에 아무것도 없는 것처럼 느껴질 수 있지만, 잠시의 정적을 보상하듯 코에 닿는 그 향기는 대단히 풍부하고 복잡해서 묘사할 말이 잘 떠오르지 않을 수도 있다. 내가 느끼는 단향나무의 향기는 아주 살짝 발삼 향(수지로 만든 캐러멜처럼 향기롭고 달달한 향)이 나며 그 위에 고급스러운 나무 향이 부드럽게 얹힌다. 그 향에는 설명하기 어려운 카리스마가 존재한다. 조금 더 시간이 흐르면, 우아함과 깊이와 복잡성이 느껴지기 시작한다. 그리고 그것이 피부라는 동물적 향기와 얼마나 매끄럽게 어우러질 수 있는지에 감탄하게 된다.

인도 단향나무가 가장 유명하기는 하지만, 산탈룸속은 오스트레일리아가 원산지이고 몇몇 종이 아주 멀리까지 퍼져 나간 것으로 여겨진다.[9] 단향나무는 통틀어 약 15종이 알려져 있으며, 동쪽으로는 인도네시아에서 서쪽으로는 칠레 해안까지 길게 이어지는 열대 지방에 분포한다. 칠레 앞바다에 있는 후안페르난데스 제도에는 한때 한 종의 단향나무가 자랐지만 지금은 멸종했다. 하와이에서 뉴질랜드, 그리고 일본 남쪽에 있는 오가사와라 제도에도 소규모 개체군이 존재한다. 오스트레일리아의 산탈룸 스피카툼*Santalum spicatum*은 발랄하고 수지 향이 있는 나무 향이 나며, 가볍지만 우아한 단향나무 향기로 마무리된다. 오스트레일리아에서는 이 종의 단향나무를 중심으로 산업이 구축되어 왔지만, 지난 20년에 걸쳐 S. 알붐의 새로운 조림(造林)을 지원하기도 했다. 뉴칼레도니아, 바누아투, 피지, 통가에서는 S. 아우스트로칼레도니쿰*S. austrocaledonicum*으로 정유를 생산한다. 아름다운 향기를 지닌 이 나무의 정유는 가끔씩 바닐라의 달콤함이 조금 느껴지고, 마르고 난 뒤에도 전형적인 버터 향과 나무 향의 잔향이 이어진다(잔향은 좀처럼 사라지지 않고 마지막까지 남아 있는 향기의 요소이다). 바누아투 원주민은 이 종의 두 변종을 남녀로 구분한다. 심재를 더 일찍 만드는 〈여자〉 변종은 키가 더 작고 통통하며 잎이 더 둥글고 열매를 많이 맺는다. 반면 키가 더 큰 〈남자〉 변종은 질 좋은 심재를 만들며, 잎이 더 뾰족하고 열매가 적게 달린다. 피지는 통가 제도 사람들에게 단향나무의 초기 공급원이었다. 그들은 이 나무를 가오리의 독침, 나무껍질로 만든 천, 고래 이빨과 교환했을 것이다. 산탈룸 야시*Santalum yasi*도 이들 섬에서 자란다. 하와이 원주민들은 단향나무를 일리아히iliahi라고 부르며, 하와이에는 S. 파니쿨라툼*S. paniculatum*, S. 프레이키네티아눔*S. freycinetianum*, S. 엘립티쿰*S. ellipticum*, S. 할레아칼라이*S. haleakalae*를 포함하여 몇 종의 단향나무가 자생한다. 나는 S. 파니쿨라툼을 작은 병으로 하나 가지고 있는데, 전통적인 인도의 S. 알붐과는 조금 다르다는 것을 발견했다. 약간의 꽃 향과 신비스러운 〈오래된 도서관〉의 향조가 있고, 사랑스러운 삼나무 향으로 바뀌었다가 거의 침향에 가까운 단향나무 향으로 마무리된다. 한때는 멸종되었다고 여겨졌던 하와이의 단향나무종들은 더 외지고 더 높은 곳에서 명맥을 이어 가고 있었다. 그런 곳은 19세기에 채집가들과 상인들의 발길이 닿지 않았고, 풀을 뜯는 동물들로부터도 안전했다.

인도에서 단향나무의 기원은 수수께끼이다. 일부에서는 인도 원산이 아니라 2,000년 전에 인도네시아의 군락에서 들여왔다고 생각한다. 어쩌면 티모르섬으로 향하던 초기 교역상들이 이 종의 잠재적 가치와 장점을 인식하고 씨앗이나 묘목을 인도로 들여왔을 수도 있다. 아니면 검은가슴물떼새*Pluvialis fulva*나 태평양황

제비둘기*Ducula pacifica*처럼 장거리 비행에 익숙한 새들의 창자를 통해서 원산지인 오스트레일리아에서 왔을지도 모른다.[10] 이렇게 광범위하게 분포하고는 있지만, 단향나무종들은 그 서식지 전반에 걸쳐서 과도하게 채취되고 있으며, 후안페르난데스 제도의 토착종인 S. 페르난데자눔*S. fernandezianum*과 같은 많은 종이 멸종 위기에 처해 있다. 동아프리카 단향나무인 오시리스 란체올라타 *Osyris lanceolata*는 정유와 약재로 쓰일 수 있는 향기로운 단향나무이다. 인도자단이라고도 불리는 동남아시아의 프테로카르푸스 인디쿠스*Pterocarpus indicus*(이명 *P. santalinus*)는 화장품과 아유르베다 의약품에 사용될 수도 있다. 인도자단나무의 아름다운 붉은 목재는 일본의 전통 현악기인 샤미센의 제작에 선호되는 나무 중 하나이다. 향기로운 나무인 아미리스 발사미페라*Amyris balsamifera*는 아이티와 도미니카 공화국에서 자란다. 이 나무는 서인도단향나무라고 불리기도 하고, 정유 함량이 높아서 잘 타기 때문에 캔들우드라고도 불린다.

마이소르라고 불리는 최상급 단향나무는 카르나타카, 타밀나두, 케랄라 같은 인도 남부의 주에서 자라는 것을 최고로 치며, 이 지역에서는 현재 정부가 단향나무의 채취를 통제하고 있다. 의식과 종교와 상업과 밀접한 연관이 있는 단향나무는 오랜 역사를 지닌 인도의 문화와 유산에서 중요한 부분을 차지한다. 이 나무는 1792년에 마이소르의 술탄에 의해서, 그리고 1882년에 마드라스 법에 의해서 타밀나두에서 왕실 나무로 공표되었다. 인도 단향나무는 국제 자연 보전 연맹의 멸종 위기종 목록에 취약종으로 등재되어 있다. 여러 해 동안 과도하게 채취되었을 뿐 아니라, 빗자

루병, 잡초의 침입, 화재, 방목 가축으로 인해서 개체 수가 예전보다 크게 줄었다. 인도에서 단향나무는 역사적, 문화적으로 중요하고, 카나우지와 우타르프라데시의 대규모 정유 사업이나 카르나타카의 단향나무 조각가들처럼 지역 산업으로서도 가치가 있다. 그럼에도 불구하고 나무 보호를 담당하는 정부 기관의 잘못된 관리로 인해서 과도한 채취와 불법 채취가 난무하고, 그 결과 대규모로 사라지고 있다.[11]

귀중한 단향나무 자원을 안전하게 지키기 위한 인도 정부의 다양한 노력과 단향나무를 보호하기 위한 법률에도 불구하고, 산적 행위와 절도가 일어나고 있다. 현대의 가장 유명한 단향나무 산적은 타밀나두, 케랄라, 카르나타카의 숲에서 오랫동안 활동한 쿠스 무누사미 비라판이라는 남자였다. 그는 단향나무와 상아의 밀매로 유명했고 도둑질을 하거나 체포를 피하기 위해서 살인과 협박을 서슴지 않았지만, 지역민들에게는 조금 로빈 후드처럼 보였다. 비라판은 2004년에 코쿤이라는 군사 작전 때 특수 부대의 대원들에 의해 사망했다. 단향나무의 불법 채취와 절도는 이것이 끝이 아니었다. 최근의 인도 신문을 검색하면 사라진 단향나무에 대한 기사가 몇 개씩 등장한다. 절도범들은 한밤중에 나타나서 벵갈루루 대학 캠퍼스 같은 곳에 있는 나무들을 대담하게 베어 가기도 한다. 당국은 이곳의 나무들에 지리 정보 인식 장치를 삽입하고 불법 도로를 폐쇄하기 시작했다. 경비대의 눈을 피해 큰 나무 두 그루가 잘려서 지방 정부의 관할 구역 밖으로 유출되었고, 이튿날 아침에 그루터기와 가지 몇 개만 발견되었다. 경비대는 케랄라에 있는 친나르라는 숲을 보호하고 있으며, 이 숲에 대규모로 자생하고 있는 단향나무에 마이크로칩을 삽입할 계획이다.

진짜 흡혈귀 나무는 아니지만, 단향나무는 반기생 식물이다. 스스로 자랄 수는 있어도, 그런 방식으로는 무성하게 자랄 수 없다는 뜻이다. 자연 상태에서는 뿌리의 연결을 통해서 양분을 공급해 주는 숙주 식물과 함께 자라는 것이 가장 좋고, 농장에서도 마찬가지이다. 어린 단향나무의 뿌리에서는 흡기(吸器)라는 구조가 만들어지고, 이것이 뻗어 나가서 근처에 있는 다른 식물의 뿌리에 부착된다. 숙주 역할을 할 수 있는 식물은 다양하지만, 아카시아 종류와 다른 콩과 식물이 어린 단향나무를 가장 잘 먹여 살리는 것으로 보인다. 숙주 식물은 뿌리의 연결을 통해서 반기생 식물과 밀접하게 연결되고, 이런 연결은 식물 군락 전체로 뻗어 나간다. 식물 군락의 일부로서, 단향나무의 꽃은 달콤한 향기로 벌을 끌어들여 먹이를 제공한다. 오스트레일리아에서는 대단히 희귀한 소형 유대류인 워일리*Bettongia penicillata*가 콴동나무*Santalum acuminatum*와 토종 단향나무*S. spicatum*의 씨앗을 숨겨 두는데, 이런 방식이 이 식물들의 발아를 촉진한다고 알려져 있다. 인도에서는 인도회색코뿔새*Ocyceros birostris*가 배설을 할 때 단향나무 씨앗을 내보내기 때문에 이 새의 둥지 근처에 있는 배설물 더미에서는 어린 단향나무가 자란다. 전반적으로 새들은 단향나무 씨앗의 주요 전파자인 것으로 보인다. 새들은 종종 가시덤불 속에 씨앗을 떨어뜨리기도 하는데, 가시덤불은 어린 단향나무가 뿌리를 뻗어서 근처의 숙주를 찾기에 이상적인 곳이다.[12]

단향나무 교역의 역사는 아주 길어서 3세기까지 거슬러 올라가며, 그 교역망은 인도네시아, 인도, 중국뿐 아니라 태평양의 섬들에까지 뻗어 있었다. 1778년에 제임스 쿡 선장은 유럽인으로서는 처음으로 하와이 해안에 상륙했고, 그로부터 얼마 지나지 않아 외지인들이 그곳에 배를 대고 이 향기로운 나무를 베어 가기 시작했다. 1811년 무렵부터, 미국을 포함한 서양 무역상들은 중국 광둥으로 싣고 갈 다량의 나무를 얻기 위해서 하와이의 카메하메하 1세 왕과 교역을 시작했다. 미국의 무역상들은 광둥을 거쳐 중국으로 가는 길에 차, 비단 같은 물품과 교환할 좋은 모피와 인삼을 실었고, 하와이에서 잠시 멈춰 그들의 화물에 단향나무를 추가했을 것이다. 무역상들은 단향나무가 중국인들에게 가치가 있다는 것을 깨닫고 더 많은 양의 단향나무를 요구했지만, 카메하메하 1세는 단향나무의 채취를 제한하고 단향나무 교역권을 자신이 가짐으로써 단향나무가 남벌되지 않도록 통제했다. 아마도 그는 지나간 기근에서 교훈을 얻었을지도 모른다. 그 기근은 노동자들이 식량 농사 대신 단향나무의 채취에만 몰두한 것과 연관이 있었기에, 그는 산에서 단향나무를 채취하는 인력만큼 들판에서 일하는 인력도 유지하려고 했다. 또한 그는 — 배의 둥근 바닥을 생각하지 않고 사각형으로 계산해서 — 배 한 척에 실리는 단향나무의 양에 속은 후로는 선체의 모양과 크기에 맞게 땅을 파서 실제로 선적되는 단향나무의 양을 결정하는 법도 배웠다. 지금도 이런 구덩이를 하와이 전역에서 볼 수 있다.[13]

1819년에 카메하메하 1세가 사망한 후, 벌목은 잠시 중단되었다가 그의 아들인 리호리호와 지역 추장들의 지휘 아래 재개되었다. 리호리호는 교역에 대한 규제를 일부 폐지하고, 여러 추장들에게 나무에 대한 지분을 허락했다. 미국과 광둥 사이의 교역이 계속되면서 단향나무에 대한 수요가 많아졌고, 미국 상선에 공급할 단향나무에 대한 선불로 교역품을 미리 받은 하와이 추장들의 입장에서는 빚이 늘어나게 되었다. 지역 추장들의 빚은 카메하메하 3세가 통치할 때까지 계속 쌓여 갔고, 당시 제정된 하와이 최초의 성문법은 하와이 사람들에게 단향나무와 관련된 빚을 갚도록 요구했다. 남자는 한 사람당 단향나무 0.5피쿨, 즉 약 30킬로그램씩을 갚아야 했고, 여자는 나무껍질 천인 타파로 만든 수제 매트를 넘겨야 했다. 산에서 채취한 나무를 등에 지고 험한 산길을 따라 항구로 운반하는 남자들은 등에 굳은살이 박이곤 했기 때문에, 이들을 굳은살 등callus back이라고 불렀다. 이는 아주 길고 때로는 슬픈 하와이섬의 단향나무 역사를 요약해 주는 표현이다. 비록 항구 근처에 있는 산과 언덕에서는 단향나무가 대부분 사라졌지만, 〈하와이 화산 국립 공원의 일리아히 길〉에서는 그 나무들을 볼 수 있고, 하와이의 농장에서는 정유 생산을 위한 나무들이 자라고 있다.

오스트레일리아는 단향나무의 재배 역사가 길다. 정유 생산을 위해서 토종 단향나무인 산탈룸 스피카툼을 재배해 왔으며, 더 최근에는 그들의 지식을 적용하여 마이소르단향나무인 S. 알붐을 자리 잡게 하는 데 힘쓰고 있다. 단향나무는 시드니라는 도시가 생긴 직후부터 귀한 상품으로 인식되었고, 상인들은 예나 지금이나 그들이 좋아하는 중국의 차와 단향나무를 거래하기 시작했다. 1880년부터 1918년까지 금광 열풍이 불면서 사람들은 오스트레일리아 북부로 향했고, 그곳에서 금이 희박해지자 단향나무는 금을 대체할 좋은 돈벌이 수단이 되었다. 단향나무 증류소는 오스트레일리아 서부에 위치한 퍼스 외곽에 세워졌고, 곧 단향나무 정유가 영국으로 수출되었다. 영국에서 이 정유는 캡슐에 담겨 성병 치료제로 쓰였는데, 제1차 세계 대전이 발발하면서 그 수요가 증가했다. 단향나무 정유는 소독제, 향수 보류제fixative*, 비누 등에 쓰였다. 오스트레일리아 정부는 1929년에 단향나무 관리법을 제정했고, 그로부터 1년 후에는 네 개의 회사가 합병되어 오스트레일리아 샌달우드 컴퍼니가 되었다. 오늘날에는 여러 회사에서 S. 스피카툼과 S. 알붐을 재배하여 증류하고 있다.[14]

과거 토종 단향나무의 교역에서 우여곡절을 겪은 하와이는 가정의 정원과 숲에 토종 단향나무를 심고 숙주로 적당한 식물도 함께 키울 것을 장려하고 있다. 또 다른 태평양 국가인 바누아투는 단향나무 교역의 통제권을 쥐기 위해서 1987~1992년 사이에 단향나무 수출을 중단했고, 현재 지역 농민들은 재배한 나무를 허가받은 무역상에게 판매하여 직접적인 소득을 얻을 수 있다. 단향나무는 성숙하려면 오랜 시간이 걸리기는 하지만 가치가 높고 크기가 다소 작아서 작은 정원에도 적합하다. 여성과 어린이가 생산에 참여하여 현금 소득을 늘릴 수도 있다. 인도는 농장에서 새로운 실험을 시작하고 있다. 카르나타카에서 단향나무 조각품에 대한 일을 담당하는 카르나타카주 수공예품 개발 공사는 농민들의 생활을 개선하고 이 상징적인 나무를 보존하기 위해서 담배 대신 단향나무를 재배할 것을 권장하고 있다. 단향나무의 관리 방식에도 서서히 변화가 일어나고 있는 것으로 보인다. 자생하는 단향나무를 정부가 관리하는 방식에서 벗어나서, 토지 소유주에게 종

* 향수에서 향의 지속성을 높여 주는 성분.

자와 묘목과 정보를 제공함으로써 개인 농장을 지원하는 방식으로 나아가는 추세이다.

인도에서 단향나무를 증류하는 전통 방식에는 장작불이 이용된다. 이 과정은 몇 시간이 걸리고, 아궁이에서 올라오는 은근한 열과 대나무, 진흙, 구리, 가죽으로 된 장비가 필요하다. 이 방법은 단향나무에 압력을 주어 더 빠르게 증류하는 증기 증류 방식보다 더 좋은 정유를 얻을 수 있다고 전해진다. 최고 품질의 정유는 오래된 심재에서 나오고, 가장 좋은 심재는 뿌리와 줄기의 아랫부분에 있다. 잘린 나무는 뿌리까지 뽑고 분류한 다음, 심재를 조심스럽게 분리하여 판매를 위한 짤막한 도막과 조각을 위한 큰 도막으로 자른다. 정유를 생산하는 경우에는 갈아서 가루를 만드는데, 증류기 속에서 반죽이 될 정도로 미세하게 갈지는 않는다. 전통 방식에서는 구리로 만든 증류 장치인 데그deg 속에 이 귀한 나무를 넣고 적당량의 물을 채운 다음 세심하게 온도를 조절한 장작불 위에 올려놓는다. 데그는 대나무 관으로 된 응축 장치(총가chonga)를 통해서 정유 수집 장치인 브합카bhapka라는 질그릇으로 연결되며, 브합카는 찬물이 담긴 함지박 속에 놓인다. 일단 증류가 끝나면, 혼합물을 쿠피kuppi라고 하는 가죽 병에 넣어서 내용물을 가라앉히고 남아 있는 물은 가죽을 통해 증발시킨다. 전통 증류법은 아타르를 만들 때에도 이용된다. 단향나무는 다른 향을 온화하게 떠받치는 특성이 있는데, 이 특성은 아타르에서 그 지역의 다채로운 꽃 향을 유지하는 데 쓰인다. 인도 북부의 카나우지에서 증류된 아타르의 이름은 서구인에게는 이국적으로 들린다. 굴랍gulab은 장미의 아타르이고, 모티아motia, 차멜리아chamelia, 주히

juhi는 재스민 변종을 나타내고, 큐다kewda, 참파champa, 젠다genda는 판다누스, 참파크, 마리골드 같은 중동 식물을 가리킨다. 나중에 6장에서 설명할 미티 아타르는 카나우지의 흙을 단향나무 속에서 증류하여 비의 향기가 난다.[15]

단향나무는 향수와 훈향을 위한 향료로서만 매력이 있는 것이 아니라 우리의 모든 감각을 사로잡는다. 단향나무 가루로 만든 밝은색의 반죽은 화장품에 쓰이기도 하고, 단향나무 가루는 크리슈나 추종자의 이마에 있는 기다란 표식에 들어갈 수도 있다. 태평양의 섬에 사는 사람들은 전통적으로 단향나무를 이용해서 향기로운 코코넛 기름을 만들었다. 그렇게 만든 코코넛 기름을 타파천에 문지르거나 향수 로션으로서 머리카락과 피부에 발랐다. 힌두교의 신인 벤카테스와라 조각상의 이마에는 때로 사향과 단향나무 혼합물로 그린 줄무늬가 하얀 장뇌와 대조를 이룬다. 나뭇결이 아름다운 나무로는 복잡한 물체를 조각하기도 하지만, 만지면 기분이 좋고 마음이 편안해지는 매끄러운 구슬을 만들기도 한다. 단향나무는 쓴맛이 나고, 진정 효과가 있다. 하와이에서는 단향나무로 악기를 만들었다. 우케케라고 불리는 이 악기는 입으로 연주하는 단순한 한 줄짜리 현악기이다.

단향나무 정유는 왜 그렇게 귀한 것일까? 단향나무 정유를 묘사하는 말은 많다. 깊다, 풍부하다, 멋진 숲과 같다, 버터 같다, 피부 같다, 뒤에서 잘 받쳐 준다, 지속적이다 등등이 있다. 그러나 아름다운 예술이나 복합적인 경관이 그렇듯이, 그 어떤 설명보다도 가장 좋은 것은 있는 그대로 받아들이는 것일지도 모른다. 그것은 그저 단향나무이다. 단향나무의 향기는 상처나 질병에서 유래한 것이 아니다. 그 성분은 적극적인 방어의 흔적이 아니라 나이의 산물이며, 그 나무가 속한 땅에서 나온 것이다. 기술적인 분석에서는 대부분의 정유와 마찬가지로 다양한 성분으로 이루어져 있는데, 세스퀴테르펜 산탈렌에서 유래한 알파-산탈롤과 베타-산탈롤이라는 두 종류의 알코올은 이 산업에서 품질을 결정하는 기준이 된다. 또한 베타-산탈롤이 지닌 흥미로운 특성은 때때로 전문 조향사들이 어떤 향수의 조향 공식을 평가할 때에도 쓰인다. 베타-이오논은 향수에 아름다운 제비꽃 향을 더하는 성분일 뿐 아니라 강한 나무 향을 내기도 하는데, 희석되지 않았을 때 특히 그렇다. 조향사는 어떤 향수에 베타-이오논이 있는지를 확인하고 싶을 때 베타-산탈롤을 쓰기도 한다. 베타-산탈롤은 나무 향이 너무 강해서 나무 향에 대해 후각이 둔감해지게 한다. 그렇게 베타-이오논에서 더 이상 〈나무〉 냄새를 맡지 못하게 되면, 조향사의 코에는 마치 피부에 바른 향수에서 천천히 올라오는 것과 같은 더 미묘한 제비꽃 향기가 곧바로 들어온다.[16]

동서고금을 막론하고 훈향에 대한 몇 가지 사실이 있다. 훈향은 눈에 보이게 만든 향기이며, 하늘로 올라가면서 신에게 메시지를 전달한다. 훈향의 기분 좋은 향기는 선함과 순수함을 암시하고, 그 속에는 거의 항상 세스퀴테르펜이 들어 있다. 훈향은 오늘날에도 세계 전역에서 이용되고 있다. 유향과 코펄처럼 종교적으로 이용되기도 하고, 가정과 같은 친밀한 공간에서 이용되기도 한다. 내가 마음속으로 자주 상상하는 장면이 있다. 오늘일 수도 있고, 4,000년 전일 수도 있는 그 장면은 친밀하고 개인적인 공간에 있는 한 여성과 함께 시작된다. 외부 세계와 동떨어진 그곳에서 그 여성은 기도를 하거나 명상을 한다. 어느 이른 아침, 그녀는 전에도 몇 번 썼던 귀한 전복 껍데기를 꺼내어 그 속에 담긴 모래를 작은 언덕 모양으로 다듬는다. 천으로 감싼 조그만 꾸러미에서 연한 녹색을 띠는 작은 유향 조각을 두세 개 꺼내고 다른 꾸러미에서는 납작한 숯 한 조각을 꺼낸다. 작은 집게로 숯을 집어서 활활 타는 불 속에 넣고 잠시 기다린다. 숯이 골고루 타서 겉면이 하얗게 되면 모래 더미 위에 올려놓는다. 그런 다음 그 뜨거운 숯 위에 자신의 유향 조각을 조심스럽게 올려놓는다. 곧바로 향기로운 연기가 피어오르고, 수지 향, 감귤류 향, 나무 향, 달콤한 발삼 향이 난다. 오늘 그녀는 이 고요한 공간에서 향기로운 연기를 들이마시며 생각을 가다듬는 것 외에는 다른 어떤 일도 할 필요가 없다고 느낀다. 또 어떤 날에는 그 연기로 자신의 생활 공간을 청결하게 하고 정화할 수도 있다. 시간을 초월한 그녀의 의식은 불의 기원만큼 오래되었고, 종교만큼 거룩하다.

향신료

부엌 선반에 있는 작은 병에 들어갈 정도로 소량이지만 엄청난 향과 역사를 지닌 향신료는 전 세계의 교역과 탐험에 영향을 끼쳐 왔다. 한때 향신료로 엄청난 부를 이루고 제국의 확립을 도운 무역상들은 그 향신료의 원산지를 비밀에 부침으로써 전설이 되게 했다. 향신료는 우리가 생각하듯이 씨앗만은 아니다. 열매, 생식기관, 나무껍질, 잎도 향신료가 될 수 있다. 각각의 향신료에서 독특한 맛과 향을 만드는 분자들은 종종 자연에서는 미생물을 물리치고 그 식물을 보호하는 역할을 한다. 우리가 특별한 향신료의 향을 항상 묘사할 수는 없지만, 금방 갈아 놓은 후추의 톡 쏘는 향, 육두구의 편안한 향, 생강의 맵싸한 향은 거의 누구나 알아챌 수 있을 것이다. 그리고 향신료가 우리의 음식 — 그리고 향수 — 에 더하는 복잡함과 재미가 없는 세상은 잘 상상이 되지 않는다. 많은 문화권에서 향신료에는 약효가 있다고 생각해 왔다. 특히 유럽인들에게 향신료는 완전히 새로운 발견이었다. 이전까지는 밋밋했던 음식에 깊은 맛을 더하고, 성대한 잔치를 더욱 고급스럽게 해주고, 어쩌면 잠자리에서 관능적인 기쁨을 주는 최음제일지도 모른다고 생각했다. 우리 이야기에 등장하는 향신료들은 그 기원과 생물학적 특성이 저마다 다르지만, 모두 세계사에서 한자리를 차지하고 있다. 때로는 상표에 적힌 이국적인 지명을 읽는 것만으로도 그 향신료의 사연을 어렴풋이 짐작할 수도 있다. 나는 상점에서 통후추 병을 유심히 살피다가 텔리체리와 말라바르의 차이를 혼자 생각해 본 적이 있다. 수 세기 동안 무역상들은 대상 행렬을 이루거나 배를 타고 수천 킬로미터를 여행하면서 이동 가능한 작은 형태로 발견되는 이국적이고 진귀한 것들을 거래했다. 계절풍이 부는 바다를 항해하는 무역선의 화물칸과 건조한 사막을 건너는 낙타의 등에는 후추, 육두구, 생강, 계피, 카르다몸 같은 향신료가 가득 실렸다. 그 화물이 제국을 건설했다.

7세기 이슬람의 융성은 중동의 힘이 커지는 시기와 일치한다. 교역과 소통의 경로를 따라서 종교도 이동했기 때문이다. 8세기가 되자 무슬림 세계는 히말라야 산맥에서부터 교역로와 오아시스와 항구를 따라서 대서양까지 뻗어 나갔다. 무슬림들은 실크로드를 단일화했으며, 교역품의 산지는 비밀로 하면서 그 위험을 떠벌리는 이야기를 퍼뜨려 성공을 거두었다. 이를테면 후추가 나는 늪에는 불로 쫓아야 하는 악어가 살고 있고, 계피로 만든 둥지에는 거대한 독수리가 살고 있고, 유향나무에는 불사조가 둥지를 튼다는 식이었다. 시간이 흐르면서 무슬림 상인들이 쥐고 있던 상권은 이탈리아의 도시 국가들로 확장되었다. 그중에서도 제노바, 피사, 베네치아가 11세기와 12세기에 가장 두드러졌다. 이 시기에 십자군 전쟁이 벌어졌고, 마침 그곳에 있던 베네치아는 십자군에 물자를 공급했다. 당시 베네치아는 지중해를 통한 교역에서 동서양을 잇는 이상적인 위치에 있었기 때문이다. 더 많은 향신료가 베네치아로 들어오기 시작했고, 그로 인해 유럽에 향신료가 더 널리 퍼졌다. 베네치아 상인들은 큰 이득을 보았지만, 교역로는 여전히 아랍 상인들이 장악하고 있었다. 수마트라, 말레이반도, 인도 남부의 말라바르 해안 등지에는 활기차고 멋진 국제 무역항들이 생겨났다.

질병도 교역로를 따라서 이동했다. 1346년에는 역사상 가장 치명적인 전염병 중 하나인 흑사병이 유라시아 전역으로 빠르게 퍼져 나갔다. 1350년대 초반에 이 끔찍한 전염병이 사그라졌을 때, 인구는 크게 감소하고 노동 인력의 수요는 증가하면서 부의 분배가 어느 정도 고르게 이루어졌다. 당시 베네치아는 이집트 알렉산드리아에서 오는 향신료 교역을 독점했고, 270만 킬로그램에 달하는 향신료가 베네치아 항구를 통해서 유럽에 전해졌다. 향신료와 함께 이국의 색소들도 들어왔고, 유럽 미술의 황금기 동안 화가들에게 물감으로 공급되었다.

지구 반대편에서는 향신료와 단향나무와 훈향 수천 킬로그램이 중국으로 들어갔다. 향신료의 원산지는 유럽인들에게 여전히 미지의 땅이었고, 이는 에스파냐와 포르투갈 같은 야심 찬 제국들이 해양 탐험을 지원하는 동기가 되었다. 크리스토퍼 콜럼버스, 페르디난드 마젤란, 바스쿠 다가마 같은 항해사들은 향신료의 땅을 찾아 주겠다고 약속했다. 비록 콜럼버스는 향신료를 찾지 못했지만, 에스파냐의 정복자인 에르난 코르테스와 프란시스코 피사로는 곧바로 아스텍과 잉카에서 금과 은의 형태로 엄청난 재물을 빼앗았고, 이 부를 통해서 에스파냐는 세계적인 강국이 될 수 있었다. 그로부터 몇 년 후, 포르투갈의 후원을 받은 바스쿠 다가마는 신중하게 계획된 항로를 따라 아프리카 해안을 돌아 인도의 캘리컷(현재의 코지코드)으로 향했고, 실제로 향신료를 가지고 돌아왔다. 1519년에는 마젤란이라는 포르투갈 탐험가가 향신료 제도를 찾아 항해에 나섰다. 다섯 척의 배로 이루어진 그의 선단은 에스파냐 국기를 걸고 있었다. 마젤란은 이 항해를 끝내지 못하고 사망했지만, 선단의 선장 중 한 사람인 후안 세바스티안 엘카노가 세계 일주를 완수했다.

베네치아, 에스파냐, 포르투갈의 뒤를 이어 향신료 제도로 들어간 네덜란드의 해상 무역상들은 1600년대 초반에 네덜란드 동인도 회사를 설립했다. 그들은 향신료 제도에서 포르투갈인들을 쫓아내고 그 지역 거의 전체에 걸쳐 교역을 통제해 나갔다. 이 시기 동안 네덜란드에서는 예술이 꽃을 피웠다. 향신료 교역을 통해서 일군 부로 렘브란트, 페르메이르, 프란스 할스 같은 화가들이 후원을 받았고, 파란색과 흰색이 조화를 이루는 매력적인 델프트 도자기의 장인들도 지원을 받았다. 이런 변화는 향신료 교역과 그에 따른 부가 에스파냐, 포르투갈, 이탈리아 같은 지중해 국가에서 유럽 북부로 이동했음을 나타낸다. 네덜란드의 뒤를 이어 영국도 배를 건조하여 향신료가 나는 땅으로 항해를 했고, 새롭게 허가를 받은 동인도 회사를 세웠다. 이후 몇 세기에 걸쳐 무역의 중심지들이 또다시 이동했는데, 러시아가 아시아 무역에 손을 뻗쳤기 때문이다. 그러다가 페르시아에서 석유가 발견되면서, 이 검은 금을 거래하기 위한 새로운 유형의 교역로가 만들어졌다. 결국 한 바퀴 빙 돌아서, 석유는 이 모든 것이 시작된 아라비아반도에 새로운 부를 가져왔다.[1]

지역민들에게 후추 같은 향신료는 약재인 동시에 요리 재료였고, 주위 경관의 친숙한 일부였다. 지금도 그 지역에서는 그런 향신료가 집 텃밭이나 가까운 숲에서 자라고 있다. 부와 권력을 가진 사람들에게 향신료는 약재일 뿐 아니라 사치품이기도 했다. 헬레니즘 시대의 왕인 미트리다테스 대왕은 기원전 120년부터 63년까지 아나톨리아 북부를 지배했고, 로마를 가장 위협한 적 중 하나였다. 그는 생명에 대한 위협과 왕권에 대한 도전으로부터 살아남기 위해서 매일 소량의 독을 섭취함으로써 독에 대한 내성을 길렀을 뿐만 아니라, 만능 해독제라고 생각한 미트리다티쿰Mithridaticum을 발명하기도 했다.[2] 이 약의 주성분은 향신료와 허브이다. 『런던 약전*London Pharmacopoeia*』(1746)에 따르면, 이 해독제에는 몰약, 유향, 사프란, 생강, 계피, 스파이크나드, 발삼 수지, 라벤더, 필발, 흰 후추, 당근 씨, 카르다몸, 회향, 그 외 다른 식물이 들어갔다(다른 약전의 제조법에서는 도마뱀 내장을 추천하기도 했다). 그런 다음 이 혼합물에 꿀과 포도주를 섞었다. 훗날 네로의 의사들은 이 제조법을 〈개선〉했고, 독사를 주요 재료로 포함시켰다.

우리 가족은 스웨덴에 살던 1년 동안 소중한 추억과 가족의 보물을 많이 만들었다. 나는 어렸고 그때의 기억은 사실상 없지만, 우리 집에는 작은 목각 말 인형과 따뜻한 양털 스키 장갑, 수제 양모 러그 같은 그 시절의 기념품이 가득하다. 어머니는 그 시절에 카르다몸이 듬뿍 들어간 아몬드 페이스트리 만드는 법을 배웠고, 내가 기억하는 아주 오래전부터 어머니는 특별한 날이나 크리스마스 때 그 페이스트리를 만드느라 몇 시간씩 보내곤 했다. 버터, 아몬드, 카르다몸이 들어가는 그 페이스트리를 만들 때마다 집 안에는 근사한 향기가 가득했고, 나는 그 향기에서 늘 스칸디

나비아를 떠올렸다. 이 중동의 향신료가 어떻게 북유럽과 이어지게 되었는지에 대한 내 궁금증은 바이킹족에 대한 어떤 글을 읽으면서 해결되었다. 카르다몸을 특별히 좋아했던 바이킹족은 이 향신료를 동양에서 다시 들여왔고, 그것으로 빵을 굽거나 향낭을 만들거나 최음제로 이용했다. 요즘에도 나는 카르다몸을 생각하면 카레나 마살라보다는 달콤하고 버터가 듬뿍 들어간 페이스트리가 먼저 연상된다.

탐험과 세계 경제의 원동력이 된 이런 향신료들은 인도 아대륙, 아메리카 대륙, 남아시아의 숲과 산비탈과 텃밭에서 자란다. 후추 덩굴은 인도 서해안을 따라서 서인도의 경관에 점점이 흩어져 있고, 생강과 카르다몸도 몬순 기후의 비를 맞으며 푸릇푸릇한 식생의 하부에서 자란다. 열대 식물인 육두구나무의 원산지는 산호초로 둘러싸인 인도네시아의 화산섬 반다 제도이고, 이 나무는 소금기를 머금은 비와 바닷바람 속에서 번성한다. 정향은 필리핀과 오스트레일리아 대륙 사이에 있는 테르나테섬과 티도레섬 인근에서 난다. 이런 작은 섬들에서 배마다 그득그득 실린 향기로운 화물은 바다 건너 지구 반대편의 왕족과 부자들의 식탁에 올랐다. 향신료 중에서는 드물게 열대 원산이 아닌 사프란은 히말라야 산맥의 바위투성이 비탈과 지중해 연안에서 난다. 이 지역에서는 일찍이 청동기 시대부터 크로쿠스속*Crocus*의 이 독특한 꽃을 땄고, 사프란은 프레스코화로 그려지기도 했다. 향신료 제도에서 아주 멀리 떨어진 메소아메리카의 숲에는 초콜릿 나무가 자랐고, 초콜릿은 신과 지배자에게 바치는 음식이 되었다. 초콜릿과 잘 어울리는 바닐라는 아메리카 대륙의 열대 서식지에서 나무를 타고 올라가며 자랐다.

이쯤에서 용어에 대해 설명하는 것이 좋을 것 같다. 먼저 꽃부터 시작해 보자. 꽃은 크기가 크거나 작을 수 있고, 아름다운 대칭을 이루며 배열된다. 그 대칭은 미나리아재비나 백합처럼 방사 대칭일 수도 있고 제비꽃이나 난초처럼 좌우 대칭일 수도 있다. 꽃의 대칭이 방사 대칭인지 좌우 대칭인지를 알려면, 꽃 위로 가상의 선을 그어 보면 된다. 꽃의 중심을 지나가는 직선을 어느 방향으로 그어도 꽃을 동일한 형태로 양분할 수 있다면, 그 꽃은 파이의 형태와 같은 방사 대칭이다. 꽃에서 거울을 마주 보는 것 같은 형태를 만들 수 있는 선이 하나뿐이라면, 그 꽃은 인간의 얼굴처럼 좌우 대칭이다. 꽃잎은 꽃부리(화관)를 형성하는데, 종종 밝은색을 띠는 꽃부리는 꽃가루 매개 동물의 유인에서 주된 역할을 한다. 꽃잎 아래에 자라는 꽃받침은 연약한 꽃잎을 보호하는 역할을 하며, 보통은 눈에 잘 띄지 않고 녹색을 띤다. 그러나 꽃에 조금 더 화려한 볼거리가 필요하다면 꽃받침도 이를 거들기 위해서 더 밝고 다채로운 색을 낸다. 꽃잎과 꽃받침이 구별되지 않을 때에는 화피편이라고 부르고, 그것들을 모두 합쳐서 화피라고 한다. 오색의 화려한 자태를 자랑하는 꽃은 식물의 생식 기관이다. 웅성 기관은 수술stamen이라고 불린다. 나는 〈stamen〉에 남자를 뜻하는 〈men〉이라는 단어가 포함되어 있기 때문에 이 단어를 기억한다. 수술은 꽃가루를 만드는 꽃밥과 꽃밥을 받치고 있는 기둥인 꽃실(수술대)로 이루어져 있다. 자성 기관은 암술이다. 암술 역시 대개 기다란 암술대가 있고, 그 끝에 달려 있는 끈끈한 암술머리에 꽃가루가 달라붙는다. 꽃가루가 암술대를 파고 내려가서 그 아래에 있는 씨방에 도달하여 밑씨가 수정되면 씨앗이 된다. 씨앗은 과육이 있는 열매 속에서 발달할 수도 있고 거의 겉으로 드러나 있을 수도 있지만, 대개는 싹이 트는 데 도움이 되는 약간의 양분을 지니고 있다. 씨앗의 크기는 바닐라난초의 꼬투리 속에 들어 있는 아주 작은 바닐라 빈에서 큰 코코넛이나 조금 덜 큰 아보카도까지 다양하다. 잎은 일반적으로 꽃잎보다 덜 복잡하며, 엽록소로 인해서 거의 항상 녹색을 띤다. 엽록소는 태양에서 오는 에너지를 포착하고 이것을 변환하여 식물체를 유지하는 데 필요한 당과 녹말을 만들 수 있게 해준다. 식물과 꽃이 얼마나 많고 다양한지를 생각하면 이런 설명은 단순하기 이를 데 없지만, 이 정도면 시작은 할 수 있을 것이다. 태양에서 얻은 에너지로 당과 녹말과 단백질을 합성하는 과정만으로도 매우 복잡하지만, 어떤 식물은 한술 더 떠서 2차 대사산물이라는 것을 만든다. 이런 식물의 2차 대사산물이 우리가 다룰 이야기이다. 일반적으로 우리는 꽃을 향기로운 화합물을 만드는 작은 공장처럼 생각하지만, 동일한 화합물이 향신료의 씨앗이나 바닐라난초의 꼬투리에서는 맛을 내는 성분이 된다. 우리는 수천 년 동안 이 화합물들을 약으로, 음식으로, 향기로, 때로는 우리의 기분을 전환해 주는 뭔가로 사용해 왔다.

3장

서고츠산맥의 향신료

카르다몸*Elettaria cardamomum*의 꽃과 잎

인도 말라바르 해안에 있는 서고츠산맥 지역은 비옥한 숲이 우거진 신비로운 곳이며, 향신료의 중요한 원산지이다. 누군가는 향신료 교역의 본거지라고 말할지도 모른다. 바깥세상 사람들에게는 이런 외딴곳에 있는 향신료의 숲이 한때는 마법의 장소처럼 보였고, 뱀이나 박쥐나 거대한 독수리가 그 향신료를 보호한다는 이야기가 전해지곤 했다. 이 산맥의 옆면을 따라서 해발 약 1,200미터 높이까지 형성된 습한 계절풍림은 풍부하고 다양한 식물상과 동물상을 지탱하고 있다. 이 숲은 다층 구조로 이루어져 있다. 우기에는 키가 큰 나무들이 햇빛이 닿는 곳까지 자라고, 여기서 걸러진 빛이 두 번째 층의 식생에 이른다. 지면과 더 가까운 곳에는 그늘을 좋아하는 떨기나무, 풀, 허브, 덩굴 식물이 들어차 있고, 덩굴 식물은 숲의 나무를 타고 위로 올라간다. 향신료가 자라는 우림에서 강우 유형은 다양성의 원동력이다. 5,000~7,500밀리미터인 강우량의 대부분은 여름철 우기인 6월에서 9월 사이에 집중되고, 가을과 겨울에는 건기가 이어진다.[1] 이 비를 내리게 하는 바람은 한때 인도양을 가로질러 항해하는 무역선을 밀어 주던 그 계절풍이다. 배를 타고 온 무역상들은 향신료를 사 모은 다음 고향 땅으로 가지고 가서 팔았다. 향신료 교역에서 가장 인기 있는 3대 향신료인 후추, 생강, 카르다몸이 모두 이 비옥하고 안전한 산비탈의 골짜기에서 유래했다. 덩굴 식물인 후추*Piper nigrum*는 나무줄기를 타고 올라가며 자라서 작고 하얀 꽃을 만든다. 꽃이 진 자리에는 작은 녹색 열매가 길쭉한 송이를 이루며 달린다. 뿌리와 비슷하게 생긴 두툼한 뿌리줄기rhizome를 통해 번식하는 생강*Zingiber officinale*과 카르다몸*Elettaria cardamomum*은 창 모양 잎을 위로 올려 보내서 숲을 뚫고 들어온 빛을 모으고, 기다란 꽃이삭에서는 밝은색 꽃이 핀다.

향신료의 왕인 후추는 예부터 — 그리고 지금도 — 국제적인 향신료 교역의 근본이 되는 상품이었고, 탐험에 박차를 가하게 하는 강력한 동기였다.[2] 이 작고 주름진 검은 열매는 고대의 실크 로드와 해상 향신료 교역로를 따라서 전 세계를 여행했고, 정화, 바스쿠 다가마, 마젤란, 콜럼버스 같은 탐험가에게 영감을 주었다. 향신료 무역상들은 그들이 투자한 큰 항구 도시들이 있는 인도네시아와 말레이시아 같은 곳으로 이 덩굴 식물들을 옮겨 왔고, 현재 후추는 중국, 인도네시아, 베트남, 브라질에서도 생산되고 있다. 캄보디아 남부의 캄포트 지역에서 자라는 특별한 종류의 후추는 프랑스 로크포르쉬르술종에서 나는 로크포르 치즈, 중국 베이징 인근의 핑구 지역에서 나는 핑구 복숭아, 에티오피아 커피, 다르질링 차처럼 전 세계적으로 통용되는 지역 표기가 붙는다. 캄포트는 후추의 원산지는 아니지만, 석영이 풍부한 이 지역의 토양에서는 후추가 잘 자라고, 이 지역에서 생산되는 후추 열매에서는 감귤류와 재스민의 향이 난다고 묘사된다. 장소의 특성은 포도주의 테루아처럼 그 지역의 독특한 특징이 드러나는 매력적인 농산물을 자라게 한다. 후추의 원산지인 인도에서는 겨울에 수확할 수 있도록 여름철 우기가 시작될 때 덩굴들을 텃밭에 심고, 잭프루트 나무나 망고나무를 타고 올라가게 하기도 한다.

우리가 흔히 보는 후추는 검은색이지만, 익지 않은 녹색 후추도 있고 껍질을 벗긴 흰 후추도 있다. 이 후추들은 가공 방법만 다를 뿐인데도, 조금씩 다른 풍미를 낸다. 금방 갈아 낸 후추에서 터져 나오는 알싸한 향은 정말 놀라워서 누구나 경험해 봤으면 한다. 이런 톡 쏘는 〈후추〉 향은 검은색 껍질에서 나온다. 빨갛게 잘 익은 후추 열매를 햇볕에 말리면 주름진 검은 껍질이 생기는데, 이 과정에서 피페린과 리모넨처럼 자극적인 휘발성 기름이 활성화되면서 후추를 갈 때 맡을 수 있는 맵싸한 향과 감귤류 향을 낸다. 만약 녹색의 후추 열매를 가열과 같은 방법으로 익지 않도록 가공하고 소금물에 넣어 보존하면, 더 허브 같은 후추 맛을 즐길 수 있다. 흰 후추는 검은색 껍질을 제거했기 때문에 조금 더 부드럽고 덜 복합적인 맛이 난다. 후추를 물속에 담그는 침지라는 전통 가공 과정에서 발생하는 스카톨과 다른 휘발성 화학 물질로 인해서 후추에서는 일시적으로 강한 분변 냄새가 날 수도 있는데, 이것이 누그러지면서 균일한 매운 내가 된다. 흰 후추는 인도네시아에서 많이 생산되며, 요리에 광범위하게 쓰이기 때문에 검은 후추의 부가 가치 형태로 여겨진다. 분홍 후추는 어떨까? 때로는 일반적인 검은 후추가 덜 익은 것을 말하기도 하지만, 완전히 다른 종류의 식물에서 나는 분홍 후추*Schinus molle*도 있다. 이 분홍색 후추가 열리는 나무는 남아메리카 북부가 원산지이며, 향기로운 꽃이 피기 때문에 관상용으로 재배되기도 한다. 플로리다에는 이 브라질산 후추의 근연종인 S. 테레빈티폴리우스*S. terebinthifolius*라는 나무가 침입해 있다. 이 나무 역시 짙은 분홍색 열매가 열리는데, 새들이 이 열매를 먹고 씨앗을 퍼뜨린다.

후추는 향수 제조에도 유용하게 쓰인다. 잘 증류된 검은 후추 정유는 완벽한 매운 향을 더함으로써 감귤류 향을 변조하여 우아한 나무 향으로 부드럽게 이어질 수 있게 해준다. 녹색 후추의 정유는 향신료로 쓰이는 녹색 후추와 마찬가지로, 매운 향보다 사랑스럽고 독특한 풋풋함이 먼저 느껴지고, 소량의 흰 후추는 머스크 향의 느낌을 더한다. 분홍 후추 정유는 건조하고 나무 같은 매운 향이 있으며, 조금 상쾌한 느낌도 있다. 이 정유는 톱 노트로서 라벤더와 아름다운 조화를 이룬다. 검은 후추의 껍질에 들어 있는 피페린과 이와 비슷한 합성 화합물인 피카리딘은 모두 모기를 비롯한 곤충이 싫어하는 물질이기 때문에 곤충 기피제로 이용될 수 있다.[3]

피페르 니그룸*Piper nigrum*, 즉 후추의 작은 씨앗은 아주 옛날부터 여행 경로를 따라서 아시아 전역으로 이동하고 이집트에까지 이르렀을 것이다. 이집트에서는 후추를 방부제로 이용했고, 중국에서는 약재로 여겼다. 아시리아인들과 바빌로니아인들은 무려 기원전 2000년 무렵에 말라바르 해안에서 온 후추와 카르다몸과 계피를 거래하고 있었다. 향신료 교역이 발달하는 동안 후추 덩굴은 수마트라, 자바, 동인도 지역과 같은 다른 열대 지역으로 옮겨졌다. 후추는 고대 로마에서도 잘 알려져 있었다. 로마에서는 호에라 피페라타리아horrea piperataria라는 창고에 후추를 보관했고, 서고트족의 알라리크 왕은 410년에 로마를 정복했을 때 전쟁 배상금으로 후추를 요구했다. 영국에서는 한때 후추가 임대료로 지불되기도 했고(이른바 후추 임대peppercorn rent), 런던에서 가장 오래된 길드 중 하나는 1328년에 도매업자로 등록된 후추 상인 길드이다. 후추 상점에서 일하는 노동자들은 주머니를 잘라 내고 그 구멍을 꿰맬 것을 종종 요구받았는데, 귀한 후추가 도난당하는 것을 방지하기 위해서였다.

많은 서양인이 그렇듯이, 나 역시 이 책을 위한 연구를 시작하기 전부터 다가마, 콜럼버스, 마젤란의 여행을 적어도 피상적으로는 알고 있었다. 그러나 정화(1371~1433?) 이야기는 내게 초기 탐험의 새롭고 매혹적인 측면을 보여 주었다. 이 유명한 탐험가는 중국의 무슬림 부모 사이에서 마삼보라는 이름으로 태어났고, 열 살 때 명 태조인 주원장에게 붙잡혔다. 열세 살에 거세된 그는 우람하고 무시무시한 전사로 성장했고, 정화라는 이름을 얻은 뒤에는 환관의 관리자인 태감의 지위에 올랐다. 명의 3대 황제인 영락제의 명령에 따라, 정화는 대규모 보물선 함대를 이끌고 탐험과 보물 운반을 위한 원정을 떠났다. 외교력과 군사력을 상징적으로 보여 주는 이 항해에서, 정화의 함대는 중국 남부를 출발해서 수마트라와 말라카를 지나 스리랑카와 인도의 말라바르 해안에 이르렀다. 이들은 중국 시장을 위한 후추를 사들이기도 했지만, 이 보물선 함대는 아프리카의 기린과 최초의 안경 같은 신기한 물건을 가져온 것으로 더 유명했다. 정화의 항해 이후 얼마 지나지 않아 중국은 국제 교역에서 물러났다. 그로부터 65년 후, 바스쿠 다가마를 필두로 유럽 탐험가들이 대양을 항해하기 시작했다.[4]

후추는 그 이후로 몇 세기 동안 교역의 토대가 되었고 유럽의 부유한 항구 도시들을 지탱했는데, 그 이유는 무게당 가치보다는 순전히 부피 때문이었다. 후추 덩굴은 캘리컷, 수마트라, 말라카에 이르렀고, 그곳의 울창한 산비탈에서 자랐다. 겨울 수확기가 되면 지역민들은 씨앗을 모아서 작은 배에 싣고 강을 따라 하류로 내려갔다. 그들은 그렇게 숲에서 조용히 나타나서 무역상들과 만났을 것이다. 다양한 아시아 국가에서 수십만 킬로그램의 후추가 생산되는 무역 초기의 이야기를 읽으면서, 나는 작고 동그란 검은 알갱이들이 열대 숲에서 폭포처럼 흘러나와 대양 위로 검은 해류를 형성하는 모습을 상상했다.

다른 여러 귀한 향신료와 마찬가지로, 후추에도 그 신비로운 수확과 관련해서 위험한 괴물이나 환경에 대한 이야기가 있다. 동양의 향신료에 대한 여러 과장된 이야기의 창시자는 마르코 폴로였다. 그는 후추 덩굴이 자라는 숲에는 무서운 뱀들이 후추 덩굴을 둘러싸고 있고, 그 뱀들을 태워 죽이는 과정에서 후추의 까맣고 주름진 열매가 만들어진다고 말했다. 어떤 전설에는 약간의 사실도 포함되어 있다. 21세기에 수행된 한 연구는 전 세계의 뱀 물림 사고, 특히 독사의 위험에 대한 관심을 불러일으킨다. 말라바르에서는 21~40세의 남자들이 8월, 9월, 10월에 뱀에 가장 많이 물린다. 뱀에 물린 환자의 직업이나 뱀에 물린 상황에 대한 기록은 없지만, 이런 통계 양상을 볼 때 그들은 농민일 가능성이 크다. 그리고 인도 사람들이 두려워하는 코브라나 살무사나 우산뱀 같은 독사들은 우거진 수풀 속에 숨어 있다.[5]

후추속*Piper* 식물은 작은 꽃들로 이루어진 꽃이삭을 가지고 있다. 꽃은 며칠에 걸쳐서 피며, 곤충에 의해서도 수분이 되지만 몬순 기후의 바람과 비에 의해서도 꽃가루가 분산된다. 덩굴 식물인 후추는 지지대가 필요하며, 숲 하부의 습하고 그늘진 환경에서 잘 자란다. 덥고 습한 열대와 아열대의 숲은 여러 층의 식생으로 구성되어 있다. 맨 위층에는 가장 키가 큰 나무들이 우뚝 솟아 있고, 그 아래에는 키 큰 관목과 중간 크기의 나무들과 나무줄기를 휘감고 자라는 덩굴 식물이 무성하고, 바닥에는 풀들이 지면을 덮고 있다. 후추 덩굴은 성장에 알맞은 조건을 찾으면, 지탱해 줄 큰 나무의 나무껍질에 뿌리를 부착하고 빛을 향해 올라간다. 이것이 후추 덩굴의 보금자리가 된다. 그리고 어쩌면 계절풍이 살짝 불어서 알맞은 때에 적당한 습기와 함께 작은 곤충이 찾아오고, 아침 이슬이 꽃가루받이를 거들 것이다. 꽃이 피고 수분이 되어 열매가 발달하면, 후추 열매는 자신을 보호하기 위한 여러 가지 방향 화합물을 생산한다. 후추속은 1,000종 이상으로 이루어진 큰 속이며, 필발이라고 불리는 P. 롱굼*P. longum*, 큐베브 또는 자바후추라고 불리는 P. 쿠베바*P. cubeba*, 아시아 지역에서 즐겨 씹는 베틀후추인 P. 베틀레*P. betle*가 이 속에 포함된다. 남아메리카와 중앙아메리카와 카리브 제도로 이루어진 생물 지리구인 신열대구(新熱帶區) 지역에는 700여 종의 후추속 식물이 풀과 덩굴과 관목의 형태로 자라면서 그 지역 숲의 중간층으로서 중요한 역할을 하고 있으며, 열매는 종종 박쥐에게 먹혀서 씨가 분산된다.[6]

생강과 카르다몸은 습한 숲의 나무와 덩굴 아래에 지면과 가까운 곳에서 자란다. 두 식물 모두 생강과에 속하는 여러해살이풀이이며, 뿌리줄기를 갖고 있다. 기본적으로 땅속줄기인 뿌리줄기에서는 뿌리와 새순이 자라 나온다. 원산지인 동남아시아에서 습한 하층부 서식지에서 흔히 볼 수 있는 생강과 식물은 몬순 기후에 적응해 살고 있다. 그래서 어떤 종은 건기가 되면 지상의 잎을 떨구고 휴면에 들어가기도 한다. 생강*Zingiber officinale*은 향이 뿌리줄기에서 나는 반면, 카르다몸*Elettaria cardamomum*은 씨앗에서 난다. 두 식물 모두 광범위한 지역에서 작물로 길러졌고, 세계 전역에서 상업적으로 재배되고 있다. 생강과 식물은 꽃의 모양이 고도로 변형되어 있는데, 노란색 바탕에 분홍색이나 자색의 줄무늬가 있는 커다란 입술 모양 꽃잎이 좌우 대칭을 이루고 있다. 생강 꽃에는 5~6개의 수술이 있는데, 수술은 다양한 꽃잎 모양의 기관으로 분화되었다. 생강은 이제 재배 품종으로 개량된 탓에 더 이상 꽃을 피우지 않는다. 다만 수확하지 않고 그대로 두거나 평소보다 크게 잘라 낸 뿌리줄기로 키우기 시작하면 꽃이 피기도 하지만, 다육질의 향기로운 뿌리줄기에서도 꽤 잘 자란다.[7]

인도와 중국에서는 생강 재배가 일찍 시작되었고, 무역선을 따라 운반되었다. 생강의 뿌리줄기는 배에서도 쉽게 자랐기 때문에, 생강은 아마 식품 겸 메스꺼움을 방지하는 약으로 쓰였을 것이다. 향신료 중에는 약으로 먼저 쓰이다가 나중에 식품이 된 경우가 종종 있다. 생강은 메스꺼움을 없애고 소화를 돕는 약으로 오랫동안 알려져 있었다. 식품에 첨가하는 재료로서도, 중세 유럽의 요리사들과 정찬 손님들은 밍밍한 음식과 소금에 절인 고기를 맛있게 만들어 주는 생강 같은 향신료를 높이 평가했다. 신선한 뿌리는 일반적으로 가루로 빻은 형태로 다양한 요리에 흔하게 쓰였고, 어떤 지역에서는 어린 줄기를 먹기도 했다. 신선한 생강은 자극적이다, 알싸하다, 감귤류 향이 난다, 산뜻하다와 같은 표현으로 묘사되고, 좋은 품질의 신선한 생강 정유도 같은 효과를 낸다. 말려서 가루를 낸 생강은 신선함이 사라지고 조금 나무 향이 나지만, 여전히 알싸하고 향신료의 풍미가 있다. 이는 대부분의 생강 정유도 마찬가지이다.[8]

생강의 친척인 카르다몸은 씨앗을 향신료로 쓴다. 카르다몸 역시 서고츠산맥이 원산지이며, 습한 상록수림에서 자란다. 카르다몸은 여러 나라에서 재배 작물로 도입되었고, 해발 800~1,300미터의 산지에서 가장 잘 자란다. 향신료의 여왕으로 불리는 카르다몸은 사프란과 바닐라에 이어 세계에서 세 번째로 비싼 향신료로 여겨진다. 고대 산스크리트어 문헌에 따르면 카르다몸은 수천 년 전부터 쓰여 왔고, 일부 중동 국가에서는 커피에 넣어 먹는다. 생강처럼 땅속줄기를 지닌 외떡잎식물이며, 잎의 길이는 30~90센티미터이다. 꽃은 뿌리에서부터 올라오는 기다란 꽃대에 원추 꽃차례로 달린다. 꽃대는 똑바로 서 있기도 하고 흙이나 숲의 낙엽 더미 위에 완전히 누워 있기도 하는데, 어떤 꽃대에는 무려 마흔다섯 송이의 꽃이 달리기도 한다. 카르다몸은 우기가 한창일 때 꽃이 가장 많이 피며, 인도에서는 일반적으로 5월에서 10월까지 개화가 지속된다. 큰 입술 모양 꽃잎, 즉 순판은 꽃가루받이 곤충이 꽃에 내려앉을 공간이 되어 주고, 분홍색이나 보라색 무늬는 곤충을 꽃꿀이 있는 곳으로 이끄는 유도선이다. 꽃가루받이 곤충은 꽃꿀을 먹으려면 꽃밥과 순판 사이를 비집고 들어가야 하는데, 들어갈 때에는 암술머리에 꽃가루를 내려놓고 나올 때에는 꽃가루를 달고 꽃을 벗어난다. 각각의 꽃은 꽃가루받이 동물이 여러 번 찾아올 수 있고, 만약 수정이 되면 약 열 개의 씨앗이 들어 있는 하나의 삭과(蒴果)가 만들어진다. 이 은은하고 향기로운 향신료에서는 맨 먼저 솔 향이 난다. 그렇다. 정유와 방금 빻은 카르다몸 모두 솔 향이 나고, 이와 함께 감귤류 향과 꽃 향이 살짝 돌다가 금세 기분 좋은 향신료 향과 나무 향으로 바뀌면서 마무리된다. 카르다몸은 예멘의 사하위크sahawiq, 시리아와 튀르키예와 이라크의 바하라트, 인도의 카레 가루와 차이와 코르마, 말레이시아의 마살라를 포함해서, 세계 요리의 여러 훌륭한 향신료 배합에서 찾을 수 있다. 카르다몸 삭과는 아랍 상인들의 초기 교역 품목이었을 뿐 아니라, 베두인족이 모닥불 주위에 모여 있을 때 커피의 풍미를 돋우는 향신료였다. 바이킹족은 이 향신료를 스칸디나비아로 들여왔고, 내 어머니가 만들곤 했던 것과 같은 달콤한 페이스트리 속에 들어가게 되었다.[9]

생강과 마찬가지로 카르다몸도 원산지인 인도 남서부를 벗어나 다른 지역에서 자라고 있다. 오늘날 카르다몸의 최대 생산지는 과테말라이고, 스리랑카와 파푸아뉴기니, 탄자니아에서도 재배되고 있다. 만약 카르다몸이 서고츠 지역의 인가에 있었다면 커피와 같은 숲 재배 작물처럼 대체 작물로 이용될 수도 있었을지 모르지만, 지금도 야생 카르다몸은 경작지에서 멀리 떨어진 외진 곳에서 소규모로 자생한다. 원래 카르다몸은 야생에서 정기적으로 수확되었지만, 상업적 작물이 된다는 것은 지역민들이 카르다몸을 잘 자라게 하기 위해서 숲의 하층부에 있는 나무를 싹 없애야 한다는 것을 의미한다. 전 세계적으로 종종 그렇듯이, 더 많은 카르다몸을 더 쉽게 구하려는 요구로 인해 숲의 다층 구조는 사라지고, 인위적인 구조물이나 조림된 나무들이 그늘을 만드는 더 단순한 구조의 들판으로 바뀌어 가고 있다.

대부분의 작물은 꽃가루 매개 동물이 필요하다. 주로 벌 종류인 꽃가루 매개 동물은 꿀과 꽃가루를 모으느라 바쁘게 날아다닌다. 그리고 그 과정에서 부수적으로 재배자는 다음 해의 작물을 위한 씨를 얻는다. 그러나 현재 많은 향신료 식물이 원래 서식지와 멀리 떨어져 있고 생태적으로도 다른 환경에서 자라고 있다. 재배종 카르다몸은 개화 기간이 더 길어지고 꽃꿀을 더 많이 생산하는 쪽으로 진화했는데, 카르다몸의 원래 꽃가루 매개 동물인 단생벌 대신 꿀벌이나 일부 부봉침벌 같은 사회성 벌을 끌어들이기 위해서이다. 야생 카르다몸은 여전히 가위벌 같은 단생벌이 꽃가루받이를 한다. 그러나 카르다몸 군집은 밀도가 낮아서 잘 관리하지 않으면 코끼리 무리에 먹히거나, 무성하게 자란 다른 식생에 가려지거나, 쓰러진 나무나 산불에 의해 손상되기가 더 쉬울 것이다. 인도의 카르다몸 농장에서 꽃가루받이에 적당한 두 종의 꿀벌은 아피스 도르사타*Apis dorsata*와 A. 케라나*A. cerana*이다. 아시아의 재래꿀벌인 아피스 케라나는 벌통을 유지하며 관리할 수 있지만, 대여료가 비쌀 수 있고, 농장주 중에는 이 벌을 유지하기 위한 지식이 부족한 사람이 많다. 아피스 도르사타는 한곳에 정착하지 않고 먹이를 따라서 이동하는데, 전통 방식으로 꿀을 모으는 사람들이 이 벌의 군집을 파괴하면서 드물어졌다. 부봉침벌인 테트라고눌라 이리디펜니스*Tetragonula iridipennis*(이전 학명은 트리고나 이리디펜니스*Trigona iridipennis*)는 더 작고 눈에 잘 띄지 않지만, 이 벌도 카르다몸 꽃을 수분시킨다. 이 벌은 종종 카르다몸과 함께 재배되는 커피도 많이 수분시키는데, 이를 통해 연구자들은 건강한 벌 개체군 유지의 중요성을 인식하게 되었다. 꽃식물의 형태로 된 먹이가 규칙적으로 공급된다면 농장에서 꽃가루 매개 동물을 유지하는 데 도움이 될 수 있으므로, 개화 순서에 대한 정보를 제공하는 꽃 달력은 먹이를 찾는 야생의 꽃가루 매개 동물이 1년 내내 끊이지 않게 함으로써 농민에게 도움이 될 것이다. 농장 안팎으로 꽃 달력에서 권장하는 꽃나무를 심으면 커피와 카르다몸에 그늘을 드리울 수도 있고, 천연 멀칭mulching*이 되기도 하고, 벌집을 지을 자리가 생길 수도 있고, 어쩌면 후추 덩굴이 타고 올라갈 지지대가 되어 줄지도 모른다. 서고츠산맥의 삼림은 식생이 풍부하고 숲의 구조가 복잡하며, 꽃식물과 그 식물들의 꽃가루 매개 동물이 1년 내내 살아갈 수 있는 기후를 지녔다.[10]

불사조의 향신료라고 불리며, 후추의 강한 매운맛과는 달리 편안하고 살짝 달콤한 매운맛이 나는 계피는 많은 요리에 쓰인다. 계피는 어느 열대 나무의 껍질이며, 이 나무의 목재는 조각에 이용될 수 있고 살짝 광택이 도는 장밋빛을 띠기도 한다. 일반적으로 계피로 쓰이는 종은 시나모뭄 베룸*Cinnamomum verum*(실론계피, 비공식적으로 C. 제일란티쿰*C. zeylanticum*이라고도 불린다)과 C. 카시아*C. cassia*(중국계피)라는 두 종이다. 이 두 유형의 계피는 중국의 오향 분말, 멕시코와 중앙아메리카의 핫 초콜릿, 레바논의 양고기 요리, 전 세계 쇼핑몰에서 볼 수 있는 부드럽고 쫄깃한 맛이 일품인 시나몬 롤에 들어간다. 실론계피는 서고츠산맥과 스리랑카의

* 농작물이 자라는 토양을 보호하고 잡초를 예방하기 위해 짚이나 비닐 따위로 지면을 덮는 일.

숲에서 자란다. 스리랑카산을 최고로 치는데, 그곳의 계피는 달콤하고 매콤하면서 쓴맛은 없는 고상하고 섬세한 풍미를 지녔다. 중국계피는 중국 남동부, 인도의 아삼, 미얀마, 베트남에서 자생한다. 이 종은 풍미는 조금 단순하지만 더 강렬하면서 쓴맛이 약간 있다. 과육이 있는 실론계피의 열매는 과일을 먹는 새를 끌어들여서 숲 전체에 씨앗을 퍼뜨린다. 다양한 계피나무종은 그들의 열대 서식지에서 숲 최상부인 임관층(林冠層)의 중요한 부분을 차지할 수 있고, 세이셸 제도와 같은 일부 지역에서는 우점종이 되어 다른 토종 나무들의 생장을 방해하기도 한다. 대부분의 다른 향신료와 마찬가지로 계피에 들어 있는 휘발성 방향 물질도 구성이 복잡하며, 70가지 이상의 다양한 화합물이 어우러져서 특유의 맛과 향을 낸다. 계피에는 달콤하고 향기로운 계피 향을 내는 신남알데히드가 들어 있고, 정향과 같은 매운 내가 나는 유제놀도 포함되어 있다. 계피나무의 꽃은 계피 향이 어우러진 꽃향기를 풍기며 올스파이스와 후추의 맛이 난다. 정유는 나무의 여러 부분에서 얻을 수 있고, 대부분 맛을 내는 용도로 쓰인다.[11]

아시아 원산의 다른 향신료와 마찬가지로, 계피에도 그 원산지와 채취에 대한 전설이 있다. 계피의 전설에는 독수리와 불사조가 등장한다. 불사조는 아랍의 뜨거운 태양을 연상시키는 계피의 따뜻함과 건조함에서 유래했고, 독수리는 계피를 둥지 재료로 썼다. 계피가 아랍의 사막에 서식하지 않았다는 사실은 개의치 말자. 신화, 그리고 식물을 따뜻하고 건조한 것과 차갑고 습한 것으로 분류하는 경향에 따라 불사조와 계피가 자연스럽게 짝을 이룬 것이다. 불사조의 둥지는 몰약과 유향과 계피 같은 향신료로 지어졌고, 이 재료들은 불사조가 다시 태어나기 위해 생을 마칠 때 향기로운 장작불이 되었다. 헤로도토스에 따르면, 거대한 독수리의 둥지 재료인 계피 막대를 빼내기 위해서는 독수리에게 큼직한 고깃덩이를 주어야 했다. 독수리가 그 고깃덩이를 둥지로 옮기면, 그 무게로 인해 둥지가 허물어지면서 계피를 모을 수 있다는 것이다. 헤로도토스의 또 다른 이야기에 따르면, 어떤 나무들(C. 카시아 종, 즉 중국계피나무일 것이다)은 얕은 호수 속에서 자라는데 시끄럽고 성가신 박쥐의 보호를 받고 있어서 채집을 하려면 가죽옷을 입어야 한다.

수확 방법에 상관없이 계피는 줄기와 가지의 속껍질에서 나온다. 벗겨 낸 속껍질을 약 7.5센티미터 길이로 돌돌 말아서 말리면, 특유의 막대 모양이 만들어진다. 품질이 떨어지거나 크기가 조금 작은 나무껍질, 자투리, 주름진 것들은 갈아서 팔거나 증류해서 정유를 얻는다. 계피는 일반적으로 고대 로마와 중세 유럽에서 중요한 인물이나 부자가 죽은 후에 시신을 보존하거나 기리기 위해서 쓰였다. 로마의 집정관이었던 술라의 장례식 때는 계피로 모형effigy을 만들었고, 다른 로마 황제들은 자신의 화장용 장작더미에 다른 향기로운 향신료와 함께 계피도 반드시 넣게 했다. 아마도 죽음을 이기고 부활하는 불사조의 환생을 재현하기 위함이었을 것이다. 14세기 프란체스코회 수도사였던 후안 힐 데 사모라는 그의 과학 백과사전에 맹금류를 치료하는 방법을 실었다. 참매의 두통 치료에 그가 권한 것은 정향, 계피, 생강, 후추, 커민, 소금, 침향의 혼합물이었다. 만약 그의 치료법에 관심이 있다면, 눈곱이 많이 낀 매에게는 생강, 후추, 호박 간 것을 섞어서 주면 좋다. 인간에게 계피는 잘 알려진 약용 향신료 중 하나이며, 특히 몸을 따뜻하게 하는 것으로 여겨졌다. 그래서 갈레노스의 책 『해독제에 관하여*Concerning Antidotes*』에 따르면, 위험할 정도로 몸을 차게 하는 성질이 있는 독미나리의 해독제였다.[12]

4장

향신료 제도

육두구와 메이스*Myristica fragrans*, 그리고 정향*Syzygium aromaticum*

옛날 옛적, 말루쿠라는 향신료 제도로 향하던 뱃사람들은 그곳에서 자라는 귀한 정향을 얻는 법을 알고 있었다. 전설에 따르면, 뱃사람들은 섬의 해변에 거래할 상품을 수북하게 쌓아 두고 다시 배로 돌아갔다. 다음 날 아침 그 자리에는 섬의 주민들이 적당하다고 생각하는 양의 정향이 쌓여 있었다. 이 소박한 이야기가 사실이든 아니든, 이런 평화로운 거래와 원주민을 존중하고 제값을 지불하는 명맥은 유지되지 않았다. 인도네시아 군도에 있는 이런 작은 화산섬들과 그곳의 상징적인 향신료들은 전 세계에 걸쳐 부와 권력을 두고 벌어진 경쟁의 중심에 놓이게 되었다. 남쪽으로는 오스트레일리아, 북쪽으로는 아시아, 동쪽으로는 말레이시아, 서쪽으로는 파푸아뉴기니로 둘러싸여 있는 바다에는 말루쿠와 반다 제도의 섬들이 흩어져 있다. 산지로 이루어진 이 섬들은 아주 작은 섬에서부터 제법 작지 않은 섬까지 크기가 다양하며, 향신료 제도를 구성하고 있다.[1] 이 섬들은 오스트레일리아와 아시아 사이에서 일종의 명당을 차지하고 있어서 독특하고 다양한 동물상과 식물상이 진화했다. 육두구나무*Myristica fragrans*도 그 식물상의 일원 중 하나이다. 키가 큰 상록수인 육두구나무는 자웅 이주(암그루와 수그루가 따로 있다는 뜻)이다. 육두구나무는 꽃이 피려면 7년이 걸린다. 그 후에는 재배자가 암수를 구별하여 수그루를 솎아 낼 수 있는데, 몇 그루는 씨앗을 만드는 암꽃을 수정시키기 위해서 남겨 둔다. 향신료인 육두구는 이 나무의 큰 씨앗이다. 천연 서식지인 반다 제도 외에 육두구나무는 그레나다, 인도, 인도네시아의 다른 곳들, 모리셔스, 싱가포르, 남아프리카 공화국, 스리랑카, 미국에서도 재배된다. 육두구에서 제일 중요한 물질은 여러 종류의 테르펜이다. 테르펜은 곤충으로 인한 손상을 막는 데 도움이 되는데, 그중 사비넨은 나무 향과 따뜻함과 감귤류 향을 내고, 알파 피넨과 베타 피넨은 밝고 친근한 풍미를 낸다. 독특한 방향 성분인 미리스티신은 따뜻하고 조금 달콤한 나무 향을 더한다. 두 번째 향신료인 메이스는 육두구 씨앗을 그물처럼 감싸고 있는 실 같은 것에서 유래하며, 육두구와 같은 음식에 쓰이기도 하지만 향이 조금 더 복합적이다. 많은 이가 육두구가 기분에 영향을 준다는 것에 주목한다. 일반적으로 기분을 살짝 좋게 하는 정도이지만, 많이 먹으면 어떤 사람들에게는 환각을 일으킨다고 여겨졌다.

육두구가 자라는 외진 섬에 처음 다다른 배는 카누였을 가능성이 크다. 그 배는 산호초에 사는 엄청난 수의 물고기를 포함해서 거북이나 고래 같은 풍부한 해양 생물을 만났을 것이고, 인도네시아 반다 제도를 이루는 열한 개의 작은 섬들에 따뜻한 비가 내릴 때에는 불어오는 바닷바람을 맞았을 것이다. 아마 그 바람이 맑고 푸른 바다에서 물고기를 잡던 원주민들에게 육두구나무의 향기를 실어다 주었을 것이다. 이후 아랍 상인들이 찾아왔고, 그 뒤를 이어 포르투갈, 영국, 네덜란드 상인들이 들어왔다. 반다 제도의 교역 이야기는 그들이 원하는 품목의 거래를 독점하기 위해서 어디까지 할 수 있는지를 잘 보여 준다. 마젤란의 포르투갈 선단은 1521년에 이곳을 찾아왔고, 그 뒤를 이어 도착한 네덜란드 무역상들은 네덜란드 동인도 회사를 설립하고 육두구나무가 자라는 대부분의 섬을 무자비하게 통제했다. 그들은 살육, 추방, 노예화를 통해서 반다 제도를 지배함으로써 육두구와 메이스와 정향을 거래했다. 17세기가 되자, 반다 제도의 섬들은 거의 다 네덜란드인들의 손 안에 들어왔지만, 영국이 차지하고 있던 룬섬만은 예외였다. 그러나 네덜란드는 아메리카 식민지에 뉴암스테르담이라는 섬을 갖고 있었다. 두 나라는 육두구에 대한 완전한 통제권과 남아메리카의 설탕 이권을 뉴암스테르담과 교환하는 조건에 기꺼이 동의했고, 1667년에 브레다 조약Treaty of Breda을 맺었다. 네덜란드인들은 반다 제도의 섬들에 요새와 교역소를 지었고, 제2차 세계 대전 이후 인도네시아가 독립을 쟁취할 때까지 300년 이상 무역을 장악했다.

네덜란드 동인도 회사는 이런 향신료들이 자라는 땅의 식물학에 관심을 보였다. 그곳의 약초들은 전통적인 유럽 약초로는 다스릴 수 없는 특이한 열대 질병을 치료할 수 있었다. 동인도 회사의 직원이던 식물학자 게오르크 에버하르트 룸피우스는 1653년부터 1702년에 사망할 때까지 암본섬에 살면서 그곳의 토착 식물을 글과 그림으로 상세하게 묘사했다. 이를테면 육두구나무에 대해서는 〈모양이 멋지고 광택이 도는 잎〉이 복숭아를 연상시키는 타원형 열매와 함께 달려 있다고 묘사했다. 그는 이 식물에 대해 원주민 남자들이 여자들을 즐겁게 하고 창녀들이 흥을 돋우기 위해서 쓴다고 언급하면서, 기분 전환제라고 묘사했다. 룸피우스의 방대한 글은 아름다운 삽화와 함께 『암본 식물지 *The Ambonese*

Herbal』라는 총 여섯 권짜리 전집으로 만들어졌는데, 이 책은 향신료 제도의 식물학, 생태학, 인류학을 포괄적으로 다룬다.[2]

육두구 열매와 메이스가 되는 향기로운 껍질이 만들어지려면, 육두구나무 꽃이 총채벌레와 작은 딱정벌레에 의해 꽃가루받이가 되어야 한다. 이 꽃이 꽃가루받이를 하는 데에는 딱정벌레가 가장 효과적인 것으로 보인다. 〈딱정벌레 사랑〉이라는 뜻의 〈cantharophily〉는 특정 식물에서 딱정벌레에 의한 꽃가루받이 과정을 나타낸다. 어떤 식물에서는 딱정벌레가 주된 꽃가루 매개 동물로 진화했는데, 그중 가장 요란한 꽃가루받이는 목련과 연꽃에서 일어난다. 이 꽃가루받이에서 딱정벌레를 끌어들이는 첫 번째 요인은 냄새일 것이다. 그 냄새는 진한 과일 향, 발효 향, 살짝 은방울꽃 느낌이 가미된 가벼운 향신료 향처럼 각양각색의 특징을 갖고 있지만, 어떤 꽃에서는 썩은 냄새나 땀 냄새가 날 수도 있다. 일단 꽃에 접근한 딱정벌레는 꽃의 색깔과 형태의 신호에 반응하여 크고 둥그스름한 꽃잎 안에 내려앉아서 꽃가루의 형태로 된 먹이를 찾는다. 일부 딱정벌레 꽃가루받이 식물은 밤에 꽃을 따뜻하게 만들 수도 있다. 딱정벌레를 꽃잎 속에 있는 피난처로 끌어들이고, 향기도 더 잘 방출되게 하는 것이다. 딱정벌레는 대부분 잘 날지 못하고 착륙한 자리에 눌러앉아 있는 것을 좋아하기 때문에, 꽃 속에 편안하게 몸을 숨긴 채로 먹이 섭취와 배변과 짝짓기 같은 생명 활동을 수행한다. 그들의 행동을 묘사하기 위해서 〈난장판 꽃가루 매개 동물mess-and-soil pollinator〉이라는 용어가 나왔다. 종종 털북숭이인 이 딱정벌레는 꽃을 씹어 먹고, 짝짓기를 하느라 야단법석을 떨고 때로는 부화될 알 집을 남겨 놓으면서 꽃의 내부를 쑥대밭으로 만들고 손상을 입히곤 한다.

어떤 꽃에는 딱정벌레가 효과적이고 믿음직한 꽃가루 매개 동물일 수 있지만, 딱정벌레는 대체로 다양한 꽃들 사이를 날아다니기 때문에 딱정벌레에 의한 꽃가루받이는 예측이 어렵다. 딱정벌레 꽃가루받이를 하는 일부 꽃들은 딱정벌레 손님을 융숭하게 대접하는 주인 역할을 한다. 따뜻한 은신처를 제공해 줄 뿐 아니라, 딱정벌레가 씹어 먹기 좋게 특화된 조직을 먹이로 내어 줌으로써 꽃잎을 먹지 않도록 방지한다. 육두구속의 일부 종, 특히 미리스티카 인시피다*Myristica insipida*, 그리고 어쩌면 M. 프라그란스*M. fragrans*(꽃의 생김새가 M. 인시피다와 거의 같다)는 그들의 꽃가루받이를 매개하는 작은 딱정벌레와 조금 다른 관계를 맺고 있다. 이 행동을 일부 과학자들은 미세 딱정벌레 꽃가루받이microcantharophily라고 부르는데, 이 딱정벌레는 조금 더 예의 바르게 행동하는 것처럼 보인다. 딱정벌레 꽃가루받이를 하는 꽃들은 일반적으로 크고 화려하지만, 육두구 꽃은 작고 향기로운 꽃이 다발을 이루고 있다. 게다가 딱정벌레가 잘 날아다니지 않는 밤에 꽃이 핀다. 그러나 새벽녘이 되면 딱정벌레는 향기로운 수꽃을 찾아가서 꽃가루를 먹고 몸에 꽃가루 알갱이를 묻힐 것이다. 그 방문은 짧고, 오로지 꽃가루를 먹기 위한 것이다. 꽃을 난장판으로 만들지도 않고, 더럽히지도 않는다. 암꽃은 꽃가루를 보상으로 제공하지는 않지만, 수꽃의 향기와 모양을 흉내 내어 꽃가루를 묻힌 딱정벌레를 끌어들인다.[3]

정향*Syzygium aromaticum*은 아름다운 상록수의 단단한 꽃눈이다. 정향나무는 150년 이상 살며, 약 4년에 한 번꼴로 아주 많은 꽃눈이 달린다. 정향의 향기는 지나치게 강렬할 수 있다. 그 강한 향기 속에는 계피 향을 띠는 향신료 향과 마른 나무의 느낌도 있다. 유제놀은 정향에 약초의 느낌과 따뜻한 기운을 더하는 성분이며, 꽃눈이 발달하는 동안 만들어진다. 정향나무는 잎에도 향기가 있어서 잎을 증류하여 정유로 만들 수 있지만, 잎을 따면 꽃이 덜 맺힐 수 있기 때문에 일반적으로는 따지 않는다. 정향나무의 꽃은 진홍색이며 수술이 아주 많다. 정향나무는 부러진 가지와 손상에 민감하므로 꽃눈은 민첩한 손놀림으로 조심스럽게 따야 하고, 방향 성분을 끌어내기 위해서는 햇볕에 말려야 한다. 향이 강하면서 크기가 작고 매우 유용한 향신료였기 때문에, 정향은 여러 무역상과 함께 세상을 여행했을 것이다. 손에서 손으로, 주머니에서 주머니로 수없이 건네지면서 육지와 바다를 돌아다니는 동안, 아랍 무역상들은 그 원산지를 철저히 비밀에 부쳤을 것이다. 고대 이집트인들도 정향을 썼고, 중국인들은 기원전 200년부터 정향을 썼다고 알려져 있으며, 십자군 병사들과 로마인들도 정향을 매우 좋아했다. 인도네시아에서는 정향으로 만들어 향긋하면서 탁탁 소리를 내는 연기가 나는 크레텍kretek 담배가 인기가 있다. 정향은 입냄새를 없애기 위해서도 쓰였고, 향수와 훈향을 만드는 데에도 이용되어 왔다.[4]

마젤란은 정향이 나는 티도레섬에 거의 도착할 즈음에 필리핀에서 살해되었다. 원래 다섯 척이었던 마젤란의 선단은 두 척만 티도레섬에 당도했고, 위험할 정도로 많은 양의 정향을 배에 실었다. 에스파냐로 돌아온 배는 빅토리아호 한 척뿐이었다. 이 배의 선장인 후안 세바스티안 엘카노는 정향으로 얻은 이익으로 원정 비용을 지불하고, 평생 연금과 함께 문장(紋章)을 받았다. 그 문장은 두 개의 계피 막대, 세 개의 육두구, 열두 개의 정향으로 이루어진 향신료 문장이었다. 포르투갈인들은 인기 없는 정복자였지만, 그 뒤를 따른 네덜란드인들은 무자비했다. 그들은 티도레섬과 테르나테섬을 개간하여 정향나무를 심었고, 암본에서 정향의 가격과 상인들을 완전히 통제했다. 오늘날 정향은 인도네시아의 다른 곳에서도 자라고 있고, 마다가스카르, 인도, 탄자니아, 브라질에서도 재배된다.

향신료의 방향 물질 목록에 대한 문헌이나 책을 정독하다 보면, 중요한 기술어 목록에서 〈향신료 같다spicy〉라는 표현을 볼 수 있다. 이 표현의 정의를 인터넷에서 찾아보면, 입맛을 돋우다, 향긋하다, 톡 쏘다, 후추 같다, 맵다, 양념이 되어 있다, 얼얼하다, 날카롭다, 풍미가 좋다 등의 동의어가 나온다. 메리엄-웹스터 온라인 영어 사전은 〈spicy〉라는 단어가 1562년에 처음 쓰였다는 것을 내게 알려 주었고, 생기 넘치다, 음란하다, 망신스럽다, 독특한 맛이 있다 등의 다른 의미가 있음을 상기시켜 주었다. 향신료를 뜻하는 〈spice〉라는 단어는 〈종류〉를 뜻하는 라틴어 〈species〉에서 유래했다. 프랑스어에서는 〈espice〉로 짧아졌고, 그다음 옛 영어에서 〈spice〉가 되었다. 어떤 향 — 또는 맛 — 을 단순히 향신료에 비유하는 것은 이 장에서 향신료를 구별하는 데 별 도움이 되지 않으며, 향신료를 분류하려면 다른 표현의 도움을 받아야 할 것이다. 향신료와 대부분의 방향 식물은 수백 가지에 이르는 휘발성 화학 물질을 만들고 함유하고 있다는 것을 기억하자. 그중 몇 가지는 풍미나 향에 중요한 기여를 하고, 그 외 다른 여러 물질은 미묘한 변형을 일으키는 작용을 한다. 일반적으로 요리사는 이런 차이를 구별할 수 있고, 조향사도 그렇다. 그래서 나는 조향사의 입장에서 다양한 향신료의 향을 묘사할 방법을 찾아보기로 했다.[5] 냄새를 맡고 묘사하는 데 정답은 없다. 그러니 좋아하는 향신료와 시간을 조금 보내면서 마음속에 떠오르는 단어를 생각해 보자.

계피와 정향은 향신료 같을 뿐 아니라 둘 다 따스하고 나무 느낌이 난다. 둘 다 베타-카리오필렌을 함유하고 있는데, 이 성분은 향신료, 나무, 산뜻함으로 묘사된다. 계피와 정향을 갈 때, 나는 계피 속에서 가벼운 산뜻함과 함께 달콤함과 복잡하지 않은 생나무의 향기를 느낀다. 정향 역시 가볍고 산뜻한 향이지만 풋풋한 느낌도 있어서 흙 묻은 카네이션 다발의 향기 같은 느낌을 준다. 베타-카리오필렌은 진딧물을 잡아먹는 무당벌레를 끌어들이기 때문에 식물에 유용하다. 이 성분은 다양한 허브와 향신료에서 발견되며, 대마에 들어 있는 테르펜 중 하나이기도 하다.

육두구와 메이스는 약초 향이 나며 달콤한 향과 꽃 향도 살짝 난다. 계피 향을 내는 유제놀과 함께, 상큼한 꽃 향을 더하는 게라니올, 유칼립투스나 약초 느낌을 주는 시네올도 들어 있다. 육두구 씨앗을 강판에 문지르면, 처음에는 날카로움이 두드러지지만 잠시 후에는 날카로움 뒤에 살짝 달콤한 상쾌함이 콧속으로 들어온다. 유제놀은 다양한 식물에서 발견되며, 식물의 어느 부위에서 생산되는지에 따라서 곤충을 끌어들일 수도 있고 내쫓을 수도 있다. 초파리는 특히 유제놀을 좋아한다. 수컷 초파리는 유제놀을 함유한 향기 물질을 섭취하고, 이를 변형시켜서 페로몬으로 이용한다. 그래서 어떤 꽃은 초파리를 꽃가루 매개 동물로 끌어들이기 위해서 유제놀을 생산한다. 작은 초파리의 직장샘에 저장된 유제놀은 그 안에서 변형되고, 나중에 분비되어 암컷 초파리를 끌어들일 것이다.

후추는 향신료 향이라기보다는 맵다거나 얼얼하다는 표현이 더 잘 어울리며, 이는 피페린의 직접적인 효과이다. 그러나 후추에는 피넨과 리모넨에서 유래한 나무 향, 레몬 향, 솔 향도 있다. 좋은 후추 정유의 냄새를 맡으면, 마치 방금 갈아 놓은 통후추처럼 날카로운 피페린이 솔 향과 조화를 이루는 톱 노트가 아주 잠깐 나타나며 우아한 나무 향이 잔향으로 남는다.

카르다몸은 소량의 리날로올로 인해서 약초 향에 꽃 향이 가미된 복잡한 향을 지닌다. 갓 갈아 놓은 카르다몸에서 터져 나오는 달달함과 테르펜, 레몬 향과 꽃 향은 그 자체로 하나의 향수 같다는 느낌이 든다. 내가 이것에 관해 떠올린 단어들은 복잡함과 예리함, 귀한 가죽 같은 것이 지닌 우아한 아름다움, 모든 측면의 완벽한 어우러짐이었다. 나무 향이 깔려 있는 꽃 향을 내는 리날로올은 식물에 널리 존재하면서 다양한 효과를 낸다. 리날로올은 초식 동물을 쫓아낼 수도 있고 초식 동물의 포식자를 끌어들일 수도 있지만, 꽃에서 나방을 불러들이는 향기를 만드는 데 쓰일 수도 있다.

신선한 생강은 우리가 향신료 코너에서 찾을 수 있는 마른 생강가루와는 사뭇 다르다. 신선한 생강을 정의하는 향기는 진제롤에 의해 만들어지고, 진제롤은 생강 특유의 아린 맛을 낸다. 진제롤을 말리거나 가열하면 진제론으로 전환되는데, 진제론은 아린 맛과 함께 달콤하고 향신료 느낌이 나는 바닐라 향을 낸다. 이런 분자들의 향은 게라니올과 리날로올의 꽃 향과 시네올의 약초 향에 의해서 변형된다. 내 생강가루는 조금 오래되기는 했지만 내가 기대했던 달콤함과 나무 향이 있다.

5장
사프란, 바닐라, 초콜릿

사프란*Crocus sativus* 꽃

짙은 주황색을 띠는 사프란의 귀한 꽃술은 열대 숲에서 온 것이 아니라 온대 지방의 바위 땅에서 난다. 사프란은 인도의 잠무카슈미르주에 있는 카슈미르 계곡이나 지중해 분지 등에서 1,000년 넘게 자라고 있다. 가을이 되면 토양 속에 묻혀 있던 동그란 알줄기corm에서는 창 모양 잎 몇 개와 짙은 라벤더색의 작은 꽃 한 송이가 올라온다. 종지 모양의 이 연약한 꽃 속에는 짙은 적황색을 띠는 암술머리가 세 개 있는데, 이것이 세계에서 가장 비싼 향신료가 된다. 이 꽃은 크로쿠스 사티부스*Crocus sativus*이며, 카슈미르 계곡을 일시에 뒤덮었다는 전설이 있다. 알렉산드로스 대왕이 카슈미르에 당도한 어느 가을, 그의 군대는 밤을 보내기 위해서 카슈미르 계곡에서 야영을 했다. 아침에 일어났을 때, 그들은 보라색 꽃의 바다에 둘러싸여 있었다. 이 꽃은 청동기 시대의 그리스인들을 깊이 매료시켰고, 조각과 그림에서는 치마를 두른 여자들이 꽃을 모으는 모습으로 묘사되었다. 크레타섬에 있는 미노스 궁전의 프레스코 벽화에는 일찍이 기원전 1700~1600년에 사프란을 따는 사람들이 묘사되어 있다.

사프란은 삼배체(三倍體) 식물이다. 즉 수정을 할 수 없으므로 알줄기라고 하는 땅속줄기를 이용해서 — 배우체의 교환이 없는 — 영양 생식을 해야 한다는 의미이다. 사프란은 크로쿠스 카르트리티아누스*Crocus cartwrightianus*라는 근연종에서 나왔을 가능성이 크다. 그러다 어느 시점에 우리가 C. 사티부스라고 부르는 더 길고 또렷한 암술머리를 지닌 돌연변이가 나타난 것이다.[1] 색도 독특하고, 흙냄새와 머스크 향이 도는 깊은 풍미도 독특한 사프란은 식품에 첨가하는 향신료로서 세계적으로 귀하게 여겨지고 있지만, 약과 염료로도 쓰여 왔다. 풀과 흙과 꿀과 달콤한 꽃의 느낌이 나면서 쓴맛이 있는 사프란은 소량만으로도 음식을 완전히 변모시킬 수 있다.

많은 이에게 크로쿠스속*Crocus* 식물들은 봄의 전령으로 친숙하지만, 사프란 크로커스는 이와 달리 가을에 꽃이 핀다. 꽃은 손으로 따고 암술머리도 손으로 분리한다. 풍미를 살리려면 꽃을 딴 직후에 그늘에서 말려야 한다. 사프란은 이란, 에스파냐, 인도, 그리스, 아르헨티나, 미국에서 재배되며, 7만 송이가 넘는 꽃을 따야만 건조 사프란 450그램을 얻을 수 있다. 다시 말해서 사프란 생산 국가 전체로 따지면 이 작은 식물이 수백만 포기 이상 자라고 있다는 의미이다. 과거에 호수 밑바닥이었던 비옥한 충적토가 있는 카슈미르 지방은 세계에서 가장 오래된 사프란 재배지 중 한 곳인데, 이제는 기후 변화로 인해 강우량과 일간 기온 유형이 바뀌면서 사프란의 생산량이 줄고 품질이 저하되었다.

크로쿠스 사티부스는 유성 생식을 하지 않지만, 사프란 크로커스에는 꽃가루받이를 했던 조상들 덕분에 암술머리가 있다. 다양한 종의 크로커스 꽃은 초봄이나 가을에 꽃이 핀다. 이 시기는 낮은 기온과 비로 인해 꽃과 꽃가루 매개 동물에 모두 어려운 시기이지만, 꽃들은 저마다 해결책을 갖고 있다. 연약한 줄기 끝에 달린 종지 모양의 꽃이 햇빛을 따라가며 꽃의 안쪽으로 빛을 반사하여 꽃 내부의 온도를 몇 도 높일 수 있고, 어떤 종은 꽃잎을 닫아서 수분을 유지하고 꽃가루를 보호하기도 한다. 이런 전략은 일부 다른 지중 식물(地中植物)에도 존재한다. 지중 식물은 알뿌리나 알줄기 같은 땅속 구조를 가진 식물인데, 빨간색, 분홍색, 흰색, 보라색 계열의 종지 모양 꽃이 피는 지중 식물이 주로 그렇다. 이 식물들은 지중해 지역, 산간 지대, 아고산대(亞高山帶)처럼 봄가을 기후가 춥거나 쌀쌀한 서식지에서 주로 자라며, 크로커스 외에 아네모네, 미나리아재비, 앵초 종류가 여기에 속한다. 미세온실 꽃 microgreenhouse flower이라고 불리는 이런 꽃들은 꽃덮이 조각의 안쪽 면이 빛을 잘 반사하고, 짙은 색을 띠는 커다란 암술머리와 수술 같은 생식 기관에 열을 저장하는 능력이 있다. 꽃의 형태와 색이 접시 모양 거울처럼 작용하여 열에너지를 반사한다. 이른 봄과 가을에는 몇 종의 단생벌과 꽃등에가 꽃가루 매개 동물이 되어 주는데, 봄꽃이 한창 필 때에 비하면 그 수가 적은 편이다. 내 생각에는 붉은 암술머리가 달린 진보라색 꽃들이 삭막한 가을 경관을 뒤덮고 있는 풍경은 따뜻하게 맞아 줄 곳을 찾아 돌아다니는 벌들에게 매력적인 신호일 것 같다. 게다가 꽃이 따뜻해지면 꽃가루의 형성과 꽃가루관의 성장에 이로울 수도 있다.[2]

짙은 적황색 암술머리를 만들기 위해서 크로커스는 카로티노이드라는 색소를 생산하는데, 카로티노이드는 이오논을 포함한 향기 화합물로 변형될 수 있다. 나무 향과 제비꽃 향을 지닌 이오논은 차, 포도와 장과류를 포함한 과일, 장미, 담배, 포도주에 들어 있는 방향 성분이다. 카로티노이드는 토마토 같은 식물이 주황색과 붉은색을 띠게 하고, 비타민 A 같은 비타민으로 변형될 수도 있다. 크로쿠스 사티부스에 들어 있는 다른 2차 화합물로는 색을 내는 크로신과 크로세틴, 맛을 내는 피크로크로신, 향기를 내는 사프라날이 있다. 사프라날은 건조될 때 발달하며, 카로티노이드에 대한 효소 작용으로도 만들어진다.[3] 건조된 작은 암술머리는 조심스럽게 분류되어, 모양이 온전한 것은 고급 식자재 상점에서 팔기 위해 포장된다. 채취된 사프란의 일부는 용매로 추출하여 앱솔루트로 만들어진다. 완벽하게 호화스럽고 독특한 향수 성분인 앱솔루트 속에서 사프란의 건초 같은 흙냄새는 깊이 있는 가죽 향이 되지만 특유의 쌉싸래한 약초 느낌은 유지된다. 사프란의 앱솔루트는 향수 제조에서 가죽 느낌의 향조를 낼 때 쓰이며, 인도의 아타르를 기조제로 하는 여러 향료에 쓰인다.

짙은 적황색의 사프란을 요리에 넣으면 그 색이 진노랑으로 바뀌기 때문에, 〈사프란〉은 그런 색조를 묘사하는 단어가 되었고 불교 승려의 승복을 뜻하기도 한다. 사프란의 엄청난 가격과 승려의 청빈함을 생각하면, 승복의 염료는 사실 강황일 가능성이 더 크다. 사프란은 물감으로 쓰이기도 했다. 일부 중세 유럽의 필사본에서는 금박의 효과를 얻기 위해서 조금 덜 비싼 사프란을 쓰기도 했는데, 실제로 사프란은 은은한 빛이 나는 진한 노란색을 냈다. 빅토리아 핀레이가 색채에 관한 그의 아름다운 책에서 묘사한 바에 따르면, 밤새 사프란 몇 가닥을 넣어 둔 달걀흰자는 마치 노른자를 되찾은 것처럼 빛을 냈다. 중세 수도원의 부유한 후원자들은 자신의 삶과 죽음이 모두 기억되도록 종종 물품들을 기부하곤 했다. 수도사들은 기부 물품을 보고 만지고 냄새 맡고 먹으면서 살아 있거나 죽은 기부자를 위해 기도했을 것이다. 선명한 색과 고급스러운 향과 독특한 맛을 지닌 사프란은 기부자를 다양한 감각으로 기억되게 만들었을 것이다.[4]

초콜릿과 바닐라, 이 둘을 떼어 놓고 생각하기는 어렵다. 바닐라와 카카오 열매가 나란히 붙어 있지는 않았지만, 중앙아메리카와 멕시코의 원주민들은 운 좋게도 그곳에서 자라고 있던 그 식물들을 발견할 수 있었다. 나는 코코아와 약간의 바닐라에 톡 쏘는 맛을 내는 칠리고추를 조금 넣고 계피를 살짝 뿌리는 것을 아주 좋아한다. 마야와 아스텍 사람들은 초콜릿과 바닐라에 허브와 향신료를 섞어서 다소 쌉싸래한 배합을 만드는 기술을 완성했다. 설탕은 주로 유럽인들에 의해 나중에 들어왔다. 마야인들은 무려 1,500년 전부터 카카오 열매를 짓이겨 반죽한 다음 덩어리로 굳혀서 보관해 온 것으로 추정된다. 그 덩어리에서 떼어 낸 조각들을 뜨거운 물에 원하는 만큼씩 넣었을 것이다. 또는 옥수수, 칠리고추, 바닐라를 갈아서 만든 음료를 신에게 올리기도 했다. 호코아틀xocoatl이라고 불리는 이 음료는 피로 회복을 위해 쓰였다. 아스텍 궁정이 세워진 더 높고 건조한 서식지에는 초콜릿도 바닐라도 자라지 않았지만, 적어도 초콜릿은 멕시코 남동부의 저지대 마을과의 교역 품목이었다.[5]

초콜릿을 맛본 최초의 유럽인은 에스파냐의 정복자 에르난 코르테스였을 것이다. 그는 1519년 11월에 아스텍 통치자인 몬테수마 2세와 만났다. 얼마 후 아스텍 지역의 식물학자가 그린 틀릴쇼치틀tlilxochitl 그림이 멕시코시티의 산타크루스 대학에서 제작한 바디아누스 문서Badianus Codex에 등장한다.[6] 틀릴쇼치틀은 검은 꽃이라는 뜻으로, 바닐라를 가리킨다. 우리는 달콤한 냄새에 이끌려 메소아메리카의 숲 바닥에서 낙엽을 헤집고 호전적인 군대개미를 털어 내면서 말라 가고 있던 바닐라 꼬투리를 처음 찾아낸 사람이 누구인지는 모른다. 그러나 바닐라와 코코아가 완벽하게 어울린다는 것, 바닐라 빈이 1500년대 중반의 어느 시점에 에스파냐로 운송되었다는 것은 알고 있다. 바닐라는 유럽 전역을 거쳐서 신생 국가인 미합중국으로 들어왔다. 남쪽에 있는 이웃 나라에서 곧바로 들어온 것이 아니라 먼 길을 복잡하게 돌아서 온 것이다. 바닐라 빈은 빠르게 인기를 끌었고, 토머스 제퍼슨이 프랑스에서 알게 된 바닐라 아이스크림 제조법에 등장했다.

바닐라는 난초(바닐라속*Vanilla*의 종들)의 열매이다. 길쭉하고 주름진 짙은 갈색의 꼬투리는 열대 숲의 바닥 위로 늘어진 덩굴에 핀 우아한 난초의 꽃에서 만들어진다. 〈vanilla〉라는 영어 단어에는 특별히 흥미로울 것 없는 평범한 것이라는 의미가 있다. 그러나 바닐라는 결코 그렇지 않다. 보존 처리가 잘되어서 여전히 살짝 휘어지는 최상품 바닐라 빈의 냄새를 맡으면, 흙냄새와 함께 달콤함과 어두움이 꽃 향에 어우러져 있다는 것을 알게 될 것이다. 그 향기는 바닐라 아이스크림에 들어 있는 까만 점들의 향기보다 더 복잡한 인상을 주는 것 같다. 만약 운이 좋아서 세계 곳곳의 바닐라 빈을 구할 수 있다면, 우간다 바닐라 빈에서는 흙냄새를, 타히티 원산의 아름다운 잡종인 바닐라×타히텐시스*Vanilla×tahitensis*의 바닐라 빈에서는 향기로운 헬리오트로프heliotrope의 복잡한 향을 맡을 수 있을 것이다. 멕시코의 V. 폼포나*V. pompona*

는 어둡고 포도주 같고 강하다. 그래서 초콜릿이나 계피나 커피 향 리큐어와 잘 어울린다. 우리에게 더 친숙한 바닐라 빈은 마다가스카르 원산의 V. 플라니폴리아*V. planifolia*이다. 버번 바닐라로도 알려져 있는 이 바닐라 빈에서는 부드러운 건초 향과 흑설탕 향이 난다.

멕시코와 중앙아메리카의 초기 바닐라 수확은 숲에서 익은 바닐라 꼬투리를 채집하는 것에 가까웠고, 마을 근처에서 재배하기 위해서 덩굴을 옮겨 왔을 수도 있다. 바닐라 덩굴은 영양 기관으로 쉽게 번식할 수 있다. 기본적으로 덩굴을 조금 잘라서 지지할 수 있는 나무 옆에 심고, 약간의 비료를 주고 그늘을 제공하면 된다. 따라서 상업 작물을 만들기 위해서 새로운 유전 물질을 도입하는 방식은 거의 없었던 것으로 보인다. 서로 다른 종류를 선택적으로 교배하는 것은 아마 질병 저항성을 개선하거나 수확량을 증대하거나 새로운 품종을 만드는 데 도움이 되었을 것이다. 바닐라속은 100종 이상으로 이루어져 있으므로 아직 발견되지 않은 종류의 바닐라가 더 있을 수 있다. 상업적 종인 바닐라 플라니폴리아 안에도 잎이 얼룩덜룩한 종류와 당나귀 귀처럼 잎이 늘어진 오레하 데 부로oreja de burro라는 종류가 있다. 레위니옹섬에서 나는 바닐라 빈은 버번 바닐라라고 불린다. 바닐라 오도라타*Vanilla odorata*는 라틴 아메리카에서 재배되며, 좋은 향기가 나는 꼬투리는 럼의 향을 내는 데 이용되기도 한다. 이 종은 타히티 바닐라의 부모 중 하나일 수도 있다. 코스타리카에서 신종으로 제안된 V. 소토아레나시*V. sotoarenasii*는 더 작고 독특한 모양의 잎을 지니고 있으며, 바닐라 빈에서는 과일 느낌의 아몬드 향과 감초 향이 난다.

난초에서 바닐라 무리는 아주 오래된 계통이며, 바닐라속의 종들은 다섯 개 대륙의 열대 숲에서 볼 수 있다.[7] 거의 모두 덩굴 식물인 바닐라는 가지를 내어 나무를 기어오르면서 숲 전체로 뻗어 나가는 동안 엄청난 크기로 자랄 수도 있다. 봄에는 녹색, 흰색, 노란색 또는 보라색이 다양한 조합으로 어우러지는 커다란 꽃을 뽐낸다. 꽃잎은 생식 기관 주위로 대롱 모양을 이루는 화통floral tube을 형성한다. 꽃가루를 생산하는 수술의 꽃밥과 암술머리가 한 꽃 안에 들어 있지만, 소취rostellum라고 하는 격막이 있어서 자가 수정을 방지한다. 바닐라의 조상은 멕시코 오악사카 주변 지역에 있는 해발 900미터 이하의 반상록수림에서 유래했을 것이다. 대부분의 상업적 바닐라는 원래 서식지와는 다른 지역에서 재배되고 있어서 꽃가루 매개 동물이 없기 때문에 인간이 그 일을 대신 해야 한다. 바닐라의 수분은 해뜨기 전후로 몇 시간 안에 끝내야 하고, 어린 노예인 에드몽 알비우스처럼 손이 작고 손놀림이 빠른 사람이 유리하다. 알비우스는 1841년에 레위니옹섬에서 손으로 — 더 — 빠르게 수분을 하는 방법을 발견했다. 바닐라의 원산지에서는 수분을 하는 벌들이 화통 속으로 들어갈 수 있는데, 화통의 안쪽을 덮고 있는 빳빳한 강모 때문에 들어가는 것보다 나오는 것이 더 어려워서 벌은 화통 속에 갇히고 만다. 벌은 화통을 빠져나가려고 안간힘을 쓰는 동안 작은 꽃가루주머니를 매달게 되고, 날아올라서 다른 꽃으로 향한다. 다른 꽃에서는 안간힘을 쓰는 동안 매달고 온 꽃가루주머니를 암술머리에 내려놓음으로써 교차 수분을 끝낸다. 수분이 된 후에 열매가 성숙하기까지는 약 9개월이 걸리며, 바닐라 특유의 향과 맛을 내는 바닐린이라는 물질이 만들어지도록 바닐라 빈을 보존 처리하는 동안에는 조심스럽게 지켜봐야 한다. 바닐라 꼬투리는 처음에는 녹색이지만 익으면 갈색으로 변하면서 갈라지고 젤리 같은 물질과 섞인 기름이 풍부해진다. 땅에 떨어진 꼬투리는 자연적으로 보존 처리가 되며, 바닐린의 향기와 꼬투리 속 기름으로 덮여 있는 작은 씨앗에 반응하는 다양한 곤충을 끌어들인다.

바닐라 특유의 맛과 향을 내는 바닐린은 익어 가는 바닐라 꼬투리 속에서 일어나는 효소 작용의 산물이다. 바닐린은 바닐라 꼬투리 속에 들어 있는 글루코바닐린이라는 무향의 화합물에서 만들어지고, 글루코바닐린을 향기로운 바닐린으로 바꾸는 일을 담당하는 효소도 바닐라 꼬투리 속에 따로 저장되어 있다. 고농도의 바닐린은 살아 있는 세포에 독이 되므로 축적이 되면 위험하다. 따라서 더 안전한 형태로 저장했다가 열매가 익은 후에 효소의 작용으로 만들어지는 것이다. 자연적으로, 또는 열과 화학적 변화에 의해 꼬투리가 죽으면, 격벽이 분해되면서 효소와 기질(글루코바닐린)이 서로 접촉하게 된다. 그 뒷일은 시간과 열이 담당한다. 상업적 과정에서는 바닐라 빈을 반드시 살청killing해야 한다. 전통 방식의 살청은 바닐라 빈을 햇볕 아래 놓아두거나 뜨거운 물에 담그는 것일 테지만, 얼리거나 화학적 방법을 쓸 수도 있다. 살청을 한 다음에는 향을 발달시키는 발한sweating 단계가 이어진다. 전통 방식에서는 살청된 바닐라 빈을 짙은 색 담요 위에 늘어놓고 햇볕을 쬐어 주다가 밤에 그 담요로 감싸서 여분의 물기를 흡수하게 한다. 잘 익은 바닐라 빈에는 바닐린 외에도 250여 가지의 방향 성분이 들어 있다. 천연 바닐라 제품은 수만 명에 이르는 전 세계 소농의 엄청난 수고로 만들어진다. 농민들은 힘겹게 거름을 주어 바닐라를 키우고 수확하여 숙성시키고 중개인에게 팔기 위해서 포장을 한다. 중개인은 바닐라 빈을 수출업자에게 건넨다. 수출업자에서 도매상을 거쳐 제조업자에게 들어온 바닐라 빈은 추출물이나 분말로 만들어져서 마침내 식료품점의 진열대 위에 놓인다. 그 소농들은 꽃을 — 하루에 3,000송이까지 — 손으로 일일이 수분시켜야 하고, 열매가 익기까지 9개월을 기다려야 한다. 그사이 절도를 막기 위해서 감시도 해야 하며, 맛과 향이 생길 수 있도록 세심하고 끈기 있게 열매의 숙성을 도와야 한다. 우리가 먹는 식음료의 바닐라 향에서 이런 영광스러운 향기를 지닌 바닐라 빈이 차지하는 비율은 5퍼센트도 되지 않는다. 대부분의 바닐라 향은 합성 바닐린에서 유래한다.[8]

바닐린은 실험실에서 상업적으로 생산될 수 있다. 즉 효모에 의한 발효나 화학 반응을 통해서 반응 탱크 속에서 만들어질 수 있다는 것이다. 바닐린은 최초로 합성된 향기 분자 중 하나이며, 실험실에서 구과 식물을 원료로 만들어졌다. 지금도 목재 펄프 산업의 찌꺼기, 쌀, 일부 구과 식물, 정향으로 만들며, 특히 정향 속 유제놀이 쓰인다. 바닐린은 단일 분자이므로 다른 방향 성분이 많은 천연 바닐라보다는 깊이나 복잡성이 덜하지만, 식품이나 향료의 대량 생산을 위해서는 그 점이 더 바람직할 수 있다. 바닐라 빈에서 얻는 천연 바닐라는 대단히 비쌀 뿐 아니라, 다른 좋은 농산물과 마찬가지로 생산 연도와 테루아에 따라 품질이 천차만별이다. 생산자나 소비자는 그들의 바닐라 쿠키나 미각 계열 향수gourmand perfume에서 복잡성을 원하기보다는 구입할 때마다 정확히 똑같은 맛이나 향이 나기를 바랄지도 모른다. 비용과 반복 가능성은 성공적인 제품의 관건이며, 대량 생산된 바닐린 분자는 적당한 가격으로 바닐라의 향과 맛을 낼 수 있는 일꾼이다. 게다가 바닐라 빈은 이렇게 인기가 많은 재료에 대한 수요를 충족할 수 있을 만큼 많이 재배되지 않는다. 바닐라 빈의 맛과 향은 간단히 〈바닐라 향〉이라는 표현으로 치부될 수도 있지만, 그보다는 깊고 풍부하며 복잡하다. 테루아가 투영되고 농민의 손에서 숙성되는 동안 복잡한 향기가 축적되는 천연 바닐라 빈은 많은 요리사와 조향사에게 비싼 값어치를 하는 재료이다.[9]

신들의 음식인 카카오*Theobroma cacao*는 멕시코와 중앙아메리카의 열대 숲이 원산지이다. 메소아메리카인들은 카카오를 매콤하게 먹는 것을 좋아했지만, 유럽인들은 바닐라와 카카오가 천상의 달콤한 조합을 이룬다는 것을 발견했다. 두 식물 모두 습한 열대 지역에서 자라지만, 카카오는 원래 아마존 분지 어딘가에서 기원했을 것이고 아마 인간의 도움으로 북쪽으로 이동하여 멕시코와 중앙아메리카까지 왔을 것이다. 그렇게 이동한 카카오는 1,500년 이상 재배되어 왔고, 어쩌면 그 기간이 4,000년에 이를 수도 있다. 다른 향신료와 마찬가지로, 카카오 씨앗도 이동성이 대단히 뛰어나다. 그래서 아마 카카오는 어떤 공식적인 교역이 이루어지기 전부터 고대 아메리카인들과 함께 두 지역 사이를 오갔을 것이다. 카카오 열매의 맛 좋고 향기로운 과육도 사랑을 받았고, 발효 음료를 만드는 데 이용되었다. 약 8미터까지 자라는 카카오는 해발 고도가 낮은 열대 우림의 하층부를 이루며, 농가에서는 키가 더 큰 열대작물 사이에서 자란다. 카카오나무의 꽃은 줄기에 바로 달리는 간생화(幹生花)이며, 흰색과 분홍색의 꽃이 1년 내내 핀다. 작고 예쁜 꽃들이 뭉쳐나기 때문에 다양한 곤충이 찾아오지만, 꽃가루받이를 하는 것은 조그만 깔따구이다. 모든 꽃이 꽃가루받이에 성공하는 것은 아니다. 야생에서 꽃가루받이에 성공하는 꽃은 약 5퍼센트에 불과하다. 그러나 작은 꽃이 거대한 열매로 성숙하는 극적인 과정에는 많은 자원이 필요하기 때문에, 그 정도만으로도 충분할 것이다. 카카오 열매는 매우 크다. 길이가 25센티미터가 넘고, 하얀 과육으로 둘러싸인 30~40개의 씨앗이 들어 있다. 카카오 열매의 과육은 맛이 좋아서 인간뿐 아니라 서아프리카의 침팬지*Pan troglodytes verus*, 멕시코 치아파스의 과테말라검은고함원숭이*Alouatta pigra*, 브라질의 황금배카푸친*Sapajus xanthosternos* 같은 영장류도 끌어들인다. 이렇게 큰 열매는 지금은 멸종한 대형 동물들과 딱 맞는 크기였을 것이다. 한때 열대 숲을 돌아다니던 그 동물들은 몸집이 더 작은 인간과 다른 영장류와 함께 카카오처럼 큰 열매가 달리는 식물들을 퍼뜨리는 데 중요한 역할을 했을 것이다.[10]

테오브로민과 카페인은 카카오에서 발견되며, 둘 다 알칼로이드이다. 알칼로이드는 열매나 씨앗이나 잎이나 꽃에 쓴맛을 더하는 화합물을 두루 일컫는 용어이며, 자연에서 방어 역할을 할 가능성이 크다. 쓴맛이 나는 씨앗이 달콤한 과육으로 둘러싸여 있는 커피와 초콜릿은 열매를 먹는 동물을 끌어들여서 과육은 맛있게 먹지만 씨앗은 거부하게 한다. 카카오 열매를 먹는 영장류는 씨앗을 뱉거나 통째로 삼킬 것이다. 어느 쪽이든지 씨앗은 싹이 터서 새로운 카카오나무가 될 기회를 얻는다. 만약 씨앗이 삼켜지면 공짜 여행을 하게 되고, 좋은 비료와 함께 새로운 카카오나무로 자라기에 완벽한 장소에서 여행을 마치게 될 것이다. 그 장소는 우듬지가 잘 형성되어 있는 오래된 숲일 수도 있고, 탁 트인 이차림일 수도 있다. 어쩌면 옆으로 작은 개울이 흐를지도 모른다. 서아프리카의 한 연구에서, 작은 농장을 소유한 어떤 사람은 그의 카카오나무 중 일부가 지역 침팬지들이 〈심은〉 것임을 알게 되었다. 그러나 그는 숲의 최상층을 유지하고 하층부를 깨끗이 정리하면서 그 나무들을 관리한 것은 자신이므로 그 나무들의 소유권은 자신에게 있다고 주장했다.

이제 작은 깔따구 이야기로 돌아가자. 그렇다, 짜증스럽게 윙윙거리며 깨물기도 하는 이 곤충은 카카오나무의 가장 성공적인 꽃가루 매개 동물이다. 암컷 깔따구는 피를 먹어야 하지만, 단백질이 풍부한 먹이인 꽃가루와 함께 당분을 보충해 줄 꽃꿀을 얻기 위해서 꽃을 찾는다. 작은 파리도 카카오 꽃을 찾지만, 이 꽃의 형태와 정확히 맞아떨어지는 곤충은 깔따구뿐이다. 깔따구는 복잡한 꽃의 중심부를 통과하여 꽃꿀에 도달할 수 있고, 그 과정에서 작은 꽃가루주머니를 달고 나온다. 카카오나무에 꽃이 피면, 깔따구는 옅은 꽃향기를 맡고 찾아올 것이다. 일단 꽃에 도착하면 생식 능력이 없는 헛수술에 내려앉는다. 기다랗고 수직으로 쭉 뻗어 있는 밝은색의 구조인 헛수술은 텐트의 지지대처럼 여러 개가 한 점에 모여서 좁은 입구를 형성한다. 그 입구는 깔따구가 비집고 들어가기에 딱 맞는 크기이다. 깔따구가 알록달록한 선들과 안쪽으로 둥글게 휘어진 꽃잎을 따라서 꽃의 중심부를 향해 움직이는 동안 깔따구의 몸에는 진짜 수술에서 나온 꽃가루 알갱이가 달라붙고, 깔따구는 그 꽃가루를 붙인 채로 다른 꽃에 내려앉는다. 몸의 길이가 0.3센티미터도 안 되는 이 작은 곤충이 한 송이의 꽃을 성공적으로 수정시켜서 커다란 카카오 열매가 만들어지게 하려면 35개의 꽃가루 알갱이를 운반해야 한다(그렇다, 누군가 세어 보았다).[11]

카카오 꽃은 하루나 이틀 정도만 피어 있기 때문에 국지적인 꽃가루 매개 동물이 중요하다. 그리고 이 중요한 일을 하기 위해서 깔따구 중에서도 등에모기가 그 자리에 있어야 한다는 것이 발견되었다. 등에모기는 햇볕이 잘 들면서 하층부의 식생을 깨끗하게 정리하여 단일 작물만 재배하는 곳보다는 조금 그늘지고 너저분한 농장을 선호하며, 그리 멀리 날아가지 않는다. 물을 품고 있는 파인애플 종류와 바나나 식물의 줄기에는 썩어 가는 잎과 축축한 구석이 있어서 등에모기가 번식할 수 있는 시원하고 그늘진 서식지를 제공한다. 가나에서 과학자들은 작은 카카오 농장 안이나 근처에 바나나와 요리용 바나나인 플랜틴이 자라면 등에모기의 서식지가 생겨서 카카오 열매가 더 많이 달린다는 것을 발견했다. 등에모기의 서식 환경이 있는 농장에서는 등에모기가 크게 증가했고, 카카오 열매도 더 많이 맺혔다. 그러나 연구자들은 이 깨무는 작은 벌레들의 성가신 요소에 대해서는 언급하지 않았다.[12] 이 꽃가루 매개 동물의 서식지를 보존하거나 만드는 것이 카카오 재배에 도움이 된다는 사실을 알기에, 등에모기는 재배 농가가 수확량을 늘리기 위해 지불해야 하는 작은 대가이다. 세계에서 가장 중요한 열세 가지 상업 작물 중 하나인 카카오는 바닐라와 마찬가지로 소규모 농장에 의존한다. 생산량의 90퍼센트 이상이 3헥타르 이하의 작은 농장에서 나오고, 대체로 가족이 경영하는 이런 농장은 전 세계에 걸쳐 거의 1000만 헥타르에 이른다. 이는 카카오가 전 세계 약 1400만 명의 사람에게 소득원이 되고 있다는 것을 의미한다.

최근 연구에서는 주변 들판과 숲에 서식하는 몇 종의 새에서 희망을 찾고 있다. 겨울 철새에 대한 한 연구에서는 작은 철새인 숲솔새*Phylloscopus sibilatrix*가 다양한 단계의 깃털갈이를 하고 있다는 것을 발견했다. 이 새가 성공적으로 깃털갈이를 한다는 것은 카카오 농장과 근처 숲이 먹이가 충분한 서식지임을 의미한다. 새로운 깃털이 돋아나는 과정에는 집중적인 에너지가 필요하기 때문이다.[13] 이는 조금 반가운 소식이지만, 카카오 생산을 감당하기 위해서 많은 원시림이 훼손되었고 숲에서 곤충을 잡아먹고 살아가는 몇몇 중요한 새들이 사라졌다는 사실은 바뀌지 않는다.

카카오나무의 열매는 크고 주름진 타원 모양이며, 씨앗과 과육과 껍질로 이루어져 있다. 카카오 빈이라고 불리는 씨앗의 주성분은 지방인데, 사람들이 좋아하며 쓸모가 많은 이 지방을 코코아 버터라고 한다. 그 외에 테오브로민 같은 알칼로이드도 함유하고 있다. 테오브로민은 테오브로마 비콜로르*Theobroma bicolor*를 비롯한 근연종에서 열매의 껍질에 가장 많이 들어 있고, 그다음으로 꽃, 잎의 순서로 많이 들어 있다.

반면 카페인은 꽃과 씨앗에 모두 들어 있으며, T. 안구스티폴리움*T. angustifolium*이라는 또 다른 종에서는 꽃의 테오브로민 농도가 가장 높다. 적어도 우리 같은 일부 사람들에게는 카페인보다 더 중요한 것이 있는데, 바로 발효와 건조와 볶는 과정에서 발생하는 향이다. 코코아는 유전자형과 테루아와 발효 과정에 따라서 다양한 향이 생기지만, 일반적으로 벌크형(주로 서아프리카산)과 과일 향이나 꽃 향이 발달한 고급형(라틴아메리카산)으로 분류된다. 좋은 풍미를 내는 전구물질은 과육에서 발달하여 발효를 하는 동안 씨앗 속에 스며들 가능성이 있으며, 리날로올, 미르센, 오시멘 같은 성분이 추가되면서 카카오 빈 특유의 초콜릿 향에 꽃 향과 향신료 향이 더해진다. 바닐라와 마찬가지로, 카카오 빈도 죽어야만 그 풍미가 발달한다. 발효는 다양한 효모와 세균종의 연속적인 작용으로 일어난다. 미세한 효모 세포의 작용으로 과육이 소화되고 발효될 때 카카오 빈에서는 향기 분자의 전구물질이 발달하고, 이런 전구물질은 볶는 과정에서 풍부하고 독특한 초콜릿 향으로 바뀐다.[14]

가공 방식뿐 아니라 재배 품종과 환경 조건도 카카오의 풍미와 품질에 기여한다. 카카오의 품종은 크게 트리니타리오, 포라스테로, 크리오요 세 가지로 나뉜다. 크리오요는 콜럼버스가 아메리카 대륙을 발견하기 이전 시대에 마야인들이 재배하던 품종으로, 과일 향과 꽃 향이 난다. 포라스테로 품종은 훨씬 더 남쪽에 있는 아마존 유역에서 유래하며 일반적으로 벌크 초콜릿으로 불린다. 현재는 아프리카, 중앙아메리카, 동남아시아에서 재배되고 있다. 크리오요 초콜릿은 포라스테로보다 더 품질이 좋다고 여겨지지만 병충해에 약하고 잘 자라지 않는 편이다. 마지막으로 트리니타리오는 포라스테로와 크리오요의 교배종으로, 향이 좋고 더 잘 자란다. 발효가 끝난 카카오에 대한 관능 검사*에서 크리오요는 꽃 향과 과일 향과 나무 향을 복합적으로 지닌 것으로 묘사되었다. 반면 트리니타리오 카카오는 더 진한 과일 향과 더 푸른 나무 향, 포라스테로는 꽃 향과 달콤한 향이 있다고 평가되었다.[15]

향신료가 없는 세상을 상상해 보자. 인도 카레의 복잡한 풍미, 중동의 매콤한 케밥, 중국의 오향 분말, 육두구와 계피가 들어간 사과파이는 존재하지 않을 것이다. 그리고 초콜릿이 없는 세상도 상상해 보자. 초콜릿은 완벽한 디저트이지만 멕시코의 소스인 몰레에 쓰일 때에는 완전히 딴판이 된다. 바닐라는 확실히 푸딩에 풍부하고 진한 맛을 더한다. 무역상들이 육지와 바다를 통해서 해상과 육상의 교역로를 서로 연결하듯이, 이런 향신료들은 우리를 서로 연결해 준다. 선조들의 음식을 재발견할 때, 친구들과 조리법을 공유할 때, 실험적인 퓨전 음식을 만들 때, 우리 삶에도 향신료의 풍미가 스며든다.

* 인간의 감각을 통해서 시료의 질을 평가하는 검사법.

향기로운 정원과 향긋한 허브

나는 대대로 정원을 가꿔 온 집안에서 자랐고, 내 할머니가 키우던 작약의 자손을 심을 수 있는 곳에서 언젠가는 살게 되기를 바라고 있다. 지금 그 작약은 열대 지방인 플로리다의 우리 집 마당이 아니라 여동생의 정원에서 살고 있다. 내가 현재 살고 있는 미국 남부는 봄철의 정원이 매혹적이다. 목련은 아주 커다란 흰 꽃을 피우고, 치자나무는 크림색이 도는 흰 꽃을 피우고, 재스민 향기는 따뜻하고 습한 공기 속으로 퍼져 나간다. 이런 흰 꽃들이 만드는 향기는 꽃가루 매개 동물을 끌어들이기 위한 것이지만, 우리도 이 향기에 이끌려서 이런 식물을 가까이 두고 세심하게 돌본다. 정원의 중요한 요소인 허브는 바닥에 흩뿌려 놓거나 소박한 꽃다발을 만들면 집 안에 청량함을 가져온다. 질병과 전염병의 시대에는 라벤더와 로즈메리의 친숙한 향기가 가난한 사람들에게 약한 보호막이 되어 주었고, 그들은 유럽의 도시들을 휩쓸던 죽음과 질병의 나쁜 기운을 그렇게 버텼다. 반면 다양하고 귀한 식물로 호화로움을 과시하는 웅장한 정원은 조용히 은거하면서 〈꽃 냄새를 맡을〉 곳을 제공하고, 바깥세상을 차단한다. 정원에는 꽃이 있어야 하고, 꽃에는 꽃가루 매개 동물이 있어야 한다. 꽃가루 매개 동물은 흰 꽃의 향기를 좋아하는 나방일 수도 있고, 라벤더와 로즈메리 사이를 날아다니는 지중해의 벌일 수도 있다.

한 과학자와 한 인류학자가 꽃식물의 진화에 관한 글을 썼다. 과학자는 꽃식물의 빠른 진화라는 〈지독한 불가사의〉에 대한 좌절감을 표현했고, 인류학자는 우리에게 꽃을 주는 식물과 곤충 사이에 일어나는 세상을 뒤바꾸는 공진화에 대해서 썼다. 그 과학자는 찰스 다윈이었다. 그는 절친한 동료인 조지프 후커에게 보낸 편지에서 〈최근의 지질학적 시간에 속하는 모든 고등한 식물에 대해 우리가 판단할 수 있는 한 그렇게 급속한 발달은 지독한 불가사의〉라고 말했다. 그로부터 78년 후, 인류학자인 로렌 아이슬리는 「꽃은 세상을 어떻게 바꾸었는가How Flowers Changed the World」라는 아름다운 에세이를 발표했고, 이 에세이는 다음과 같은 문장으로 끝을 맺는다. 〈꽃잎 한 장의 무게는 세상의 모습을 바꿔 왔고, 우리의 표정을 만들어 왔다.〉 우리는 꽃을 보며 웃음 짓는다. 그 꽃은 소박하고 정겨운 데이지일 수도 있고, 우아한 자태에 풍부한 색을 지닌 늘씬한 붓꽃일 수도 있다. 우리는 꽃이 없었다면 우리도 여기에 없었으리라는 것을 어렴풋이 알고 있는 것 같다. 꽃과 인간의 관계는 깊고도 길다. 그리고 우리가 인간이기 전부터 시작되었다. 약 1억 2500만 년 전 최초의 작은 꽃은 얕은 물 밖이나 고사리가 빽빽하게 자라던 습한 열대 숲 아래에서 고개를 내밀었다. 그때까지 육상 식물은 바람이나 물에 의해 수분이 이루어졌다. 고사리 종류는 포자를 이용했고, 구과 식물이나 은행나무는 바람에 날아가는 꽃가루 알갱이를 이용했다. 이 꽃가루 알갱이가 아주 작은 우연에 의해 암그루의 끈끈한 구과cone에 닿으면 수분이 되었다. 당시 존재하던 곤충 중에는 식물을 은신처로 삼게 된 딱정벌레와 파리가 있었을 것이다. 그 곤충들은 식물에서 꽃가루나 끈끈한 분비물을 발견하고 먹었을 수도 있고, 그냥 그런 것들을 깨물고 놀면서 시간을 보냈을 수도 있다. 만약 이 곤충들이 식물의 수분을 도왔다면, 그것은 대개 우연이었을 것이다.[1]

식물이 바다에서 육지로 처음 올라오기 시작한 것은 데본기 또는 그 직전인 약 4억 1600만 년 전이었다. 이런 초기 육상 식물은 원시적인 줄기와 잎이 수십 센티미터 길이로 자랐을 것이다. 그다음으로 구과 식물, 은행나무, 소철, 고사리가 나타났는데, 이 식물들은 씨앗이 겉으로 드러나 있는 겉씨식물로 분류된다. 이 식물들은 크고 무성하게 자라서 세계 최초의 숲을 형성했다. 숲은 이산화탄소를 산소로 바꾸는 중요한 일을 했고, 곤충이 엄청난 크기로 자랄 수 있게 해주었다. 이 태곳적 숲은 오늘날 우리가 캐내는 석탄과 석유의 급원이 되는 막대한 탄소 매장 층이 되었다. 이렇게 번성한 겉씨식물은 곤충뿐 아니라 점점 더 다양해지고 있던 육상 동물의 먹이가 되었다. 그런 육상 동물 중에는 공룡도 있었다. 약 2억 년이 흘러 쥐라기가 끝나고 백악기의 어느 시기가 되자, 식물의 형태와 습성에 변화가 나타나기 시작했을 것이다. 식물은 보상을 통해서 꽃가루 매개 동물을 끌어들이는 한편, 씨앗을 보호하게 되었다. 그 시기에는 최초의 포유류와 조류를 포함한 네발 동물의 다양성이 증가했고, 곤충 무리도 많았다. 나비, 개미, 메뚜기, 최초의 진사회성eusocial 벌이 모두 백악기의 화석 기록에 등장했고, 최초의 꽃식물도 이 시기에 나타났다. 꽃식물은 심피carpel라고 불리는 덮개로 씨앗을 보호한다고 하여 속씨식물angiosperm이라고도 불리는데, 여기서 〈angio〉는 그릇을 뜻하고 〈sperm〉은 씨앗을 뜻한다. 이런 새로운 유형의 씨앗과 함께 원시적인 꽃도 나타났다. 아마 그 꽃은 식물의 생식과 관련된 부분을 보호하기 위해서 특별히 잎이 돌돌 말려서 만들어진 녹색 줄기 끝에 달렸을 것이다. 더 크고 더 알록달록하고 더 다양한 꽃의 진화와 심피가 있는 씨앗으로 인해, 속씨식물은 엄청난 성공을 거둘 수 있었다.

꽃식물은 — 지질학적 시간으로 볼 때 — 빠르게 번성하면서 그 수와 다양성이 크게 증가했고, 이는 다윈을 낙담시킨 〈속씨식물의 폭발적 증가〉라는 지독한 불가사의가 되었다. 다윈은 진화가 질서 정연하고 일정한 속도로 일어난다고 믿고 싶어 했고, 주로 그에 해당하는 증거를 찾으면서 〈자연은 도약을 하지 않는다〉고 주장했다. 그러나 꽃식물은 그가 예상한 그런 우아한 궤적을 따르지 않고 도약하면서 온 세상에 꽃의 아름다움을 퍼뜨렸다. 마침내 다윈은 두 가지 학설을 내놓았다. 첫 번째 학설은 섬이나 미지의 대륙 같은 어떤 은밀한 땅에서는 꽃식물이 그의 학설대로 꾸준하고 느린 속도로 진화하다가 마침내 그곳을 탈출했다는 것이다. 두 번째 학설은 꽃가루 매개 곤충과 꽃들 사이의 잠재적인 상호 협력 관계가 꽃뿐 아니라 꽃가루 매개 곤충의 진화도 촉진했다는 것이다. 과학적으로는 첫 번째 학설보다는 두 번째 학설의 증거가 더 많았다. 최초의 꽃식물은 지질학적으로 말하면 나타난 지 그리 오래되지 않았다. 그 후로 꽃은 다채로운 색을 뽐내면서 화려해지고 꽃가루를 보상으로 제공했다. 즉 식물은 생식과 꽃가루 매개 동물을 확실히 끌어들이기 위해서 꽃가루와 다른 적절한 보상이 될 만한 것을 충분히 만들어야 했다. 꽃이 더 클수록 식물은 꽃꿀 생산 조직과 꽃가루를 만드는 꽃밥과 같은 더 많은 〈물건〉을 꽃 속에 쟁여 넣을 수 있었다. 꽃꿀, 꽃가루, 꽃향기는 날아다니는 꽃가루 매개 동물을 불러들이는 작용을 했고, 곤충과 꽃 사이의 이런 협력은 꽃의 진화를 촉진했다. 꽃의 진화는 적어도 지질학적으로 볼 때는 세상을 급속도로 변화시켰고, 튼튼하게 보호되는 작은 씨앗과 꽃을 찾는 꽃가루 매개 동물도 세상을 완전히 바꿔 놓았다.

결국 꽃식물은 다양한 생식 전략을 활용할 수 있는 능력을 갖게 되었다. 그 전략은 풀에서 볼 수 있는 것처럼 바람을 이용한 단순한 꽃가루받이도 있고, 일부 난초와 그들의 꽃가루 매개 동물 사이의 관계처럼 대단히 긴밀하고 특화된 관계도 있다. 작은 한해살이풀은 빨리 자랄 수 있고 일부 더 오래된 계통의 식물보다 새로운 영역에 더 빠르게 정착할 수 있어서 드넓은 경관에서 유리하다. 씨앗은 이제 겉껍질로 보호되었고, 당분과 녹말을 제공함으로써 새싹이 세상에 첫발을 잘 내딛을 수 있게 하고 씨앗을 퍼뜨려 줄 동물을 끌어들였다. 어떤 식물은 꽃가루를 받아들이는 암술대가 길어져서 자가 수분의 가능성을 줄이고 타화 수분의 가능성을 높였다. 꽃꿀을 생산하는 조직인 꿀샘은 꽃가루 매개 동물을 끌어들이고 곤충이 식물체의 다른 중요한 부분을 먹지 않도록 방지하는 역할을 했다. 꽃의 형태도 다양해졌다. 일반적인 꽃가루 매개 동물을 중심부로 받아들이는 종지 모양 꽃에서부터 특정 종류의 꽃가루 매개 동물을 생식 기관으로 유도하는 특별한 모양의 꽃까지, 온갖 모양의 꽃이 되었다. 곤충은 이에 반응했고, 세상에는 벌, 파리, 나비, 기다란 입을 가진 나방을 포함하여 날아다니는 꽃가루 매개 동물이 더 많아졌다.[2]

이제 꽃은 꽃가루 매개 동물을 끌어들이기 위해서 여러 가지 향기로운 휘발성 물질을 만든다. 식물의 잎과 꽃에서 방출되는 이런 화합물은 식물이 먹히거나 질병에 걸리는 것을 막아 주고, 다른 식물에 신호를 보내기도 한다. 뿌리, 씨앗, 꽃에 이르는 식물의 모든 기관이 휘발성 물질을 함유하고 방출할 수 있지만, 휘발성 물질의 양과 다양성 면에서는 꽃을 따라올 기관이 없다. 앞으로 확인하게 되겠지만, 꽃은 나이나 환경, 꽃가루 매개 동물의 수에 따라서도 향기를 바꿀 수 있다. 꽃의 향기는 꽃잎, 암술과 수술, 꽃꿀, 꽃받침과 같은 꽃의 구조에 따라서도 다를 수 있고, 심지어 한 장의 꽃잎에서도 위치에 따라 다를 수 있다. 일반적인 꽃가루 매개 동물에 의해 수분이 되는 꽃은 형태가 단순하고 향기의 조합도 친숙하다. 그러나 어떤 꽃은 꽃의 형태, 향의 종류, 향이 나는 시점과 위치를 특정 꽃가루 매개 동물에 정확하게 맞춰서 수정과 교차 수분의 기회를 늘리는 이득을 얻는다. 식물은 필수적인 휘발성 유기 화합물을 만들어서 조직 속에 보관할 수 있다. 일반적으로 그 양은 질병이나 초식 동물을 방어할 수 있는 수준이지만, 특별한 위협으로부터 식물을 보호하기 위해서 그 양을 늘릴 수도 있고 특화된 성분을 만들 수도 있다. 오늘날 꽃식물이 없는 서식지는 매우 드물고, 속씨식물은 모든 육상 식물종의 약 90퍼센트를 차지한다.[3]

그러나 꽃이 나타났을 때 우리 인간은 지평선 너머 아득히 먼 곳까지 그 어디에도 없었다. 그런데 꽃의 진화가 우리와 무슨 관계가 있다는 것일까? 당시의 세계는 공룡의 멸종을 포함한 전 지구적 변화에 직면해 있었고, 그 시절 작은 포유류를 먹여 살리고 번성할 수 있게 해준 것은 영양가 있는 씨앗이었다. 그때까지 포유류는 작고 무해했다. 곤충을 먹으면서 낮에는 숨어 지냈지만, 이제는 숲의 그늘을 벗어나서 질긴 꽃식물과 씨앗을 씹는 이빨을 발달시킬 수 있었다. 무서운 공룡이 사라진 것만으로는 포유류의 진화와 확장이 일어나기에 충분하지 않았을 것이다. 새로운 식물 먹이는 포유류의 다양성에 도움이 되기는 했지만, 꽃가루 매개 곤충 역시 새로운 식량 급원을 발판 삼아 등장하고 퍼져 나갔다. 민첩한 식충 포유류는 은신처를 나와서 이런 작고 날아다니는 먹이의 덕을 보았다. 포유류의 다양성이 일어났고, 마침내 영장류가 나타났다. 그리고 영장류에서 나온 초기 인류는 약 200만 년 전에 아프리카를 벗어났다.

우리가 꽃을 귀하게 여기는 까닭은 꽃이 생기를 더하기 때문이다. 죽음에서도 마찬가지이다. 장삿속 없는 아름다움과 잇속 없는 위안, 무덤에 꽃을 놓는 것은 아주 오래된 관습이다. 아마 그 옛날에는 꽃을 모으려면 생명 유지를 위한 중요한 활동을 포기해야 했을 것이다. 그럼에도 1만 3,700~1만 1,700년 전에 이스라엘 카르멜산에 있는 라케페트 동굴에서는 네 명의 나투프 사람이 꽃으로 둘러싸인 무덤에 안치되었다. 세이지, 민트, 금어초가 무덤의 가장자리를 따라 놓였고, 그 꽃과 줄기들의 섬세한 자국이 유골의 주위와 아래에 남았다.[4] 이라크 북부의 샤니다르 동굴에서는 네안데르탈인의 뼈와 함께 꽃가루가 발견되었고, 이 꽃가루는 매장 의식의 증거로 여겨졌다. 그러나 저빌 같은 포유류도 이런 동굴에 살면서 꽃을 모아 동굴 속으로 가져오고, 그 과정에서 꽃가루를 남긴다. 따라서 과학자들은 이 꽃가루의 기원에 의문을 제기하기도 한다. 샤니다르 동굴에 대한 새로운 조사에서는 꽃의 유무와 관계없이 동굴 속 매장 의식에 대한 증거가 더 많이 수집되고 있는 것으로 보인다. 우리는 늘 꽃과 함께했다. 꽃은 우리가 슬플 때 평화를 주었을 뿐 아니라 거의 모든 행사를 축하할 수 있었기에 크게 상업화되었다. 우리는 힘겹게 번 돈으로 씨앗과 식물을 사고 주말에는 시간을 내서 화단을 가꾸면서 식탁을 아름답게 꾸밀 꽃이 피어나기를 기대한다. 아니면 자연을 돌아다니다가 따온 꽃을 시들 때까지 꽃병에 꽂아 두거나 사랑하는 이에게 주면서 소박한 행동의 가치와 꽃잎 한 장의 덧없는 무게를 느껴 볼 수도 있다.

6장

정원

코요테담배*Nicotiana attenuata* 꽃과 박각시*Manduca sexta*

우리는 언제 누가 처음으로 의도를 갖고 씨를 뿌리거나 식물을 옮겨 심었는지, 누가 최초의 정원을 만들었는지는 모른다. 그러나 인간이 수천 년 동안 정원을 만들어 왔다는 것은 알고 있다. 상식과 역사 기록을 볼 때, 정원은 먹을거리나 약초 재배에 유용하고 종교적 상징과 조용한 휴식처를 제공한다. 어느 순간부터 인간은 정원에서 꽃을 키우고 교배하고 개량하기 시작했다. 그러나 정원이란 무엇이며, 어디에서 유래했을까? 우리는 인도 서고츠산맥에 사는 사람이 후추 덩굴 몇 그루를 집 근처에 심거나 초기 메소아메리카 사람이 열대 우림에서 바닐라 덩굴 한두 포기를 가져와서 더 쉽게 접근할 수 있는 근처 나무에 옮겨 심는 일이 얼마나 쉬웠는지를 확인했다. 4,500년 전 아마존 동부에 살던 사람들은 숲에서 먹을 수 있는 종을 선택하고 있었다. 그들은 작물을 재배하기 위해서 숲을 선택적으로 개간했으며, 이런 식량 급원들이 그들의 숲 안에서 잘 자라게 하기 위해서 제한적으로 불을 놓았다.[1] 오늘날에도 아마존 동부의 숲에는 먹을 수 있는 식물종이 풍부하다. 숲속의 작은 빈터나 평화로운 산비탈이나 꽃으로 뒤덮인 초원은 초기 정원에 영감을 주었을 것이다. 아마 쓰러진 통나무를 경치 좋은 곳으로 옮기면서 지역민들이 앉아서 경치를 감상할 수 있었을 테고, 그 근처 해가 잘 드는 자리에 구근 몇 개도 옮겨 심었을 것이다. 하지만 정원은 언제 정원이 되었을까? 이는 그다지 중요한 것이 아닐지도 모른다. 〈정원〉은 그것을 보는 사람의 생각에 달렸음을 우리는 인정해야 한다. 정원을 감상하는 사람이자 가꾸는 사람이기도 한 나는 〈정원garden〉의 의미에 대한 정의가 느슨한 편이다. 나는 우연히 만들어진 이웃의 야생화 풀밭이 생각났다. 잔디 관리를 게을리한 탓에 무성해진 잔디밭 사이로 작은 잡초들이 자라서 꽃을 피운 것이다. 우리는 내가 그 안마당을 얼마나 좋아하는지, 들꽃들 위로 모여드는 벌과 나비를 지켜보는 것이 얼마나 즐거운지에 대해 수다를 떨었다. 한편 우리 집에서는 잔디밭을 없애고 꽃나무와 토종 관목과 배고픈 애벌레의 밥이 되어 줄 시계꽃 덩굴이 있는 숲 같은 정원을 꾸몄다. 얼룩말나비*Heliconius charithonia* 애벌레는 시계꽃 덩굴을 몽땅 먹어 치우고 외계인같이 생긴 번데기를 만들었다. 그 번데기는 더 우아한 나비가 되어 플로리다의 우리 집 안마당에 있는 야자나무 아래에서 밤을 보냈다. 해가 넘어갈 무렵이면 예닐곱 마리가 팔랑거리며 나타나서 앉아서 쉬기에 완벽한 나뭇가지를 찾았다. 이따금씩 연약한 날개를 더 많이 퍼덕거리며 느린 동작으로 전투를 벌이기도 했지만, 밤이 오기 전까지는 모두 자리를 잡았다.

아마 최초의 정원은 우연히 만들어졌고 저마다 다 달랐을 것이다. 지역 대형 마트에서 다른 이들과 똑같은 식물을 구매한 것이 아니라, 내 집과 일가친척과 마을에 경계를 짓고 보호하기 위해서 바윗돌이나 나뭇가지로 원시적인 담장을 만들고 그 옆에 가느다란 버드나무를 함께 심었을 것이다. 그들은 먹을 수 있거나 약으로 쓸 수 있는 식물을 선택했다. 이런 유용한 식물은 근처 숲이나 들판에서 쉽게 가져왔을 것이며, 이를 위해서 이웃과 의논하고 자신이 알고 있는 지식과 수확한 것을 이웃과 함께 나눴을 것이다. 분명 아름다운 꽃도 키웠을 것이다. 그 이유는 단순히 꽃이 주는 기쁨과 아름다움 때문이었을 것이고, 그것을 친구나 이웃들과 함께 나누기 위해서였을 것이다. 텃밭 정원은 가족을 위해 만들어진 내밀한 공간이며, 종종 먹을거리와 약재도 제공한다. 이는 가장 오래되고 가장 지속적으로 이어져 온 경작의 한 형태이며, 거의 항상 집안 여자들이 만들고 관리했다. 오늘날에도 이런 활동이 지역의 토종 식물을 지탱하고 있다. 대대로 내려온 이런 식물들은 그 지역 음식에 영감을 주고 있으며, 독특한 유전자형을 나타낼 수도 있다. 정원은 살아 있으며, 돌보지 않으면 덧없이 사라진다. 정원은 가장 보잘것없는 집의 문간에, 수도원에, 궁전에 오랫동안 존재해 왔다. 실용적인 텃밭 정원에서부터 즐거움과 휴식을 위한 정원, 권력과 부를 과시하기 위해 공들여 만든 정원에 이르기까지, 정원의 목적은 그 구조에서 드러난다. 그 형태가 어떻든지, 우리는 크고 작은 정원에서 몇 가지 공통점을 볼 수 있다. 정원은 종종 출입이 통제된다. 향기로운 장미를 보호하고 그 향기를 품고 있는 중세풍의 욋가지 울타리, 미천한 이들의 출입을 막기 위한 궁전 정원의 웅장한 담장, 도시 공동체 정원의 경계에서 껍질콩의 지지대 역할을 하는 연약한 철제 울타리를 생각해 보자.

모든 정원의 바닥에는 흙이 있다. 대(大)플리니우스는 그의 저서인 『박물지*Naturalis Historia*』에서 〈과연, 진짜 장미의 질은 대체로 토양의 특성에 영향을 받는다〉는 것을 우리에게 일깨워 준다. 우리는 정원에서 흙의 중요성을 알고 때로는 흙을 관리하기도 하지만, 아마 그렇지 않은 경우가 더 많을 것이다. 그러나 인도의 카나우지라는 곳에서는 흙의 향기가 최고급 장미나 재스민에 비길 만한 향수가 될 수 있다고 생각하며, 그 향수를 미티 아타르mitti attar라고 부른다. 건기 동안 그 지역의 흙은 식물이 분비하는 미세한 향기 분자를 빨아들인다. 건조함은 향기 분자를 흙으로 끌어들여 겹겹이 쌓아 놓고, 열기는 향기 분자로 감싸인 흙을 굽는다. 때가 되어 우기가 오면, 흙과 함께 구워진 향기가 습기를 타고 풀려나면서 페트리코르petrichor라고 불리는 향을 방출한다. 그러나 카나우지의 향수 증류업자들은 우기가 올 때까지 기다리지 않는다. 그들은 비가 내리기 전에 그 향을 포착하려고 한다. 가족 대대로 해왔던 것처럼, 흙을 원반 모양으로 빚어 말리고 데그와 브합카로 이루어진 전통 증류기로 가져간다. 아주 오래된 이 증류기는 구리와 대나무로 만들어졌고, 벽돌로 만든 아궁이 위에 놓여 있다. 흙에서 나온 정유는 증류되어 대나무 관을 따라서 단향나무 정유가 들어 있는 수집 장치인 브합카로 들어간다. 구리 데그보다 낮은 위치에 놓인 브합카는 물이 담긴 함지박 속에 들어 있는데, 그 함지박의 물에 의해서 냉각된다. 증류 과정에서 나온 물을 수집 장치의 바닥 쪽으로 흘려보내면(정유는 물에 뜨기 때문이다), 흙냄새가 가미된 향기로운 단향나무 정유만 남는다. 이 정유를 쿠피라고 부르는 가죽 용기로 옮겨서 밀봉하여 남아 있는 물이 모두 증발하도록 방치하면, 미티 아타르의 진한 흙냄새가 피어난다.[2]

사막에 살았던 이집트인들과 페르시아인들은 은거의 느낌과 아름다움 때문에 담장으로 둘러싸인 정원을 가치 있게 여겼다. 이집트의 무덤 벽화에는 화단의 허브, 그늘을 만드는 야자나무와 석류나무, 연꽃이 피어 있는 연못이 묘사되어 있다. 색색의 양귀비와 수레국화가 만드는 붉은색과 파란색 사이사이로 맨드레이크의 노란 열매가 흩뿌려져 있었고, 거기에 파피루스가 완벽하게 어우러졌다. 페르시아의 정원은 비바람을 막아 주는 담장으로 둘러싸여 있었고, 그 안에서 물소리, 과일나무, 향기로운 꽃, 그늘진 곳을 모두 찾을 수 있었다. 전체적인 정원의 배치는 직각으로 만나는 물길에 의해 공간이 구분되었는데, 널찍한 직사각형 연못, 급수와 배수가 잘되도록 움푹 들어가 있는 화단, 사이프러스와 백양나무가 자라는 뜰이 있었다. 아몬드나무, 살구나무, 자두나무, 배나무, 석류나무, 야생 벚나무 같은 과실수도 그 정원에서 꽃을 피웠다. 장미, 재스민, 아네모네, 튤립, 붓꽃, 제비꽃도 재배되었고, 감귤류 나무 사이에서 향기로운 허브도 자랐다. 건조한 페르시아에서는 카나트라는 관개 시설에 의지해서 정원을 가꾸고 농사를 지었다. 충적토 아래에 있는 대수층의 물을 끌어오는 지하 수로인 카나트는 현재 유네스코 세계 문화유산으로 인정받고 있다. 오스만 제국은 정원 문화가 풍부하게 발달했고, 튤립, 히아신스, 붓꽃을 기르고 유럽으로 수출했다. 페르시아의 정원 설계는 모직 카펫의 아름답고 복잡한 무늬에 영감을 주었고, 카펫에는 양식화된 꽃과 나무가 가득했다. 마침내 즐거움과 낭만이 담긴 더 복잡한 구조물들이 만들어졌다. 이런 구조물로는 무굴 제국의 황제 샤자한이 사랑하는 황후인 뭄타즈 마할을 생각하며 만든 타지마할, 이란 시라즈의 무살라 정원에 있는 페르시아의 시인 하페즈를 기념하는 무덤 정원이 있다.[3]

중국 정원은 시, 서예, 풍경, 그림, 원예로 이루어진 종합 예술의 일부였다. 종종 두루마리가 펼쳐지는 방식으로 감상하도록 설계되었고, 기암괴석을 배치하여 시선을 끌기도 했다. 매화, 난초, 국화, 대나무는 사계절을 나타내며 우아함, 지조, 고고함, 절개를 상징한다. 완벽한 꽃을 피워서 꽃의 왕이라고도 불리는 작약은 그 재배 역사가 3세기로 거슬러 올라갈 정도로 오래되었다. 진흙탕 속에서 자라는 연꽃은 맑은 물 위로 우아한 꽃을 피운다.

이와 대조적으로 16세기와 17세기 사이의 일본 정원은 대부분 엄격한 선(禪) 방식에 초점을 맞췄고, 여기에 그들의 다도가 더해졌다. 꽃은 이케바나(生け花)라는 절제된 꽃꽂이를 통해서 실내에서 감상하는 편이었고, 정원의 목적은 다도를 위한 분위기 조성이었다. 만약 디딤돌이 있다면 다실로 가는 걸음의 속도와 방향을 조절하기 위해 배치되었다. 복잡하게 늘어놓기보다는 돌 몇 개와 버드나무나 단풍나무 같은 나무 한 그루로 시선을 집중시켜서 다실로 가던 사람이 걸음을 멈추고 잠시 올려다볼 수 있게 했다. 그러나 일본인들은 흐드러지게 핀 벚꽃을 보는 의식도 치르는데, 가족과 전 세계에서 온 사람들과 함께 즐기는 벚꽃놀이는 수 세기 동안 국가적인 오락거리였다. 실제로 9세기 일본에서는 궁정의 여인들이 벚꽃과 어울리는 색의 기모노를 입곤 했다. 오늘날 일본을 관광하는 여행객들은 다양한 벚꽃 명소를 방문할 수 있고, 어쩌면 거기에 어울리는 의상도 찾을 수 있을 것이다.

중세 유럽의 정원에서는 붉은 장미, 패랭이꽃, 보라색 히아신스, 마리골드가 꽃을 피웠고, 깃털 같은 파슬리와 향기로운 민트가 심어졌을 수도 있다. 세이지와 백합, 붓꽃과 회향, 운향과 쑥국화는 예쁜 꽃을 더했고, 따뜻한 봄날에는 담장에 향기가 가득했을 것이다. 타임과 바질 같은 향기로운 허브는 짚과 섞어서 집 안 바닥에 깔았고, 걸을 때마다 향기가 올라왔다. 창턱에 놓인 항아리에는 라벤더와 로즈메리가 자랐고, 약간의 민트는 스튜의 풍미를 더했다. 또는 은혜로운 허브라고도 불리는 운향은 원산지인 그 지중해 지역뿐 아니라 옮겨 심어진 신대륙에서도 작은 안마당에 거의 불쾌할 정도의 — 그리고 때로는 독성이 있는 — 씁싸래함과 블루치즈의 느낌을 더했다. 붓꽃의 뿌리는 빨래를 할 때 녹말과 가벼운 향기를 제공했고, 쑥국화의 노란 꽃은 기생충과 소화 문제를 치료하는 중요한 약이었다. 부유한 사람은 더 큰 정원을 가꾸었다. 당시의 목판화를 보면 일반적으로 윗가지로 엮은 담장과 장미가 있다. 아마 조금 떨어진 곳에는 농기구에 기대어 선 정원사가 있고, 한 귀부인이 장미 사이에 앉아 있었을 것이다. 정원은 종종 기하학적 형태로 배치되었다. 각각의 작은 정원 공간 사이에는 길이 나 있고, 아마 앉을 수 있는 작은 둔덕이 있는 잔디밭도 있었을 것이다.

유럽인들은 자기만의 작은 땅뙈기에서 유용한 식물을 기를 수도 있었지만, 다양한 약용 식물을 가정에 공급한 곳은 주로 수도원에 딸린 약초원이었다. 1098년에 태어난 힐데가르트 폰 빙엔은 독일의 한 수녀원의 원장이었다. 그녀는 수녀원 정원의 약용 허브에 대한 기록을 남겼고, 이와 동시에 작곡도 하고 수학도 연구했다. 유럽의 허브에 관한 지식은 그녀로부터 시작되었다. 그녀는 1179년에 사망할 때까지 다른 수도원에 대한 상담을 해주는 것은 물론이고, 집필, 작곡, 놀라운 공감각이 융합된 예술 창작을 하면서 풍성한 삶을 살았다. 2012년에 교황 베네딕트 16세는 한 교서를 통해서 그녀를 보편적 교회의 박사로 선언했다. 이 교서에서 교황은 힐데가르트 성녀가 〈거룩한 향취 속에서 죽었다〉고 말함으로써 향기와 성스러움 사이의 관계를 인정했다. 전 세계를 누비다가 아메리카 대륙에 도착한 에스파냐 탐험가들은 14세기 무렵에 멕시코시티 주변에 만들어진 아스텍의 수상 정원을 발견했다. 수상 정원은 호숫가를 따라 기다랗게 놓인 화단 위에 만들어졌는데, 심지어 호수 안쪽에 떠 있거나 땅을 돋우어서 섬처럼 만들기도 했다. 이런 수상 정원에서는 향기로운 허브, 약용 식물, 다양한 채소, 부자들을 위한 꽃이 재배되었다.[4] 에스파냐 정복 시기에 쓰인 피렌체 문서Florentine Codex와 바디아누스 문서에는 그 지역의 허브와 약용 식물이 묘사되어 있고, 그 식물의 모습과 서식지를 아름답고 생생하게 그린 삽화가 실려 있다.

유럽 세계가 르네상스 시대를 맞으면서, 정원의 목적은 단순히 먹을거리와 약용 허브의 조달을 넘어서 피신과 과시의 공간이 되었다. 부자들은 전염병이 창궐하는 도시를 벗어나서 꽃과 풀밭과 시냇물 속에서 평온과 질서와 아름다움을 찾을 수 있었다. 향기 또한 정원 설계에서 기본적인 부분이었다. 기분 좋은 향기는 질병의 악취에 대항하는 좋은 기운이 있다고 여겨졌기 때문이다. 이런 정원에는 체계가 있었다. 초록색 풀밭과 조각상과 분수와 담장이 있었고, 길들인 토끼 한두 마리가 뛰놀 수도 있었다. 월하향과 제라늄처럼 이국에서 온 독특하고 향기로운 식물들은 정원에서 가장 인기 있는 식물이 되었다. 16세기 즈음에 동양과 아메리카 대륙에서 유럽으로 들어오기 시작한 새로운 식물들은 정원사들에게 영감을 주었다. 아메리카 대륙의 탐험가들은 감자, 토마토, 해바라기, 한련화, 담배를 보냈고, 튀르키예에서는 히아신스와 튤립 같은 화려한 꽃들을 보냈다.

17세기가 되자 프랑스와 이탈리아에서는 식물로 규칙적인 형태를 만들고 길을 낸 양식화된 정원이 만들어졌다. 이런 정원에서는 아마 제비꽃, 딸기, 야생 타임, 물박하 같은 허브로 만든 자수 화단knot을 밟거나 쓰다듬으며 지나다녔을 것이다. 대부분의 초기 정원이 그렇듯이, 왕족과 부호들이 만들고 즐겼던 정형화된 정원도 외부인의 출입을 막기 위한 담장으로 둘러싸여 있었다. 어떤 정원은 당시 유행하던 방식으로 장식되었는데, 그중에는 고대 그리스와 로마의 느낌을 불러일으키는 작은 바위 굴과 폐허도 있었다. 뿐만 아니라 분수, 미로, 모양을 잘 다듬은 산울타리는 친구와 동료들이 모일 수 있는 깨끗하고 예측 가능하며 체면에 어울리는 완벽한 장소가 되었다. 이탈리아 보마르초 마을 근처에 있는 매우 독특한 정원인 사크로 보스코Sacro Bosco(1552)의 영감이 된 것은 과시였을까, 아니면 비탄이었을까? 전통적인 이탈리아 르네상스 정원들과는 전혀 딴판인 이 정원은 대체로 자연스러운 모습이며, 방문객은 구불구불한 길을 따라 돌아다니면서 놀라운 광경을 하나씩 접하게 된다. 그 정원에는 바다 괴물, 살짝 기울어진 돌집, 싸우고 있는 괴물들, 케르베로스, 거인 석상 같은 것이 가득하다. 입을 크게 벌린 거인의 머리도 있다. 그 입속에는 사람들이 먹으면서 동시에 먹힐 수도 있는 작은 공간이 있고, 근처에는 〈모든 이성이 사라진다〉라는 글귀가 새겨진 돌이 있다. 이 정원의 소유자인 보마르초 공작, 피에르 프란체스코 오르시니는 전쟁에서 친구의 죽음을 목격하고 포로로 잡혀 있다가 돌아왔다. 포로에서 석방되고 얼마 지나지 않아 그의 아내가 죽었다. 이 정원은 19세기가 시작되면서 황폐해져 갔다. 1937년, 화가 살바도르 달리는 식물이 무성하게 자라서 폐허가 된 이 정원을 방문하고서 이곳과 사랑에 빠졌다. 그는 이곳에 대한 단편 영화를 만들고, 조각상들에서 영감을 받았다. 복원된 이래로 개인 소유인 이 정원은 현재 인기 있는 관광 명소가 되었다.[5]

태양왕 루이 14세의 베르사유 정원은 대단히 전통적이고 양식화된 방식으로 설계되었다. 길이 1.6킬로미터가 넘는 중앙 통로를 중심으로 물과 숲이 있는 지형들로 나뉘어 있다. 그러나 그의 조경 설계자는 뜻밖의 작은 샛길과 그늘을 만드는 과수원도 집어넣음으로써 곧게 뻗어 있는 정형화된 길과 양지바른 공간과 대비를 이루게 했다. 그다음 세기의 유럽 정원들은 엄격하게 정형화된 양식과 세상과의 단절을 벗어나서 더 외향적이고 자연스러운 설계로 옮겨 갔다. 담장은 최소화되었다. 해자와 숨은 담장 — 하하ha-ha라고 불리는 — 같은 구조를 고안해서 소들의 접근을 막고 경관이 막힘없이 이어지게 했다. 거트루드 지킬은 활발한 작품 활동을 한 작가이자 화가이자 원예가로, 19세기에 400개가 넘는 정원을 만들었다. 그녀가 영국의 건축가 에드윈 루티언스와 맺은 협업 관계는 미술 공예 운동Arts and Crafts movement에 큰 영향을 주었다. 영국의 인상주의 화가인 J. M. W. 터너의 영향을 받아 정원의 색을 설계한 지킬은 흰색과 파란색 같은 차가운 색을 붉은색과 주황색 같은 따뜻한 색과 대비시켰으며, 정원 가장자리를 초본으로 꾸미는 것으로 유명했다. 혹시나 궁금한 독자가 있을까 봐 덧붙이자면, 그녀의 남동생은 로버트 루이스 스티븐슨의 친구였다. 스티븐슨은 소설 『지킬 박사와 하이드 씨*Strange Case of Dr Jekyll and Mr Hyde*』에서 친구의 성을 쓴 것이다.[6]

도시 정원은 아주 오랫동안 우리와 함께 해왔고, 도시 정원과 그냥 정원 사이의 구별은 모호하며 어찌 보면 조금 자의적일 수 있다. 그래도 언급할 만한 것도 조금 있다. 아스텍인들은 테노치티틀란에 유명한 수상 정원을 만들어서 도시의 식량을 안정적으로 공급했을 뿐 아니라 꽃과 허브도 키웠다. 일본은 벚꽃 재배에서 오랜 역사를 자랑하며, 해마다 봄이면 전국의 도시에서 벚꽃놀이 행사가 열린다. 지역민과 관광객이 벚꽃 사이로 거닐고, 도시락을 싸와서 사람들과 함께 어울린다. 도시 거주자들은 식품 사막에서 신선한 채소를 얻고 꽃을 볼 수 있게 해주는 텃밭 정원의 힘을 재발견하고 있고, 학교 정원은 어린이들이 스스로 뿌린 것을 거두면서 정원에 대해 배우는 것을 돕고 있다. 내가 여행할 때 가장 즐겨 찾는 장소 중 하나인 식물원은 도시에서 만들어졌고, 대학의 교육 시설과 연관이 있었다. 식물원은 1545년에 이탈리아 파도바에 처음 생겼고, 그 뒤를 이어 레이던, 라이프치히, 하이델베르크에 만들어졌으며, 1621년에는 옥스퍼드에도 조성되었다. 싱가포르는 복합 시설인 주얼 창이 에어포트를 통해서 도시 정원의 수준을 한층 높였다. 여행객을 위해 만들어진 이곳의 정원에는 숲과 수많은 꽃과 폭포를 따라 걸을 수 있는 산책로가 있다.

식물의 교환은 동서를 잇는 길을 따라 이루어진 교역의 부산물이다. 또한 알렉산드로스 대왕, 이슬람 전사들, 칭기즈 칸, 십자군 원정을 포함한 정복 여정의 부차적인 결과이기도 하다. 그러나 다양한 식물을 찾기 위해 특별히 파견되는 식물 사냥꾼은 조금 결이 다르다. 18세기와 19세기의 유럽 식물 사냥꾼은 자신의 후원자를 위해서 흥미롭고 색다르며 돈벌이가 될 만한 식물을 찾아다녔다. 그들은 남아프리카에서는 제라늄을, 미국 서부에서는 큰 구과 식물을, 일본에서는 진달래와 철쭉을 가지고 돌아왔다. 그러나 독특하고 향기로운 식물을 가져오기 위한 특별한 탐험과 여행은 이집트의 파라오인 핫셉수트 여왕에서부터 시작되었다고 해야 할 것이다. 향기로운 식물을 찾아 푼트 땅으로 보낼 전설적인 원정대를 조직한 핫셉수트 여왕은 최초의 식물 사냥꾼이라고 불릴 만하다. 그녀가 보낸 원정대의 배는 유향과 몰약 같은 훈향과 함께 금과 다른 교역품도 가지고 돌아왔다. 또 다른 이집트 통치자인 투트모세 3세는 아시아 전역을 원정하면서 다양한 식물을 수집했고, 카르나크 신전에 있는 성스럽고 상징적인 그의 식물원 방에는 그 식물들이 벽화로 장식되어 있다.

그로부터 거의 3,000년을 뛰어넘어, 식물 사냥꾼들은 세계 전역에서 가져온 식물을 영국 큐에 있는 왕실 정원으로 보내거나 유럽의 부호들에게 팔기 위해서 양묘장으로 보냈다. 17세기 초, 초대 솔즈베리 백작을 위해서 일했던 자연학자 존 트래데스컨트는 네덜란드, 벨기에, 프랑스에서 튤립, 장미, 과실수를 찾아다니기 시작하면서 전문 식물 사냥꾼이 되었다. 그는 자신이 수집한 진기한 물건들로 〈트래데스컨트의 호기심 방주Tradescant's Ark of Curiosities〉라는 박물관을 만들었고, 서리에 있는 왕궁에서 왕의 정원과 포도밭과 잠실 관리자로 일했다. 한스 슬론 경은 런던시 약제사 본부와 첼시 약용 식물원에서 공부한 식물학자였다. 그는 의

사로 활동하면서 서인도 제도를 여행했고, 그곳에서 그 지역의 초콜릿 음료를 맛보고 자신의 입맛에는 맞지 않는다는 것을 알았다. 그는 초콜릿의 맛을 개선하고자 코코아에 우유와 설탕을 섞어서 한스 슬론 경의 밀크초콜릿 음료(우리가 핫초코라고 부르는 것)를 만들었고, 이 제조법은 결국 캐드버리라는 초콜릿 회사에 팔렸다. 그는 수십 년 동안 전 세계를 돌아다니는 과정에서 약 7만 1,000점의 물건을 수집했고, 상속인들에게 2만 파운드를 주는 대가로 자신의 소장품과 노트들을 영국 국민을 위해 기증하겠다고 했다. 의회가 1753년에 그의 조건을 수락하면서 영국 박물관 설립의 시동을 걸었고, 영국 박물관은 1759년에 개장했다. 경이로운 여행가인 조지프 후커 경은 1800년대 중반에 아프리카, 오스트레일리아, 뉴질랜드, 남아메리카, 인도를 여행했다. 그는 인도 시킴주에서 다양한 진달랫과 식물을 채집하기 위해서 날씨가 혹독한 봄철에 히말라야의 높은 산악 지대를 힘겹게 돌아다녔다. 그가 가져온 진달래들의 후손은 지금도 런던 큐 왕립 식물원의 진달래 골짜기Rhododendron Dell에서 볼 수 있지만, 가장 예쁘게 피어 있는 모습을 보려면 봄에 가야 한다.[7]

1768년과 1771년 사이에 제임스 쿡 선장과 함께 여행을 했던 조지프 뱅크스 경은 약 3,600점의 말린 식물 표본을 가지고 돌아왔고, 그중 1,400점은 서양 과학에서는 새로운 것이었다. 그러나 그는 두 번째 항해를 거부당했는데, 두 명의 프렌치호른 연주자를 포함한 탑승 인원 문제와 편의에 대한 그의 무리한 요구 때문이었다. 뱅크스는 큐 식물원의 비공식 관리자가 되었고, 세계 각지에 식물 탐사가를 보내는 일을 담당했다. 서인도 제도에서 자라는 빵나무를 채집하기 위한 블라이 선장의 항해도 그런 임무 중 하나였고, 이 항해에서 불명예스러운 바운티호 선상 반란 사건이 일어났다. 블라이는 무죄 선고를 받은 뒤에 다시 타히티로 보내졌고, 349종의 식물을 가지고 돌아왔다. 서반구에서는 아마존 유역의 탐험가들이 수천 종의 식물을 발견했고, 그중 기나나무에서는 말라리아 치료에 쓰이는 퀴닌을 얻을 수 있었다. 신생국인 미합중국의 토머스 제퍼슨은 열정적인 정원사였고, 원예와 농업에 관심이 많았다. 그의 산책로에는 그가 특히 좋아하는 애완 나무가 있었는데, 나는 그 심정을 완전히 이해한다. 제퍼슨은 1804년에 리웨더 루이스와 윌리엄 클라크의 원정대를 조직하고 자금을 지원했다. 이 새로운 나라의 지리와 식물에 대해 더 알기 위한 이 원정대는 들장미*Rosa arkansana*를 포함한 182종의 식물을 갖고 돌아왔으며, 그중 절반 이상이 신종이었다. 그들은 열악한 조건 속에서도 야생 담배*Nicotiana quadrivalvis*를 비롯한 다양한 동식물에 대한 상세한 기록을 일지에 남겼다. 이렇게 서구 과학자들에게 새로운 식물이 점점 더 넘쳐 나고 있는 사이, 그보다 수십 년 앞서 칼 폰 린네는 식물의 생식 기관을 토대로 식물을 정확하게 명명하는 체계인 이명법binomial nomenclature을 고안했다. 이명법을 구성하는 속명과 종명은 식물의 관계를 단계별로 조직화한 분류 체계 안에서 그 식물이 독특하게 속하는 것으로 확인된 무리를 나타낸다. 린네의 분류 체계는 이제 알려진 모든 생물로 확장되었고, 이 분류 체계를 통해서 생명계에서 그들의 위치를 확인할 수 있다.

중요하지만 얼핏 초라해 보이는 한 발명품은 탐험가들이 길고 힘겨운 항해를 하는 동안 식물을 살아 있는 상태로 유지하여 전달할 수 있는 방법을 제공했다. 1833년 무렵부터 쓰이기 시작한 워드 상자wardian case는 기본적으로 휴대 가능한 작은 온실이며, 섬세한 식물의 이동과 생존을 가능하게 해준다. 당시의 많은 탐험가는 머나먼 곳에 사는 흥미로운 식물을 가지고 돌아오는 일을 맡았고, 여러 해 동안 그들이 가져올 수 있는 것은 씨앗과 꺾꽂이를 위한 단단한 가지 정도였다. 아니면 데이비드 페어차일드(마이애미 남부에 위치한 페어차일드 열대 식물원은 그의 이름을 딴 것이다)가 했던 것처럼 꺾꽂이용 가지를 살아 있게 하기 위해서 감자나 이끼 속에 꽂아 두었을 수도 있다(페어차일드의 경우는 코르시카의 과수원에서 노새를 타고 탈출할 때 시트론citron을 그렇게 했다).[8] 양치식물 애호가였던 워드 박사는 춥고 안개 자욱한 런던 근교에 있던 그의 바위 정원에서 양치식물이 잘 자라지 않아 곤란을 겪고 있던 중에 실패한 실험을 자세히 들여다보게 되었다. 그는 병 속에서 박각시 애벌레를 부화시키려고 했지만, 바닥에 곰팡이가 생기면서 부화에 실패했다. 그런데 박각시 대신 양치식물이 자란 것을 보고, 열과 빛을 조절하여 습한 환경을 조성해 주면 고사리가 살 수 있다는 것을 깨달았다. 그는 이 발견을 확장해서 작은 유리온실을 만들었고, 이것이 워드 상자의 원형이 되었다. 식물학자들은 워드 상자를 이용하여 거친 바다를 가로질러 영국과 유럽 대륙으로 돌아오는 몇 개월 동안 연약한 식물 표본을 무사히 운반했다.

현대의 식물 사냥꾼은 약용 식물이나 독특한 종을 찾는 과학자의 범주에 들어갈지도 모르지만, 나는 텍사스 장미 도둑들Texas Rose Rustlers과 같은 이야기를 무척 좋아한다. 1980년대 무렵, 텍사스 주민들로 이루어진 이 소모임은 여름의 뙤약볕 아래 아무렇게나 피어서 축 늘어져 방치된 것처럼 보이는 장미들을 찾아다니기 시작했다. 그들은 주인의 허락을 받고 가지를 잘라 내어 고풍스러운 장미들을 되살리기 시작했다. 원래 웅장한 저택 주위에 심기 위해서 유럽에서 미국 남부로 들여온 그 장미들은 향기가 아름다워 예전에는 그 지역 정원에서 길러졌지만, 새롭게 유행하는 잡종 장미가 등장하면서 〈구식 장미〉가 되어 뒤쪽으로 밀려났고 결국 소박한 농가나 무덤가에서 그냥 지나치는 식물이 되었다. 텍사스 장미 도둑들은 열정적으로 활동했고, 이 예스러운 장미가 잡종 장미와 달리 물을 주지 않고 살충제를 뿌리지 않아도 잘 자란다는 것을 알아냈다. 이 장미 도둑들이 갖춰야 할 것은 잘 드는 원예용 가위, 넉넉한 곤충 기피제, 믿음을 주는 얼굴, 여러 언어로 〈쏘지 마세요!〉라고 말할 수 있는 능력, 비닐봉지, 그리고 사명감이었다. 그리고 무단 침입을 하거나 식물을 허가 없이 채취하지 않겠다는 서약도 필요했다.[9]

7장

향기로운 꽃과 향긋한 허브

로즈메리*Salvia rosmarinus*의 잎과 꽃

역사 시대 내내 사람들은 예술을 통해서 꽃에 대한 자신의 사랑을 표현해 왔고, 청동기 시대 지중해의 크로커스 그림이나 정원을 고도로 양식화하여 표현한 페르시아의 러그와 모자이크 속에는 그런 사랑이 드러나 있다. 우리는 모네의 백합, 반 고흐의 해바라기, 아스텍인들이 그 지역의 주요 식물상을 생생하게 묘사한 그림들, 룸피우스와 다른 여러 재능 있는 식물화가의 세밀화 작품을 볼 수 있는 축복을 받았다. 그러나 내가 좋아하는 그림은 소박한 울타리로 둘러싸인 정원에서 장미를 가꾸고 있는 사람을 묘사한 중세의 목판화들이다. 어쩌면 정원 가꾸기라는 행위 자체가 꽃을 통해 투영되는 예술일지도 모른다. 우리는 꽃의 색과 형태와 크기를 골라서 정원을 장식한다. 앨리스 워커는 『어머니의 정원을 찾아서*In Search of Our Mothers' Gardens*』에서 아름다움과 자기표현의 욕구에 대해 쓰면서 자기 어머니의 정원 일을 예로 들었다. 〈나는 아름다움에 대한 사랑과 강인함에 대한 경의를 유산으로 물려받았다. 그 유산이 이끄는 대로 내 어머니의 정원을 찾는 과정에서 나는 나만의 정원을 발견했다.〉 그녀의 어머니는 남의 밭에서 날마다 열심히 일하면서도, 집에 돌아와서는 눈부시게 탐스러운 꽃이 피는 식물들을 줄지어 심었다. 그것은 어머니의 예술 표현이었다. 미국 남부의 소작인과 노예로 일하는 사람들의 정원은 필요와 열정과 근력의 산물이었다. 그때 그들은 등이 휘도록 가정에서 채소와 꽃을 심고 가꿨다. 그들은 숲에서 채취하거나 이웃과의 교환을 통해서 식물을 모았고, 다른 이의 정원과 밭에서 노동을 하는 틈틈이 짬을 내어 퇴비와 거름을 주고, 흙을 갈고, 묘목을 돌보고, 수확을 했다. 가까운 숲과 운하는 해초, 바구니를 만들 참나무, 약재를 얻을 수 있는 곳이었고, 심지어 실용적인 퀼트 무늬와 같은 예술을 위한 시각적 영감을 얻기도 했다. 그들은 서로에게 배우거나 경험을 통해서 판매용 작물을 재배하면서 한쪽에는 꽃밭을 만들었다. 그곳에서 오크라, 콜라드, 수박, 고구마 같은 미국 남부의 대표적인 채소들은 필요에 의해 재배되었고, 페튜니아, 원추리, 칸나, 장미, 철쭉, 동백나무, 인동 같은 꽃은 아름다움을 위해서 재배되었다.[1]

대부분의 사람들은 정원의 시각적 아름다움을 감상하며, 여기에 후각이나 촉각 같은 다른 감각을 위해서 향기로운 식물이나 잔털이 복슬복슬한 식물을 포함시킬 수도 있을 것이다. 시각 장애인이나 다른 특별한 도움이 필요한 이들에게, 감각 정원sensory garden은 꽃과 허브와 채소를 그들만의 방식으로 경험하고 즐길 수 있게 해준다. 이런 정원은 향기에 초점을 맞출 수도 있지만 소리나 촉감이나 맛을 강조하기도 한다. 또한 종종 휠체어도 온전히 접근이 가능하고 시각 장애인도 쉽게 길을 찾을 수 있도록 설계되어 있다. 방문객은 향기로운 제라늄과 스칠 수도 있고, 향이 강한 민트류 식물을 문질러 볼 수도 있고, 반들반들한 강자갈 사이로 기어다니는 타임을 밟으며 걸을 수도 있다. 밤의 정원은 시야가 어두워지면서 향기와 소리가 그 자리를 대신하는 또 다른 형태의 정원이다. 어둠이 내리기 시작하는 정원을 상상해 보자. 아마 담장으로 둘러싸여 있고 공기는 조용하고 차분할 것이다. 당신은 길을 따라 걷기 시작한다. 그러다가 멈칫하고 조금 되돌아가서 냄새를 맡는다. 바로 그때 달콤한 향기가 훅 끼친다. 분명 꽃의 느낌이다. 당신은 그곳에 잠시 서서 주위를 둘러본다. 짙은 녹색의 어둠 속에서 점점이 흩어져 있는 하얀 꽃들, 흰 모래, 산들바람에 바스락대는 은색 잎사귀들이 마지막 남은 빛을 반사하며 어슴푸레하게 보인다. 당신은 꽃들을 편안하게 감상할 수 있게 마련된 벤치에 앉아서 향기와 함께 혼자만의 시간을 조용히 즐긴다. 만약 자세히 귀를 기울인다면 붕붕거리는 날갯짓 소리를 들을 수도 있고, 잘 관찰하면 벌새 같은 것이 그 흰 꽃 앞에서 정지 비행을 하는 모습을 볼 수도 있다. 더 자세히 보면 그것이 벌새가 아니라 나방이라는 것을 알 수도 있다. 정확하게는 벌새와 크기가 비슷한 야행성 곤충인 박각시라는 나방이다. 박각시는 그 흰 꽃의 냄새를 따라왔고, 꽃 앞에서 정지 비행을 하면서 기다란 입으로 꽃꿀을 빨아먹는다. 박각시가 꽃꿀을 빨아먹는 동안 털로 뒤덮인 몸에는 꽃가루가 달라붙고, 이 꽃가루는 다음 꽃에서 꽃꿀을 먹을 때 그 꽃에 떨어지게 될 것이다. 조향사가 재료를 선택하고 완벽한 조합의 향수를 창조하기 위한 비율을 결정하듯이, 흰 꽃은 독특한 〈향기 암호odor code〉를 만들고 밤하늘로 방출하여 날개 달린 꽃가루매개 동물을 유인한다. 흰 꽃은 거의 항상 밤에 피며, 흰 꽃이 피는 대표적인 식물로는 치자나무, 목련, 비단향꽃무, 꽃담배, 브루그만시아, 야래향, 월하향, 포이츠재스민이 있다.

학명이 가르데니아 자스미노이데스*Gardenia jasminoides*인 치자나무는 동정(同定)을 실수하고 원산지를 잘못 안 탓에 서양에서는 케이프재스민이라고도 불렸다. 처음에는 재스민의 친척으로 동정되었고, 원산지도 중국이 아닌 남아프리카의 케이프반도라고 여겨진 것이다. 치자나무는 널리 재배되고 있으며, 탐스러운 꽃과 멋진 향기를 지니고 있다. 치자나무 꽃의 복잡하고 미묘한 향기가 최고로 빛을 발하는 곳은 내 생각에는 오래된 담장으로 둘러싸인 미국 남부의 정원이다. 그곳의 습한 여름 공기 속에서는 치자 꽃의 향기가 더없이 진해진다. 언젠가 사우스캐롤라이나의 찰스턴에서 오래된 담장이 있는 정원을 돌아다닌 적이 있는데, 어떤 모퉁이를 돌아서니 물이 솟아나는 분수와 오래된 철제 벤치, 그리고 공기 중으로 향기를 흩뿌리고 있는 아주 큰 치자나무가 있었다. 새로 벌어진 순백의 꽃봉오리와 옅은 노란색을 띠는 조금 더 오래된 꽃이 어우러져서 딱 좋은 향기가 났다. 마치 고요한 공기 속에 원래 있었던 향 같았다. 나는 그 나무에 더 가까이 다가가서 꽃에 코를 파묻어 볼 수도 있었고, 한 발 물러나 벤치에 앉아서 더 멀리 퍼져 나간 미묘한 향기를 즐길 수도 있었다. 어떨 때에는 버터나 우유 같은 부드러움 위에 얹힌 싱그러운 풋풋함으로 그 존재를 알리고, 어떨 때에는 인돌indole의 버섯 향이 설핏 나타났다 사라졌다. 때로는 달콤한 꽃 향이 나는 리날로올에 향신료와 나무와 초록의 향을 지닌 테르펜, 민트 향의 살리실산 메틸, 약간의 인돌이 포함될 수도 있다. 이 꽃은 나방에 의해 수분이 되기 때문에 밤에 향기가 가장 진해지지만, 이른 아침과 늦은 오후에도 향기가 난다. 구름이 많이 낀 날이면 찰스턴에서는 오래된 담장으로 둘러싸인 작은 정원 안에 치자나무 꽃향기가 가득할 수도 있다. 치자나무 꽃은 담배 연기와 취기가 가득한 미국 재즈 클럽의 분위기에서도 쓸모가 있었는데, 그곳에서 빌리 홀리데이는 머리에 치자나무 꽃을 꽂고 노래를 불렀다고 한다.

담배, 나방, 늑대거미, 벌새의 매혹적이고 복잡한 세계를 파고들기에 앞서, 잠시 식물이 살아가는 데 필수적인 기능을 수행하기 위해 활용하는 도구에 대해 이야기하면 좋을 것 같다. 가장 중요한 것 중 하나는 생식이다. 식물은 그들이 뿌리를 내리고 있는 그곳에서 웅성 배우체를 자성 배우체로 옮겨 줄 매개체와 접촉해야 한다. 어떤 식물은 후추처럼 자가 수정을 하고, 어떤 식물은 날씨와 바람의 도움으로 수정을 한다. 그런 식물은 꽃이 작고 꽃꿀에 대한 투자도 미미하다. 어떤 식물은 여전히 바람과 물을 이용하지만 조금 더 멀리까지 꽃가루를 운반할 수 있다. 바람을 따라 방출된 수많은 꽃가루 알갱이 중 몇몇은 다른 식물을 수정시킬 것이며, 어쩌면 새로운 유전자 조합을 만들어 내어 유전적 적합도를 높일 수도 있을 것이다. 이런 꽃들도 눈에 띄지는 않지만, 건초열이나 꽃가루 알레르기가 있는 사람은 알아챌 수 있을 정도로 엄청난 양의 꽃가루를 만들어 낸다. 어떤 식물은 꽃에 투자한다. 이런 식물은 단백질이 풍부하고 끈끈한 꽃가루와 꽃꿀 같은 것을 만들어서, 기다란 입으로 꽃꿀을 빨아먹는 나방이나 꽃가루를 먹는 벌이나 박쥐 같은 동물을 끌어들인다. 그러면 이런 보상을 얻기 위해 찾아온 동물의 털에 꽃가루가 달라붙어서 다른 꽃으로 옮겨질 것이다.

때로는 식물과 꽃가루 매개 동물 사이의 관계가 대단히 특화되어 있어서 어떤 꽃가루 매개 동물이 어떤 꽃에 끌리고 가장 적합한지를 예측할 수도 있다.[2] 꽃가루 매개 동물 증후군은 1960년대부터 설명되기 시작했고, 특정 꽃가루 매개 동물을 끌어들이기 위해 종합적으로 작용하는 꽃 색, 꽃의 형태, 꽃꿀의 양, 꽃꿀의 농도, 향기의 조합 같은 특징이 세밀하게 묘사된다. 과학자들은 이제 이런 분류를 전적으로 신뢰하기보다는 일종의 길잡이로 활용한다. 그러나 정원을 가꾸거나 가벼운 등산을 하는 사람이라면 이런 분류로 꽃과 꽃가루 매개 동물을 짝지어 보면서 야외 활동을 즐길 수 있다.

앞서 나는 미세 딱정벌레 꽃가루받이microcantharophily와 육두구 무리의 연관성을 설명했다. 그러나 이 용어에서 〈미세micro〉라는 부분을 빼면 목련과 연꽃의 꽃가루받이를 설명하는 용어가 된다. 큰 사발 모양의 이 꽃들은 색이 밝고, 종종 과일 향이 있는 진한 향기가 난다. 딱정벌레는 더 크고 뭔가가 많이 있는 꽃에 끌리는 것으로 보인다. 꿀벌은 주로 분홍색, 보라색, 파란색 계열의 꽃에 끌리지만, 흰색이나 노란색 꽃에 끌리기도 한다. 꽃에는 종종 대비되는 색으로 이루어진 꽃꿀 유도선이라는 무늬가 있으며, 이 무늬는 자외선을 반사할 수도 있다. 벌 꽃가루받이melittophily를 하는, 즉 벌을 좋아하는 꽃은 달콤한 향기가 있고, 꽃을 찾는 꽃가루 매개 동물에 적당량의 꽃꿀을 제공한다. 나비는 노란색, 주황색, 연보라색, 붉은색 꽃을 낮 동안 찾아다니고, 꽃꿀 유도선과 은은한 향기에 반응할 수 있다. 나비 꽃가루받이psychophily를 하는 꽃에는 종종 기다란 관이 있는데, 돌돌 말려 있는 나비의 긴 대롱 모양 입은 이런 꽃에 숨어 있는 묽은 꽃꿀을 찾기에 적합하다. 밤이 되면 나방이 나타난다. 나방은 탐색 방식에 따라 두 종류로 구분할 수 있는데, 꽃에 앉는 나방과 공중에서 정지 비행을 하는 나방이 있다. 두 종류의 나방 모두 해가 질 무렵부터 새벽 사이에 피면서 향이 매우 진한 꽃을 찾는다. 그런 꽃이 피는 식물로는 재스민, 담배, 치자나무를 들 수 있다. 밤에 피는 꽃들은 흰색, 담황색, 연한 녹색과 같은 밝은색을 띠며, 달콤하고 진한 향기가 나고, 통 모양 꽃의 안쪽 끝에는 적당히 농축된 꽃꿀이 있다. 박각시 꽃가루받이sphingophily를 하는 꽃들이 향을 내보내어 박각시를 유인하면, 박각시는 꽃 앞에서 정지 비행을 하면서 꽃꿀이 들어 있는 관 속으로 긴 입을 조심스럽게 집어넣는다. 나방 꽃가루받이phalaenophily를 하는 꽃들은 꽃꿀이 들어 있는 관의 길이가 중간 정도이고, 꽃잎 위에 내려앉는 나방에 의해 수분이 된다. 이런 나방들은 꽃꿀이 들어 있는 관의 길이에 맞춰서 입의 길이도 짧다. 박쥐는 밝은색의 꽃이 피는 식물에 반응한다. 박쥐 꽃가루받이chiropterophily를 하는 식물로는 여러 종류의 사막 선인장, 용설란, 전설적인 바오밥나무가 있으며, 박쥐는 과일이 발효되는 냄새나 큰 꽃송이에 대한 반향 정위echolocation를 통해서 꽃을 찾는다. 새 꽃가루받이ornithophily를 하는 새는 벌새 외에도 꿀잡이새, 태양새, 그 외 다른 새들도 있다. 이런 새들이 좋아하는 꽃은 붉은색이나 주황색을 띠며, 그들의 부리 길이에 맞게 꽃꿀이 들어 있는 관의 길이가 짧고, 향기는 없을 수도 있다. 나는 네바다 남부에서 현장 연구를 하는 동안 빨간색이 확실히 벌새를 끌어들인다는 것을 알았다. 내가 좋아하는 티셔츠 중에는 빨간 히비스커스 꽃 한 송이가 크게 그려진 흰 셔츠가 있는데, 이 셔츠를 입고 있으면 반드시 검은턱벌새 *Archilochus alexandri*가 다가왔다. 벌새는 내 앞에서 정지 비행을 하면서 이 가짜 꽃의 꽃꿀이 어디 있는지를 가늠하는 것 같았다.

파리 꽃가루받이myophily를 하는 꽃은 흰색이나 녹색을 띠며 부드러운 향기가 난다고 묘사할 수 있다. 꽃이라고 다 향기가 좋고 예쁘기만 한 것은 아니며, 검정파리 꽃가루받이sapromyophily를 하는 꽃이 그런 경우다. 이 꽃들은 종종 더 요란하고, 짙은 붉은색이나 갈색이 도는 보라색을 띠며, 썩은 고기나 분변 냄새가 난다. 이런 역겨운 방식은 세계에서 가장 큰 꽃에서 이용되고 있다. 라플레시아속*Rafflesia*에 속하는 이 식물은 필리핀과 인도네시아에 있는 숲의 땅속에서 나무뿌리에 기생해서 자라며, 거대한 적갈색 꽃만 지면 위로 나와 있다. 썩은 고기를 찾아다니는 검정파리 같은 꽃가루 매개 동물이 수꽃의 틈새로 들어와서 꽃가루를 달고 다른 꽃을 찾아가는데, 아마 암꽃에 내려앉아 수정을 시킬 것이다.[3] 타이탄아룸*Amorphophallus titanum*의 꽃도 매우 지독한 냄새를 풍긴다. 시체꽃이라고도 불리는 이 꽃은 수많은 작은 꽃으로 이루어진 거대한 꽃대에서 악취가 진동한다. 타이탄아룸의 꽃은 아주 가끔씩 피기 때문에, 식물원에는 이 꽃이 필 때마다 그 모습과 악취를 느껴 보려는 방문객이 줄을 잇는다.

이빨과 발톱이 없는 식물은 자신을 보호할 다른 방법을 찾는다. 일부 식물은 가시 돋친 줄기로 효과를 보기도 하지만, 더 섬세한 잎과 꽃에는 화학적 도움이 필요하다. 이는 많은 식물이 생식과 보호 작용을 돕는 다양한 휘발성 방향 물질을 생산하는 화학 공장이 되어 왔다. 1,700가지가 넘는 휘발성 유기 화합물, 즉 VOC가 990종 이상의 식물에서 확인되었고(과학자들은 시간을 들여 이 물질들을 분석하고 있다), 이 물질들은 생명에 필수적인 일부 활동을 수행하는 도구이다. 공기 중으로 방출될 수도 있고, 식물의 조직 속에 축적될 수도 있는 이 물질들은 방어나 보호 작용을 하기도 하고, 뭔가를 끌어들이기도 하고, 의사소통에 이용되기도 한다. 그러니까 꽃가루받이를 하거나 식물을 씹거나 식물에 구멍을 내는 곤충과 포유류와 다른 초식 동물과 미생물은 물론 의사소통을 해야 하는 다른 식물과의 관계에서 그런 역할을 하는 것이다. 하루 중 시간, 계절, 심지어 해발 고도까지도 VOC의 존재와 방출에 영향을 미칠 수 있고, 어떤 VOC의 목적이 무엇인지를 알아내려면 그 분자가 어떤 조직에서 만들어지는지를 이해하는 것이 중요하다.

이런 휘발성 물질은 생장, 호흡, 생식과 같은 생명 기능에 필수적인 물질이 아니기 때문에 식물의 2차 대사산물이라고 불린다. 식물 조직에서 생산되는 이런 물질은 초식 동물이나 혹독한 환경 조건이나 질병으로 인한 손상으로부터 식물을 보호해 준다. 앞서 우리가 확인한 단향나무, 침향나무와 다른 수지 생산 나무들이 테르펜과 세스퀴테르펜을 보유하고 있는 것처럼 말이다. 식물의 잎과 줄기는 조직 속에 보호 화합물을 함유할 수도 있고, 손상을 입으면 활성화되는 분자를 방출할 수도 있다. 녹색 잎 휘발성 물질이라고 하는 이런 물질은 잔디를 깎거나 산울타리를 다듬어 본 사람이라면 누구나 익숙할 것이다. 이 물질은 강한 풀 냄새를 내며, 초식 동물이나 잔디 깎는 기계나 전지가위에 의해 잎이 손상되었을 때 방출된다. 향신료 같은 씨앗은 톡 쏘는 방향 화합물에 의해 보호되고, 과일의 씨앗은 향기롭고 맛 좋은 과육으로 둘러싸여 있어서 동물에게 먹힌 다음 동물의 배설물 속에 있는 약간의 거름과 함께 분산된다. 그다음으로는 아주 많은 식물이 만들어 내는 꽃 속 화학 물질이 있다. 이런 화학 물질은 특별히 꽃가루 매개 동물을 끌어들이기 위한 것이며 공기 중으로 방출된다. 이 물질은 주로 테르펜이지만, 우리가 치자나무에서 확인한 것처럼 일반적으로 다양한 휘발성 물질이 꽃의 한 부분에서 조합되어 만들어진다. 향기의 배합 공식, 방출되는 시점, 꽃 속의 위치는 진화를 통해 만들어진 도구이며, 각각의 식물은 이 도구를 이용해서 꽃가루받이를 가장 잘 돕는 꽃가루 매개 동물을 끌어들인다. 이런 분자를 만들려면 그 부분에 대한 식물의 투자가 필요하기 때문에, 많은 꽃이 물질의 배합 공식과 향기와 방출 시점 따위를 미세하게 조정하고 통제할 수 있다. 심지어 꽃가루 매개 동물이 향기에 반응하지 않으면 향기의 생산을 중단하기도 한다. 이를테면 벌새는 냄새 감각이 없고 색깔과 형태에만 반응하므로, 만약 꽃이 향기로 벌새를 끌어들이려고 시도한다면 귀중한 자원을 낭비하는 셈이다.[4]

이런 향기 분자의 생산이 암호화된 유전자들 사이에서는 섬세한 춤과 같은 작용이 일어난다. 이 춤에 포함된 DNA와 효소와 조립 라인은 식물체 속에 존재하는 전구체 분자를 조절하고 변환하여 꽃가루 매개 동물을 유인하는 물질을 만든다. 하루 중 시간, 해발 고도, 미기후(微氣候), 날씨, 지리적 변화, 꽃가루 매개 동물의 유형도 이 춤에 관여할 수 있다. 이 유전자들은 선택에 영향을 미친다. 그 선택은 대개 꽃가루 매개 동물의 행동으로 나타나며, 그렇게 진화하여 우리에게 향기로운 꽃을 선사한다. 향기 화합물의 효과는 꽃의 다양한 부분에서 유래하는 갖가지 성분의 방출을 통해 더 조절될 수 있다. 꽃잎에서 나오는 휘발성 물질은 일반적으로 공기 중을 떠돌다가 꽃꿀이나 꽃가루를 찾아다니는 꽃가루 매개 동물의 관심을 끈다. 꽃에 접근한 꽃가루 매개 동물은 꽃잎에서 꽃가루나 꽃꿀로 가는 길로 안내하는 알록달록한 꽃꿀 유도선을 발견할지도 모른다. 또는 꽃의 특별한 형태가 그 길을 돕거나 방해할 수도 있고, 줄기에 달린 꽃의 위치가 탐색을 부추기거나 그렇지 않을 수도 있다. 꽃꿀이나 꽃가루는 때로 독특한 향기가 나고, 꽃가루의 밝은 노란색도 그것을 먹는 동물을 끌어들이기 위해 추가되었을지도 모른다. 일단 수분이 되면 꽃은 향기를 바꿔서 자신은 볼일을 다 봤으니 아직 수분이 이루어지지 않은 다른 꽃이나 옆 식물로 가라고 꽃가루 매개 동물에게 알릴 수도 있다.

꽃의 복잡한 향기 성분을 밝히기 위한 여정은 지금도 진행 중이며, 상부 공간 분석headspace analysis의 개발 덕분에 과학자들과 조향사들은 작은 꽃 한 송이나 꽃의 일부만으로도 그 향기의 조성을 현장에서 결정할 수 있게 되었다. 식물의 꽃이나 잎에서 방출되는 향기 분자는 종종 수백 가지에 이르고, 사람의 코는 쉽사리 한계에 이른다. 과학자들은 향기를 포착하는 표면이 안쪽에 덧대어진 작은 용기 속에 꽃 한 송이나 향기 나는 잎 하나를 조심스럽게 집어넣는다. 심지어 이 작업은 그 꽃이나 잎을 식물에서 떼어 내지 않고도 할 수 있다. 그러면 포착된 향기가 용출되어 기체 크로마토그래피(GC)로 분석된다. 이 장치는 화학적 성질을 기반으로 각각의 분자를 분리하여 질량 분석(MS) 장치로 전달하고, 질량 분석 장치에서는 그 분자들을 식별한다. 줄여서 GC/MS라고 불리는 이 과정을 거치면, 성분 목록이 분석되어 출력된다. 상부 공간 분석 기술은 과학자들을 꽃과 식물의 향기에 대한 화학에 뛰어들게 했고, 과학자들은 향기를 구성하는 개개의 중요한 성분들을 확인할 수 있었다. 과학자들이 찾고 있는 것이 나방을 끌어들이는 조합이든, 손상을 나타내는 신호의 화학적 특성이든, 식물이 내뿜는 복잡하고 신비로운 향기에 대한 정보가 종이에 척척 찍혀 나왔다. 이런 방식으로 담배 꽃을 분석하면, 길게 이어지는 향기 화합물의 목록을 결과로 얻게 된다. 그 목록에는 모호한 것이 많지만, 담배 꽃이 달콤하고 풍부한 꽃향기인 〈흰 꽃white flower〉의 향기를 갖고 있다는 점에는 대체로 의견이 일치한다. 물론 이는 누구라도 담배 꽃에 코를 가까이 대면 알 수 있는 사실이다.

토양, 곤충, 태양, 향기, 비가 정원에서 제 일을 하면 우리에게 꽃을 가져다준다. 꽃은 우리 정원의 더할 나위 없는 광영이다. 한편 우리도 식물을 가꾸고 보살피기 위해서 우리 몫의 일을 한다. 꽃은 식물의 생식 기관이며, 크기와 형태와 색깔이 제각각이다. 화려한 히비스커스 꽃과 향기로운 담배 꽃은 당연히 꽃가루 매개 동물도 다르고, 그 동물들을 끌어들이는 방법도 확연히 다르다. 담배 꽃에는 휘발성 물질이 매우 많다. 담배 꽃은 다양한 향기를 자유자재로 활용하여 꽃가루 매개 동물과 포식자를 조종한다. 향기 면에서 흰 꽃에 속하는 담배 꽃도 모순의 식물이다. 담배에 대해 우리 대부분은 중독성이 있고 해로운 니코틴의 원천으로만 생각하지만, 담배속*Nicotiana*에 포함되는 60여 종의 식물 중에서 피우는 담배로 쓰이는 식물은 소수에 불과하다. 향기로운 정원을 가꾸는 사람들은 밤에 꽃을 피우고 나방이 좋아하는 꽃담배에 친숙하다. 꽃담배는 모두 별 모양의 통꽃이며, 키가 크고 하늘하늘하다. 정원에 우아한 모습과 아름다운 향기를 더하기 위해서 정원사들은 오랫동안 이 꽃을 심어 왔고, 밤공기에 흩날리는 그 향기는 나방의 깃털 모양 더듬이에 닿는다. 담배속은 기본적으로 남아메리카와 북아메리카에서 발견되지만, 오스트레일리아와 일부 남태평양의 섬에서도 발견된다. 담배속은 가짓과에 속하며, 더 따뜻한 서식지에서 발견되는 경향이 있다. 열대 지방이 아닌 곳에서는 대부분의 담배가 한해살이풀이라서 해마다 겨울에는 죽고 봄에 다시 씨를 뿌리거나 뿌리에서 새싹이 돋아난다. 야생에서 담배는 잡초가 무성한 곳이나 척박한 지역을 포함하여 다양한 서식지에서 발견될 수 있다. 대롱 모양의 흰 꽃과 꽃향기에 이끌린 나방과 벌과 벌새가 이 식물의 꽃가루받이를 하지만, 과학자들은 특별한 종류의 나방에 대한 연구를 통해서 꽃과 식물, 꽃가루 매개 동물과 포식자, 그리고 그들을 서로 엮어 주는 향기 사이의 관계를 이해하려고 한다.

흰 꽃과 나방 사이의 관계에 대한 연구에서, 과학자들이 나방에 의한 꽃가루받이를 하는 꽃들을 묘사하는 몇 가지 특징이 있다. 일반적으로 색이 밝아서 흰 꽃이라고 불리며, 밝은색의 꽃이 짙은 색의 잎과 대비되어 더 잘 보이도록 꽃잎이 갈라진 형태로 되어 있다. 꽃잎의 뒤쪽은 길쭉한 대롱 모양이어서 나방의 기다란 입에 딱 맞는다(아니면 나방의 입이 꽃의 대롱에 맞춰진 것일까?). 이 꽃들은 꽃꿀이 묽다. 그래서 나방은 처음 찾은 꽃에서 배를 채우지 못하고 여러 꽃을 연달아 찾게 된다. 매우 진하고 달콤하며 종종 복합적인 향기를 내는 꽃 향은 나방의 더듬이에서 특별한 반응을 일으킨다. 나방의 더듬이는 주위에 떠다니는 방향 물질을 감지하도록 맞춰져 있고, 어쩌면 특별한 조합의 꽃 향을 따라가면 가장 좋아하는 보상을 얻을 수 있다는 것을 학습할지도 모른다. 이를테면 박각시는 야생 담배의 리날로올에 본능적으로 반응하는데, 이 반응은 박각시의 복잡한 더듬이를 통해서 조절된다. 순진한 나방의 첫 반응은 그 분자에 대한 단순한 끌림이고, 이후 그 반응은 경험과 보상에 의해 조정된다. 처음에는 〈오, 이 냄새 좋아〉 하는 느낌으로 시작해서 〈이 냄새는 보상이 있는 꽃을 의미하는 특별한 냄새다〉로 바뀌는 것이다. 다양한 향기 조합을 학습하는 나방의 능력은 역동적이고 개체별로 다르며, 각각의 꽃종이 지닌 역사에 의해 형성된다.[5] 나방은 밤마다 날아다니면서 소량의 꽃꿀이나 꽃가루를 내어 주는 꽃의 향기를 찾는 법을 배우고, 꽃은 그 대가로 같은 종의 다른 개체와 꽃가루를 주고받는다. 이런 꽃의 전체적인 구조는 나방이 길쭉한 대롱 속의 꽃꿀을 모으는 동안 털이 북슬북슬한 나방의 몸에 꽃밥에 있는 꽃가루가 묻도록 설계되어 있다. 나방은 다음 꽃에서도 같은 위치에서 꽃꿀을 빨아먹고 꽃가루를 내려놓을 것이다.

코요테담배*Nicotiana attenuata*는 산불이 난 곳에 형성되는 미국 유타주의 사막 생태계에서 자라며, 만두카속*Manduca* 박각시에 의해 꽃가루받이를 한다. 이 두 생물 사이의 관계에 대해서는 20년 넘게 심도 있는 연구가 수행되고 있는데, 이 연구는 니코틴과 향기와 악취 나는 날숨을 기반으로 하는 유인과 배척에 대한 두 가지 흥미로운 이야기를 제공한다. 담배는 꽃뿐 아니라 식물체의 다른 부분에서도 다양한 목적을 수행하는 화학 물질을 생산한다. 담배 잎에서 발견되는 물질은 자연에서 보호 작용을 하기 때문에 곤충을 내쫓는 경향이 있다. 니코틴은 휘발성 화합물이라기보다는 일종의 알칼로이드이다. 생물학적 살충제인 니코틴은 담배의 뿌리에서 생산되어 애벌레나 다른 곤충이 일으키는 손상으로부터 식물체를 보호하기 위해 잎과 꽃꿀로 분배된다. 야생 담배에서 니코틴의 분비량은 씹는 곤충이 더 활발하게 활동하는 낮에 더 많아진다. 일부 애벌레, 특히 박각싯과의 애벌레는 매우 높은 농도의 니코틴도 견딜 수 있다. 박각시 애벌레는 담배 잎을 먹을 수도 있고, 체내 니코틴 농도가 높기 때문에 포식자로부터 보호를 받을 수도 있다. 몇 년 전 과학자들은 니코틴과 박각시 애벌레와 그들의 포식자인 늑대거미 사이의 관계를 이해하기 위해서 코요테담배를 먹고 사는 만두카 섹스타*Manduca sexta* 애벌레와 그들의 먹이 속에 있는 니코틴 사이의 관계를 연구했다. 애벌레는 유독한 양의 니코틴을 자신의 장 속에 두기보다는 곤충에서 혈액에 해당하는 혈림프로 이동시킨다. 거미 같은 포식자의 공격을 받으면, 만두카 섹스타의 애벌레는 기문(氣門, 배에 있는 콧구멍이라고 생각하면 된다)을 통해서 소량의 니코틴을 내보냄으로써 그 공격을 물리친다. 이 방법은 효과가 있는 것으로 보인다. 과학자들은 애벌레의 장에서 혈림프로 니코틴을 전달하는 유전자를 복잡한 방법으로 조작하여 니코틴이 애벌레의 장 속에 남아 있게 했다. 이렇게 유전자가 조작된 애벌레는 늑대거미가 사냥을 하는 밤에 더 많이 사라졌고, 과학자들은 이 연구를 통해서 애벌레가 거미에게 발산하는 니코틴에 보호 특성이 있음을 확인했다. 이 연구의 저자들은 이런 방어 메커니즘을 〈지독한 니코틴 날숨nicotine-rich halitosis〉이라고 불렀다.[6]

코요테담배에는 두 종류의 충실한 꽃가루 매개 동물이 있다.

담배박각시*Manduca sexta*와 오점박각시*M. quinquemaculatus*(애벌레는 토마토벌레라고 불린다)인데, 둘 다 벤질아세톤에 끌린다. 이 두 박각시나방은 담배의 꽃꿀을 먹고 꽃가루받이를 할 뿐 아니라, 담배에 알을 낳는다. 그러면 알을 까고 나온 애벌레는 담배 잎을 먹는다. 확실히 애벌레는 식물에 좋지 않은 경우가 너무 많다. 따라서 식물은 애벌레가 식물을 씹어 먹고 있다는 것을 감지하면(식물은 애벌레의 작은 입에서 분비되는 물질을 감지할 수 있다), 자스몬산jasmonate이라는 화합물을 분비한다. 자스몬산이 분비되면, 코요테담배는 중요한 나방 유인 물질인 벤질아세톤의 생산을 줄여서 낮에 개화가 시작되도록 유도한다. 이렇게 향기와 개화 시기가 교묘하게 변한다는 것은 코요테담배가 이 식물을 먹지 않는 벌새에 의해 꽃가루받이가 된다는 것을 의미하므로 나방에 의한 꽃가루받이와 애벌레의 창궐이 감소한다.[7] 손상된 잎은 잎이 씹히고 있다는 신호를 꽃에 전달함과 동시에 휘발성 물질을 공기 중으로 방출함으로써 나방의 알과 애벌레를 먹는 포식자를 끌어들인다(조향사는 이런 화학 물질을 이용해서 향수에서 싱그러운 잎과 줄기의 효과를 낸다). 어쨌든 향기로운 꽃이 피는 담배는 끌어당기거나 밀어내는 기술—아니면 과학—의 대가이다.

인간은 역사적으로 향정신성 효과를 위해서 식물 화합물을 찾아다니고 과도하게 사용해 왔고, 니코틴은 가장 악명 높은 식물 화합물 중 하나이다. 아메리카 대륙에서 담배는 일찍이 기원전 5000~3000년부터 재배된 것으로 추정되지만, 야생에서도 구할 수 있었다. 주로 태워서 연기를 들이마셨지만, 가루로 만든 잎을 코로 흡입하기도 했고 심지어 관장을 하기도 했다. 담배는 그것이 자라는 지역에서 다양한 병의 치료에 쓰이기도 했는데, 그런 병으로는 천식(정말 기묘한 일이다), 류머티즘, 경련, 뱀물림, 배탈, 기침, 피부병, 분만 시 진통 등이 있다. 담배가 기호용으로 쓰였을 가능성도 있지만, 초기 유럽 탐험가들의 기록에는 종교적 또는 사회적 의미가 있는 하나의 의식으로서 담배를 피웠다는 기록이 많다. 훈향과 마찬가지로, 하늘로 올라가는 담배 연기도 신들이 살고 있는 천상 세계로 메시지를 전한다고 여겨졌을 것이다. 많은 아메리카 원주민에게 담배는 신성한 식물이었다. 나바호족에게는 옥수수, 콩, 호박과 함께 네 가지 신성한 식물 중 하나였고, 축복과 치유 의식에 쓰였다. 아스텍 담배인 니코티아나 루스티카*Nicotiana rustica*로 추정되는 야생 담배에 다른 허브를 섞어 만든 혼합물을 의식에 이용하기도 했는데, 이 혼합물을 알곤킨족 언어로 키니키닉kinnikinnick이라고 불렀다. 일단 유럽에 들어오자, 담배는 기적의 허브로 빠르게 알려지기 시작했다. 다양한 병증에 쓰였고, 〈신의 치료약〉이나 〈성스러운 허브〉와 같은 다양한 이름으로 불렸다. 담배를 유럽으로 처음 수입한 사람 중에는 프랑스 대사인 장 니코도 있었는데, 니코틴이라는 단어는 그의 이름에서 딴 것이다. 니코는 다양한 병증에 담배를 실험했고, 심지어 담배가 암을 치유한다고 주장하기도 했다. 그래서 담배는 〈대사의 허브The Ambassador's Herb〉라는 상표를 얻었다. 아메리카 원주민의 사례를 본떠서, 유럽인들은 물에 빠진 사람을 구하기 위해서 담배 연기로 관장을 하기 시작했다. 담배 연기 관장이 물에 빠진 사람의 몸을 덥히고 호흡을 자극할 것이라고 생각했기 때문이다. 처음에는 단순한 파이프 모양의 장치로 치료자가 환자의 직장에 직접 담배 연기를 불어 넣었지만, 얼마 지나지 않아 풀무와 파이프와 연기의 역류 위험을 피하기 위해 다양한 관으로 이루어진 장비로 대체되었다. 이 치료법은 중단되기 전까지 콜레라를 포함한 여러 병의 치료에 이용되었다.[8]

버지니아의 제임스타운 식민지에서 처음 상업적 재배를 시도한 이래로, 담배는 오늘날까지도 미국 남동부 전역의 농장에서 재배되는 중요한 환금성 작물이다. 17세기 초의 미국 식민지, 특히 버지니아의 식민지 주민들은 담배 생산에 많은 시간과 노력을 들였다. 찰스 1세는 〈완전히 연기 위에 지어진〉 식민지라고 말했고, 식민지 관리들이 식량으로 쓸 옥수수를 더 많이 기르라고 농민들을 독려해야 할 정도였다. 벌이는 짭짤해 보였지만, 담배를 재배하려면 개간할 넓은 땅, 농장을 운영해 본 경험과 기술이 있는 사람, 적지 않은 행운, 많은 노동력이 필요했다. 농장의 노동력을 마련할 수 있는 방법은 세 가지가 있었다. 대가족을 이루는 것, 영국이나 아일랜드에서 계약 하인을 수입하는 것, 노예로 잡힌 아프리카인을 노예 상인으로부터 사들이는 것이었다. 담배는 개척지에서 최소한의 개간만으로 쉽게 자랐다. 농민들은 나무를 태우거나 나무줄기를 둥글게 도려내어 나무를 죽이고, 죽은 나무와 그루터기 사이에 담배를 심었다.

담배의 또 다른 유도체인 네오니코티노이드neonicotinoid는 세계 시장에서 가장 널리 쓰이는 살충제가 되었다. 네오닉스neonics라고도 불리는 이 물질은 니코틴 분자를 기반으로 하는 신경독의 집합체이다. 1990년대 초반에 처음 소개되었을 때, 네오닉스는 안전해 보였다. 전통적인 다른 여러 살충제보다는 더 낮은 농도로 사용할 수 있었고, 포유류에는 별 영향 없이 곤충에만 특이적으로 작용하는 것처럼 보였기 때문이다. 그러나 이 물질은 물에 녹기 때문에 자유롭게 이동하여 식물체의 꽃꿀과 꽃가루 속으로 들어갔고, 심지어 일액(溢液) 현상으로 배출되는 작은 물방울 속에도 포함되었다. 잎의 끝에서 액체 상태의 물이 배출되는 일액 현상은 꽃가루 매개 동물의 수분 급원이기도 하다. 프랑스의 한 연구에서는 표본으로 수집한 꽃가루의 40.5퍼센트와 벌꿀의 21.8퍼센트에서 네오닉스의 일종인 이미다클로프리드imidacloprid를 발견했다. 게다가 특정 연도에 살포하지 않았더라도, 니코틴 기반 살충제는 토양으로 흡수될 가능성이 높고 꽃꿀이나 꽃가루에 나타날 수도 있다. 네오닉스는 작물에 살포할 뿐 아니라, 파종을 하기 전에 씨앗에 살충제를 덧입히는 종자 처리에도 쓰이고, 객토를 할 때에도 쓰인다. 종자 처리는 매우 좁은 장소에만 특이적으로 살충제를 사용하는 방법처럼 보이지만, 씨앗에 덧씌워진 살충제는 식물체에 흡수되어 일액 현상의 물방울 속에 나타날 뿐 아니라 흙먼지를 만들어 파종된 지역 주위에 흙먼지 구름을 형성할 수도 있다. 벌은 그 흙먼지 속을 날아다니는 것만으로도 죽을 수 있고, 치사량이 안 될 경우에도 살충제를 벌집으로 가지고 돌아갈 수 있다. 흙먼지 구름은 농업을 하지 않는 주변의 다른 지역으로 퍼져나가서 그곳을 오염시킬 수도 있다. 직접적인 효과 외에 덜 치명적인 효과에도 벌이 죽을 수 있다는 사실을 연구자들이 증명하기까지는 어느 정도 시간이 걸렸다. 네오닉스는 신경독이기 때문에 학습, 기억, 먹이 채집, 벌집의 위생, 포식자 피하기, 그 밖의 곤충의 다른 인지 기능도 손상시켰다. 꿀벌은 많은 관심을 받아 왔지만, 특히 취약한 것은 뒤영벌이다. 네오니코티노이드의 위험성에 대한 관심이 점점 더 많이 커지고 있음에도 불구하고 시장에서의 퇴출은 더디기만 하다. 그러나 2018년 유럽 연합은 가장 우려되고 있는 네오니코티노이드 3종인 클로티아니딘, 이미다클로프리드, 티아메톡삼의 야외 사용을 전면 금지했다.[9]

대중의 의식에 박혀 있는 담배의 이미지는 숱하게 많다. 전쟁 중에 담배를 피우는 군인들, 영화 「말타의 매The Maltese Falcon」에서 담배를 말아 피우는 험프리 보가트, 「티파니에서 아침을Breakfast at Tiffany's」에서 기다란 담뱃대를 들고 있는 오드리 헵번, 그리고 프로이트가 시가에 대해 했던 말을 우리는 알고 있다. 말버러 맨은 낭만적이고 남자다운 인물의 상징이었고, 이탈리아에서 제작한 서부 영화인 「석양의 무법자Il buono, il brutto, il cattivo」 속 클린트 이스트우드도 그랬다. 담배를 피우는 행동은 종종 반항의 상징이며, 대중 매체에서 제임스 딘처럼 담배를 물고 오토바이를 탄 모습은 강한 태도를 보여 주는 데 사용되었다. 담배는 때로는 노골적으로, 때로는 은밀하게 성적 상징으로 쓰이기도 했다. 옛날 영화에서 그것은 담뱃불을 붙여 주면서 손을 잡는 것일 수도 있고, 담배를 한 모금씩 나눠 피우는 것일 수도 있고, 오므린 입술 사이로 담배를 슬쩍 무는 행동이 될 수도 있다. 최근에 나는 복잡한 프로젝트에 참여했을 때, 담배를 끊은 한 동료가 가끔씩 〈담배 한 대만 피우면 해결할 수 있을 텐데!〉라고 말하는 것을 듣곤 했다. 흡연은 하나의 의식일까, 아니면 속성 니코틴 주입일까?

요즘은 담배 꽃에서는 향을 추출하지 않기 때문에 꽃담배 추출물은 없다. 그러나 용매로 추출된 담배 잎 앱솔루트는 과일 향과 가죽 향이 어우러진 아름다운 향을 지니고 있어서 훌륭한 베이스 노트가 된다. 진짜 담배 추출물(니코틴이 없는 것을 구할 수 있다)에서 얻은 것이든, 클라리세이지나 용연향에서 얻은 비슷한 화합물이든 상관없이, 조향사들은 담배 향이 독특하고 가치가 있다는 것을 발견했다. 담배를 주제로 한 초기 향수인 하바니타 Habanita는 연초의 향을 내기 위해 만들어진 창작 향수이며, 담배는 들어가지 않았다. 광란의 20년대Roaring Twenties로 막 들어서던 시기인 1919년에는 타바 블롱Tabac Blond이 소개되었다. 이 향수들은 여성들이 코르셋과 뷔스티에와 버슬을 벗어던지고, 머리를 짧게 자르고, 담배를 피우고, 바지를 입던 시기를 반영한다. 그들은 꽃처럼 — 그리고 그들의 어머니처럼 — 꽃 냄새를 풍기기보다는 대담하고 색다른 향수를 선택했다. 광고가 허용되지 않고, 많은 나라에서는 공공장소에서 금지되고, 발암 물질이면서 중독성이 있음에도 불구하고 담배 제품이 여전히 널리 소비되고 있다는 점을 통해 우리는 이 사랑스럽고 향기로운 식물의 치명적인 끌어당김과 밀어냄에 대해 알 수 있다. 누가 뭐라 하건 나는 내 향수에 담배 향을 넣을 것이다.

허브 정원은 향기뿐 아니라 외관에도 중점을 둘 수 있고, 종종 사랑스럽고 흥미로운 모양으로 배치되기도 한다. 허브 정원에는 라벤더, 로즈메리, 바질, 오레가노, 타임, 세이지, 타라곤, 마조람, 파슬리 같은 식물이 눈에 띈다. 허브도 향신료처럼 말려서 저장하고 멀리 운송될 수 있지만, 일반적으로는 정원에서 바로 따서 신선할 때 쓰는 것이 가장 좋다. 허브는 요리뿐 아니라 치료에도 이용된다. 흔히 쓰이는 허브 중에는 지중해 생물권이 원산인 경우가 많다. 습하고 선선한 겨울과 뜨겁고 건조한 여름이 특징인 지중해 지역의 날씨는 종종 바람과 해류에 의해 형성된다. 이런 서식지의 식물은 키가 크고 잎이 무성해지기보다는 지면에 바싹 붙어 자라면서 잎이 작고 질겨진다. 게다가 초식 동물로부터 자신을 보호하기 위해 잎과 줄기에서 휘발성 화합물을 만든다. 이렇게 테르펜이 풍부한 허브는 우리의 음식에 복잡 미묘하고 깊은 맛을 더한다.[10] 산불에 의해 형성되는 이런 지중해 생태계는 마키maquis라고 불린다. 마키와 비슷한 지역은 세계 전역에 몇 곳이 더 있는데, 캘리포니아 해안 지대의 섀퍼럴chaparral, 남아프리카의 핀보스fynbos, 칠레 중부의 마토랄matorral, 오스트레일리아 남부의 쿵간Kwongan 식생이 여기에 포함된다.

지중해 생태계의 질기고 향기로운 떨기나무와 빠르게 싹을 틔우는 풀들 사이에서, 당신은 갖가지 멋진 지중 식물geophyte(〈geo〉는 땅을 뜻한다)을 발견할 수도 있다. 지중 식물은 알뿌리, 덩이줄기, 땅속줄기, 알줄기 같은 땅속 구조를 갖고 있는 식물을 말한다. 지중 식물은 다양하며, 때때로 산불이 일어나는 혹독하고 예측 불가능한 이런 생태계에 잘 적응해 있다. 땅속에 있는 알뿌리는 양분을 저장하고, 수축근contractile root을 갖고 있을 수도 있다. 수축근은 필요하면 식물을 땅속으로 더 깊이 끌어당겨서 가뭄이나 산불, 또는 알뿌리를 좋아하는 초식 동물을 피할 수 있게 할 것이다. 캘리포니아에 지천으로 피는 칼로코르투스속*Calochortus*의 주황색 꽃에서, 남아프리카의 아름다운 아마릴리스와 히아신스와 난초와 붓꽃, 오스트레일리아 캥거루발과 원추리와 난초와 심지어 끈끈이귀개에 이르기까지, 이 식물들에는 공통된 특징이 있다. 이 식물들은 번성을 하기 위해서 땅속에 양분을 저장하는 능력을 발달시켜 왔다. 그리고 다른 식물들이 휴면에 들어갈 때 꽃과 싹을 틔우는 능력, 산불이 지나간 뒤에 다시 자라는 능력, 향기로운 꽃으로 꽃가루 매개 동물을 끌어들이는 능력도 발달시켜 왔다. 만약 저장된 에너지를 이용해서 가장 먼저 꽃을 피운다면 다른 꽃식물과의 경쟁을 조금 피하면서 꽃가루 매개 동물을 끌어들일 수 있을 테고, 향기는 추가적인 유인책이 될 것이다. 아프리카 남부에서는 꽃가루 매개 동물이 벌이나 나방이 아니라 기다란 입을 지닌 재니등에(재니등엣과Bombyliidae)나 극도로 긴 입을 지닌 어리재니등에(어리재니등엣과Nemestrinidae)일 것이다. 특히 어리재니등에의 일종인 모에기스토린쿠스 롱기로스트리스*Moegistorhynchus longirostris*는 핀보스에서 중요한 꽃가루 매개 동물이다. 핀보스에서 이 곤충이 꽃가루받이를 하는 식물은 최소 20종이며, 늦봄이나 초여름에 꽃이 피는 붓꽃과, 쥐손이풀과, 난초과 식물이 여기에 속한다. M. 롱기로스트리스가 꽃가루받이를 하는 꽃들은 흰색이나 분홍색, 아니면 주황색을 띠고, 향이 없으며, 꽃꿀을 제공한다. 특히 화통이 대단히 길어서 곤충 중에서 몸길이에 비해 입의 길이가 가장 긴 이 등에와 잘 맞는다. 이 등에는 다양한 종에서 꽃가루받이를 하기 때문에, 꽃들은 등에의 각각 다른 부위에 꽃가루를 내려놓을 수 있도록 진화함으로써 서로 다른 종의 꽃가루가 섞이는 것을 피해 왔다. 이런 활기차고 독특한 식물들과 그들의 꽃가루 매개 동물이 서식하는 생태계에는 가장 흔한 허브와 꽃도 함께 살아가는데, 라

벤더도 그중 하나이다.[11]

마치 포도주를 시음하는 소믈리에처럼, 라벤더 증류 전문가는 열여섯 가지 라벤더 정유 표본을 조심스럽게 따른다. 그 표본들은 사랑스러운 분홍색 꽃을 피우는 품종에서부터 조금 강하고 장뇌 같은 향을 지닌 스파이크라벤더에 이르는 다양한 품종의 라벤더에서 얻은 것이다. 그녀는 내가 즐겁게 코를 킁킁댈 수 있도록 준비하면서 평화로운 시향을 하기를 기대했고, 나는 내 코가 허브 향, 꽃 향, 나무 향, 날카로운 향을 잘 찾아낼 수 있는지를 알아보기 위해 차분하게 자리를 잡았다. 다른 여러 식물과 마찬가지로, 라벤더도 테루아의 영향을 받지만 품종과 계절의 변화에 따라서도 달라진다. 우리는 라벤더에서 꽃향기를 생각할지 모르지만, 다른 많은 지중해 식물과 마찬가지로 라벤더 역시 기본적으로 허브이다. 내가 느끼기에 대부분의 라벤더는 처음에는 전체적으로 청량하고 조금 날카로운 향이 나지만, 시간이 지날수록 내 피부나 시향지 위에서는 일부 품종에 존재하는 리날로올 분자의 꽃 향이 빛을 발한다. 향수나 향기 요법을 위한 배합에서는 꽃 향이 도는 나무 느낌의 향조가 한동안 잔향으로 남을 수도 있을 것이다. 세심하게 엄선된 라벤더들의 냄새를 맡을 때, 나는 먼저 잉글리시 라벤더, 즉 라반둘라 앙구스티폴리아*Lavandula angustifolia*의 다양한 재배 품종들부터 시작한다. 이 라벤더들은 꽃 향과 청결한 느낌의 향이 다양한 조합을 이루고 있는데, 그 향조는 때로는 날카로운 향이고 때로는 뿌리나 흙의 향이 곁들여진—그러나 나쁘지는 않은—나무 향이다. 스파이크라벤더인 L. 라티폴리아*L. latifolia*의 향기는 나무 향이 도는 유칼립투스의 날카로운 풀 향이다. 프렌치 라벤더 또는 스패니시라벤더라고 불리는 L. 스토이카스*L. stoechas*는 다른 품종과는 많이 다르다. 조금 훈향 같은 향조와 거칠고 나무 같은 느낌이 꽃 향 아래에 깔려 있다.

우리는 정유를 꽃에서 얻는다고 알고 있지만, 정유를 증류하는 사람들은 맨 위에 달린 잎과 줄기도 함께 모아야 한다는 것을 알고 있다. 모노테르펜 알코올인 리날로올은 라벤더와 다른 꽃에서 예쁜 꽃향기를 내어 꽃가루 매개 동물을 끌어들이는 역할도 하지만, 잎에서는 보호 작용을 한다. 초식 동물이 잎을 씹어 먹으면, 잎에서 리날로올이 분비되어 그 작은 초식 동물을 물리치는 데 도움이 되는 포식자를 끌어들일 수 있다. 리날로올은 라벤더 꽃과 정유를 포함하여 많은 꽃에 흔하게 들어 있고 종종 가장 많이 들어 있는 테르펜 성분이다.[12] 테르펜에 대해 들어 본 적은 없을지도 모르지만, 딱정벌레와 벌과 나방과 나비가 그렇듯이 테르펜의 향은 누구나 좋아할 것이다. 매일 접하는 정원의 꽃에서부터 시판되는 수많은 향기 제품에 이르기까지, 리날로올의 존재는 밝고 향긋한 꽃 향을 더한다. 차, 과일, 뿌리, 나무껍질, 감귤류, 포도주, 곰팡이, 대마, 홉에는 모두 리날로올이 들어 있다. 리날로올에 대해서는 맥락이 중요하다. 꽃에서는 곤충을 끌어들이는 향이지만, 식물의 녹색 부분이 연관될 때에는 무기가 된다. 휘발성 화합물로 이루어진 방어 무기의 일부로 방출되는 리날로올은 잎을 갉아먹는 벌레를 사냥하는 포식자와 기생 말벌을 끌어들이는데, 이런 반응은 꽃이 아니라 식물의 영양 조직에서 일어난다. 일부 초식 곤충에서는 리날로올이 성페로몬의 성분일 수도 있다. 흥미롭게도 연구자들이 수집한 한 울버린의 오줌에는 다른 테르펜들과 함께 리날로올이 들어 있었다. 이 물질들은 울버린이 먹은 구과류를 통해 몸속으로 들어온 것으로 추정되며, 포유류로서는 특이하게 그대로 몸을 통과하여 소변으로 배출되었을 것이다. 리날로올은 자단나무나 바질 같은 식물을 분별 증류하여 분리할 수 있으며, 이렇게 분리된 리날로올에는 그 식물의 흔적이 남는다. 바질에서 분리한 리날로올linalool ex basil은 아니스 향이 나는 반면, 자단나무에서 분리한 리날로올linalool ex bois de rose은 사랑스러움과 나무 향이 두드러진다. 시장에서는 합성 리날로올이 기본적인 형태이다. 합성 리날로올은 다른 향이 없는 단순한 리날로올이며, 비타민 업계의 제품으로 생산될 수도 있다.

라벤더는 약 32종이 있으며, 일반적으로 가느다란 잎과 줄기를 지닌 향기로운 떨기나무이다.[13] 가장 바람직한 종은 잉글리시라벤더인 라반둘라 앙구스티폴리아지만, 생산자들은 교배종과 스파이크라벤더(L. 라티폴리아)도 재배하고 증류한다. 해마다 1,000톤이 넘는 다양한 종류의 라벤더 정유가 생산되고 있다. L. 앙구스티폴리아는 프랑스, 이탈리아, 에스파냐에서 석회암이 풍부하고 해발 고도가 1,500미터 이상인 산악 지대에 자생한다. 그러나 이제는 다양한 라벤더 품종과 재배종이 유럽, 오스트레일리아, 미국을 포함한 세계 전역에서 자라고 있고, 매력적인 잎과 보라색 꽃 때문에 관상용 식물로 널리 쓰이고 있다. 라벤더는 수 세기 동안 쓰여 왔고, 1세기에 그리스의 약학자인 디오스코리데스에 의해 언급되기도 했다. 라벤더속을 뜻하는 〈*Lavandula*〉라는 속명은 〈씻다〉라는 뜻을 가진 라틴어 〈lavare〉에서 유래했고, 그 이름에 어울리게 종종 세탁실 근처에 심었다. 라벤더는 빨래를 할 때 친숙한 첨가제였고, 종종 잘 개켜진 리넨들 사이에 끼워 놓곤 했다. 중세 가정에서는 상쾌한 공기를 위해서 바닥에 흩뿌려 놓는 허브 중 하나였고, 오랫동안 청결과 순수의 상징이었다. 힐데가르트 폰 빙엔은 두 종류의 라벤더에 대해 썼다. 스파이크라벤더와 그녀가 베라vera라고 부른 라벤더(L. 앙구스티폴리아로 추정된다)는 눈을 맑게 해준다고 썼고, 악한 영혼을 쫓아내기 위해서 라벤더 향을 맡을 것을 권했다. 우리와 마찬가지로, 그녀 역시 밤에 잠을 잘 자려면 잠자리에 들기 전에 산책을 하고 라벤더 물에 목욕을 하면 좋다는 것을 알고 있었다. 좋은 꿈을 꾸는 데 도움을 얻고자 한다면 나는 베갯잇이나 손수건에 라벤더 정유를 몇 방울 뿌려두기를 권한다(운이 좋으면 악한 영혼도 퇴치할 수 있을 것이다). 라벤더의 섭취를 위해서 힐데가르트가 추천한 방법은 큰고량강, 육두구, 기테루트githerut(검은커민으로 추정된다), 러비지를 라벤더와 섞은 다음 개고사리, 바위떡풀을 추가하여 잘 빻는 것이다. 이 혼합물은 빵에 얹어 먹을 수도 있었고, 일종의 알약 형태로 압축될 수도 있었다. 수 세기 동안 의료 종사자들은 라벤더의 진정 작용과 정화 특성을 종종 언급해 왔다. 라벤더는 목욕을 좋아했던 로마인들에 의해 영국으로 들어왔을 것이고, 영국에서 중요한 조경 식물이 되었다. 빅토리아 시대의 영국인들은 라벤더를 좋아했다. 영국에서 라벤더는 초기 오드콜로뉴 제법의 원료였고, 이 제법이 곧 하우스 오브 야들리House of Yardley에 입수되면서 긴 인연이 시작되었다. 20세기 초반이 되자 라벤더는 좋은 소독제라는 것을 인정받았고, 물이끼와 함께 제1차 세계 대전 동안 상처 치료에 이용되었다. 식물에서 얻은 기름을 활용하여 정서적, 신체적 혜택을 얻고자 하는 향기 요법은 라벤더 정유를 중심으로 부활하기 시작했다.

진정과 긴장 완화에 효과가 있는 라벤더 향을 인간에게 가져다준 것은 이번에도 역시 꽃가루 매개 동물이지만, 이 향기는 라벤더의 생활사에서 특정 시기에만 얻을 수 있다. 식물의 휘발성 유기 화합물, 즉 VOC는 거의 모든 조직에서 방출되지만, 특히 잎과 꽃받침과 꽃 부분에서 주로 방출된다. VOC가 보내는 메시지는 상황에 따라 다르고, 메시지의 수신자에 따라서도 다르다. 라벤더의 잎과 줄기와 포엽*에는 트리콤trichome이라고 불리는 향기샘이 아주 많은데, 이 향기는 자연에서 보호 작용을 하는 것으로 추측된다. 반면 꽃에서 내보내는 향기는 보호 작용도 하지만 주된 목적은 꽃가루 매개 동물을 끌어들이는 것이다. 꽃가루 매개 동물을 유인하는 VOC를 방출하기 가장 좋은 시간은 꽃이 피어 있으면서 꽃가루 매개 동물도 활발히 활동하는 시간일 것이다. 어떤 꽃은 꽃가루 매개 동물과의 공진화를 통해서 이를 꽤 잘해 내기도 한다. 프랑스에서 재배되는 여섯 가지 품종의 라벤더(라반둘라 라티폴리아)에 대한 한 연구에 따르면, 라벤더가 방출하는 휘발성 물질은 꽃의 시기에 따라 세 종류로 나뉜다. 꽃눈 시기에 방출되는 물질은 보호 작용을 하고, 꽃이 피었을 때에는 꽃가루 매개 동물을 끌어들이고, 꽃이 진 후에는 씨앗을 보호하는 작용을 한다. 라벤더는 효소의 활성과 비활성을 조절함으로써 꽃이삭에서 테르펜의 형성 또는 변형을 일으키거나 중단시킨다.[14] 사람도

* 잎이 변형되어 만들어진 헛꽃.

꽃가루 매개 동물처럼 꽃이 활짝 핀 시기를 가장 좋아한다. 이 시기에는 곤충을 유인하는 화합물이 방출되고, 실제로 라벤더 정유의 국제 표준에서는 꽃에서 생산되는 리날로올과 아세트산리날릴을 특정 비율 함유할 것을 요구한다. 정유 증류를 하는 사람들은 개화 시기, 강우량, 온도가 라벤더의 리날로올에 영향을 준다는 것을 알고 있었다. 이런 환경과 식물의 변수들도 꽃가루 매개 동물의 존재와 이용 가능성에 영향을 미친다.

로즈메리*Salvia rosmarinus*는 지중해 지역의 건조한 백악질 토양에서 잘 자란다. 해수면과 가까운 낮은 곳에서부터 산허리뿐 아니라 어떤 정원에서도 잘 자라는 로즈메리는 정원을 장식하고, 요리 재료로도 쓰인다. 이파리와 끝순은 다른 지중해 허브와 함께 식초병에 넣기도 하고, 고기나 생선을 재울 때 적포도주와 함께 넣기도 한다. 우리는 정원에서 로즈메리를 키우고 조금씩 잘라 내어 향기를 내거나 조리를 하는 등 여기저기에 쓴다. 로즈메리는 결혼식과 장례식에서 모두 볼 수 있고, 중세 가정의 분위기를 상쾌하게 만드는 허브 중 하나였다. 한때 교회에서는 훈향처럼 로즈메리를 태웠고, 특히 흑사병이 창궐하던 시기에 로즈메리는 질병과 인명 손실을 연상시켰다. 많은 사람들이 〈기억을 뜻하는 로즈메리Rosemary for remembrance〉라는 옛말을 알고 있지만, 만약 당신이 14세기 초반의 유럽에 살았다면 로즈메리 냄새에서 죽음과 질병을 떠올렸을지도 모른다. 림프절 페스트가 도시들을 휩쓸고 있을 때 악취가 풍기는 불결한 공기의 부정한 기운도 몰려왔다. 이 시기에 기분 좋은 향기는 건강을 증진하는 선한 힘이었고, 악취는 질병과 악을 의미했다. 부유한 사람들은 도시를 떠나서 개인 정원이 있고 환기가 잘되는 집에서 신선하고 맑은 공기에 둘러싸여 살 수 있었고, 다른 사람과 어울려야 할 때는 향낭을 지니고 다녔다. 그러나 갈 데가 따로 없는 가난한 평민은 자신의 지식과 형편으로 구할 수 있는 의료 도구를 썼다. 달콤하고 신선한 냄새가 나는 허브는 수세기 동안 그들의 집에서 바닥의 깔개였고, 음식의 양념이었고, 약이었다. 로즈메리는 친숙했고, 결혼식이든 장례식이든 인생의 일부분이었으며, 강하고 청결한 향기가 났다. 그래서 사람들은 전염병과 싸우기 위해서 로즈메리 가지를 들고 다니면서 향신료 및 다른 허브와 함께 식초나 포도주에 넣었고, 어린 가지를 훈향처럼 태워서 집 안을 정화했다. 중세 대도시의 좁고 비위생적인 거리의 모습을 상상해 보자. 그곳에는 오수가 흐르는 도랑, 줄에 널린 빨래, 쓰레기 더미, 말과 다른 가축의 배설물이 있고, 여기에 시신에서 풍기는 악취까지 더해진다. 이 정도면 감당할 수 없을 정도로 빠르게 사람들이 죽어 가던 중세 도시에서 풍기던 전염병의 냄새를 가늠해 볼 수 있을 것이다. 그것은 〈부정한 기운miasma〉이라는 표현도 너무 순할 정도로 지독하다. 그런 상황에서 로즈메리에 약간의 오렌지 껍질이나 라벤더, 세이지, 타임 같은 값싼 허브를 섞어 만든 상쾌하고 깨끗한 향기가 죽어 가는 환자가 있는 집에 어떻게 약간의 이로움과 위안을 가져다주었을지 상상할 수 있을 것이다.

지중해 지역의 다른 허브와 마찬가지로, 로즈메리도 주로 벌 같은 꽃가루 매개 동물을 끌어들이는 작은 꽃이 봄과 여름에 핀다. 건조하고 지형이 다양한 로즈메리의 서식지에서는 벌의 활동

유형이 온종일 바뀌며, 벌의 종류에 따라서 다른 먹이를 찾아다닐 수도 있다. 꽃꿀이나 꽃가루가 드러난 방식이나 그것을 구할 수 있는 정도가 다양하기 때문이다. 로즈메리는 다양한 고도에서 자라기 때문에 꽃의 크기를 바꿀 수 있는 능력이 진화했다. 고도가 높을수록 꽃이 커지고 해수면 근처로 갈수록 꽃이 작아진다. 그러나 경엽(硬葉)이라고 불리는 질긴 수지질 잎은 고도와 관계없이 모두 크기가 작다.[15] 이런 꽃 크기 변화는 두 가지 역할을 한다. 높은 산에서는 몸집이 더 큰 꽃가루 매개 동물을 충분히 받아들일 수 있고, 고도가 낮은 곳의 건조하고 뜨거운 기후에서는 꽃을 보호할 수 있다. 고도가 높아질수록 꽃가루 매개 동물은 몸집이 큰 뒤영벌일 가능성이 있다. 뒤영벌은 체온을 조절하여 스스로 몸을 덥힐 수 있기 때문에 꿀벌 같은 다른 꽃가루 매개 동물에 비해 낮은 온도에서도 활동적이다. 잎에서는 꽃처럼 크기 변화가 나타나지 않는다. 고도와 관계없이 어디서나 잎은 작고 수지질이어서 건조를 잘 견디도록 되어 있다. 증류된 로즈메리에 포함된 일반적인 성분은 1,8-시네올, 장뇌, 알파 피넨, 베타 피넨, 보르네올이며, 때로는 베르베논도 들어 있다. 성분의 차이, 이를테면 시네올이 더 많거나 베르베논이 더 많은 경우에는 향과 작용 방식에 모두 영향을 주므로 이런 차이를 이용해서 화학형을 분류한다. 로즈메리 ct(화학형의 약자) 베르베논은 두루 쓰기 좋은 로즈메리 종류이며, 나는 로즈메리의 전형적인 수지 향이 도드라지는 이 화학형의 나무 향과 풀 향이 좋다. 반면 로즈메리 ct 시네올에는 일반적인 로즈메리와는 조금 다른 날카로운 허브 향이 있다.

8장

장미

해당화*Rosa rugosa*와 열매

장미 라시를 맛보았을 때, 손녀딸은 조금 알 수 없는 표정을 지었다. 나는 마음에 드는지 물었고, 그 애는 확신이 서지 않는 것 같았다. 아이에게 인도 음식점은 처음이었고 모든 음식을 맛있게 먹었지만, 라시는 조금 꺼려 했다. 나는 몇 모금 대신 마셔 주었고, 그것은 내가 기대했던 것처럼 진한 요구르트를 뒤덮는 풍부한 장미 향이었다. 살짝 달콤했고, 입과 코를 모두 즐겁게 해주었다. 당시 나는 향이 풍부한 장미 추출물을 좋아했고, 향기의 복잡성 속에서 나만의 방법을 찾아가고 있었다. 그날 손녀딸은 꽃 향과 떫은맛이라는 충격적인 결합을 받아들이기 위해 잠시나마 노력했고, 나는 그 애가 이 경험을 좋은 기억으로 간직하기를 바란다. 다른 중동 요리와 마찬가지로 장미 라시도 장미수와 절인 장미로 만든다.

장미를 어떻게 분류할 것인지, 우리가 길러 온 장미 변종들의 기원을 어떻게 결정할 것인지는 린네가 분류를 시작했을 때부터 부딪힌 문제였다. 교잡이 잘되는 장미의 습성은 과학자들에게는 명확성이 부족한 결과를 가져왔고, 장미 육종가들에게는 열정을 불러일으켰다. 장미는 약 200종이 있으며, 그중 대부분이 다섯 장의 꽃잎과 다섯 장의 꽃받침으로 이루어진 우아한 꽃을 피우는 야생종이다. 꽃잎의 색은 흰색, 분홍색, 붉은색이며, 밝은 노란색이나 주황색을 띠는 여러 개의 수술은 꽃가루 매개 동물을 유인하기 쉽게 꽃송이의 중앙에서 뚜렷한 원을 이루고 있다. 장미의 가시는 크기와 수가 다양하다. 대부분의 장미는 서로 다른 종 사이에서나 재배 품종 사이에서 유전자의 교환과 통합이 매우 잘 일어나는 것으로 보인다. 이런 습성 때문에 오늘날 우리는 정원과 꽃집에서 다양한 장미를 볼 수 있다. 장미의 육종은 두 가지 방향으로 이루어졌다. 색과 형태와 꽃병에서의 지속력을 고려한 꽃꽂이용 장미가 있고, 아름다움뿐 아니라 향기도 감상하기 위한 정원용 장미가 있다. 아름다운 색이 조화를 이루는 장미 꽃다발에 코를 파묻고 싶은 것은 본능이지만, 그 장미꽃이 정원에서 딴 것이 아니라 돈을 주고 산 절화cut-flower라면 항상 실망하게 될 것이다. 노점에서 산 꽃다발이든 최고의 플로리스트가 만든 꽃다발이든 다를 게 없다. 상업적으로 재배되는 장미꽃은 향기가 없거나 매우 약한데, 과학자들도 그 이유를 정확히 모른다. 꽃 속에는 유전자와 효소들이 그대로 존재하기 때문이다. 향기 분자 방출이라는 마무리 동작을 장미꽃이 하지 않을 뿐이다.[1]

흑사병 창궐에서 보았듯이, 서구 역사에서 향기는 대체로 좋은 기운이었다. 그러나 언젠가부터 그렇지 않았다. 콘스턴스 클라센은 『감각의 세계*Worlds of Sense*』라는 책에서, 서양인은 후각을 무시하고 시각에 사로잡혀 있다고 지적했다. 서양 문화에서 시각을 강조하는 태도는 18세기의 어느 무렵에 시작되었다. 도시의 위생 조치와 다양한 탈취 제품에 의해 냄새는 최소화되었다. 이런 태도는 정원과 꽃의 육종에도 반영되었다. 정원은 시각적 경험이 되었고, 꽃은 색과 지속력을 위해서 교배되었다. 멋진 향기가 무시되면서, 오늘날 우리에게는 향기 없는 재배 품종 장미가 주어진 것

이다.[2]

향기 없는 장미는 꽃 시장의 바구니 속에 그냥 두고, 우리는 아름다움과 향기를 둘 다 지닌 정원의 장미를 살펴볼 것이다. 장미는 종류가 아주 많기 때문에, 대강이라도 구분하는 것이 장미의 종과 유형에 대한 논의에 도움이 될 것이다. 1년에 한 번만 꽃이 피는 종류로는 알바, 센티폴리아, 다마스크, 갈리카, 모스로즈가 있고, 반복적으로 꽃이 피는 종류로는 부르봉, 차이나, 하이브리드 퍼페추얼, 누아제트, 포틀랜드, 티로즈가 있다. 장미는 덩굴인 것도 있고 관목인 것도 있다. 가시가 있는 종류도 있고 가시가 없는 종류도 있다. 야생종도 있고 재배 품종도 있다. 홑꽃도 있고 겹꽃도 있다. 상징적이고 중요한 몇 가지 장미에 대해서는 이야기를 하고 넘어가는 것이 좋겠다. 로사 방크시아이*Rosa banksiae*(목향장미)는 꽃이 이른 시기에 피고 살짝 제비꽃 향기가 난다. 이 장미는 조지프 뱅크스 경의 이름을 딴 홑꽃 장미이며, 중국이 원산지이다. 1886년에 애리조나 툼스톤에 거주하는 한 스코틀랜드인은 꺾꽂이용 가지 하나를 들여와서 자기 집 안마당에 심었다. 그 장미는 금세 격자 형태의 지지대가 필요해졌고 지금도 자라고 있는데, 전체 둘레는 약 3.5미터에 이르고, 거의 460제곱미터 넓이에 그늘을 드리우고 있다. 그 집은 로즈트리인이라는 호텔로 쓰였다가 지금은 개인 주택이 되었지만, 장미가 있는 안뜰은 대중에게 공개되고 있다. 꽃잎이 100장이라는 로사×센티폴리아*Rosa×centifolia*는 달콤하고 강한 향기를 지닌 꽃이 한 번 핀다. 이 아름다운 꽃은 네덜란드의 꽃 그림에 17세기부터 등장해 왔고, 탐스러운 꽃과 달콤한 향기 때문에 귀하게 여겨졌다. 모스로즈는 이 무리에 속하며, 향기 샘이 발달한 돌연변이종이다. 꽃받침과 꽃자루에 발달하는 모스로즈의 향기 샘은 이끼와 같은 형태의 생장물인데, 대단히 향이 강하고 끈끈하며 솔 향이 난다.[3]

월계화라고 불리는 로사 키넨시스*Rosa chinensis*는 중국에서 2,000년 전부터 재배되어 왔고, 약 1,000년 전에 개발된 올드 블러시Old Blush라는 재배 품종도 이 종에 속한다. 현대 장미는 모두 올드 블러시의 유전자를 물려받았으므로, 올드 블러시는 오늘날 다양한 장미 품종의 개발에서 가장 중요한 장미일 것이다. 올드 블러시는 현대 장미의 지속적인 개화 특성에 기여했고, 18세기에 서양에 도입되었다. 이후 다마스크와 갈리카 같은 유럽 장미와의 교배를 통해 부르봉과 지속적으로 꽃이 피는 잡종 장미가 나왔다. 향기는 중간 정도로 강하며 차향이 나고, 분홍색 겹꽃이 지속적으로 개화한다. 현존하는 유일한 녹색 장미는 돌연변이에서 기원했고, 비리디플로라Viridiflora라고 불린다. 로사×다마스케나*Rosa×damascena*, 즉 다마스크장미는 R. 갈리카*R. gallica*(갈리카장미)와 R. 모스카타*R. moschata*(사향장미)의 잡종이며, 향료 산업에서 가장 중요한 네 가지 장미유 원료 중 하나이다. 강한 악취를 풍기는 페르시아노란장미인 로사 포에티다*Rosa foetida*는 아시아 원산이며, 밝은 노란색 꽃이 핀다. 1900년에는 페르시아나라고 불리는 돌연변이 장미를 이용해서 최초의 진정한 노란색 정원 장미인 솔레이도르를 교배했다. 이 장미의 고약한 냄새는 파리와 말벌과 딱정벌레를 끌어들인다.

로사 갈리카는 달콤한 〈옛날 장미〉 향기가 나며 한 번 개화한다. 가장 중요한 야생종 중 하나인 이 장미는 거의 모든 현대 장미의 조상이며, 프랑스, 중부 유럽, 우크라이나, 튀르키예, 이라크에 자생한다. 꽃받침에는 향기가 나는 끈끈한 수지가 있다. 랭커스터 붉은장미는 초기에 재배된 R. 갈리카의 변종이며, 1400년 무렵에 프랑스에서 야생종을 기반으로 만들어졌을 것으로 추측된다. 이 장미는 관상용뿐 아니라 약제, 향수, 보존 식품을 만들기 위해서도 재배되었다. 버시컬러Versicolor라고도 불리는 로사 문디Rosa Mundi의 돌연변이는 흰색 줄무늬가 있고, 약 1560년에 영국에서 나왔다. 사향장미인 로사 모스카타는 현대 장미의 조상이며, 강한 장미 향 속에 살짝 머스크 향이 나는 꽃이 한 번만 핀다. 원산지는 히말라야 서부로 추정되며, 이후 지중해 전역에 퍼졌다. 로사 물티플로라*Rosa multiflora*(찔레꽃)는 머스크 향이 감도는 강한 향기를 지니며, 접붙이기의 대목(臺木)으로서 가장 중요한 야생 장미 중 하나이다. 더 중요한 점은 이 장미가 멀티플로라 덩굴장미, 폴리앤사 장미, 플로리분다, 그랜디플로라의 조상이라는 사실이다. 꽃은 작고 하얗지만, 곧게 서 있는 원뿔형의 꽃이삭에는 500개가 넘는 꽃이 달릴 수 있다. 원산지는 일본 북부와 한국의 일부 지역이다.[4]

이렇게 많은 종류의 장미 중에서 조향사들이 쓰는 것은 몇 가지에 불과하다. 다마스크장미*Rosa×damascena*, 로즈드메*R.×centifolia*, 요크흰장미*R.×alba*, 해당화*R. rugosa*의 한 잡종이 오늘날 향기 산업에 주로 쓰이는 장미이며, 이 장미들은 불가리아, 튀르키예, 모로코, 이란, 아프가니스탄, 중국, 인도에서 재배된다.[5] 향은 증류를 통해서 추출되며, 장미 오토rose otto라고 부르는 아름답고 귀한 정유와 장미

수라고 부르는 수용성 부분을 함께 얻을 수 있다. 아니면 용매 추출을 통해서 고체 상태의 왁스 덩어리를 얻을 수도 있다. 콘크리트concrete라고 부르는 이 왁스 덩어리를 알코올로 더 추출하면, 향수 제조에서 가장 자주 쓰이는 형태인 장미 앱솔루트를 얻을 수 있다. 페닐에탄올이 풍부한 로즈드메의 앱솔루트는 깊은 장미 향을 지니고 있으며, 다마스크장미에 비해 향신료 향이 덜하다. 매우 풍부한 장미 향에 포근함과 향신료 향이 가미된 다마스크장미의 앱솔루트는 진하고 조금 더 박력이 있다.

장미의 증류는 거의 항상 다마스크장미로 하지만 간혹 로즈드메를 쓰기도 한다. 일반적으로 꽃 전체를 이용하는데, 이른 아침부터 해가 높이 떠오르기 전까지 조심스럽게 꽃을 딴다. 여기서 나는 불가리아 카잔루크 지역의 장미 재배 농민들이 만든 옛 기록을 따라 150년 전으로 거슬러 올라가려 한다.[6] 그들이 묘사한 장미 밭에는 붉은 다마스크장미가 빽빽한 산울타리처럼 줄지어 자라고 있었는데, 각 줄 사이의 간격은 남자 두 명이 나란히 걸을 수 있을 정도로 넓었다. 이 붉은 장미 밭은 경계 역할을 하는 흰 장미 덤불로 둘러싸여 있었고, 사람들은 꽃이 아직 아침 이슬을 머금고 있는 이른 아침에 밭에 나와서 완전히 피었거나 반쯤 피어난 꽃만 골라서 땄다. 당시 그들의 추정에 따르면, 1에이커당 꽃 수확량은 100만 송이가 넘었다. 3,000~4,000킬로그램의 꽃잎을 만들기 위해서는 800인시(人時)의 노동력이 필요했고, 그 정도 양의 꽃잎을 증류하여 얻을 수 있는 장미 오토는 1킬로그램 남짓이었다. 이는 고도로 관리되고 있고 품종 개량을 통해 단위 면적당 생산량이 증가한 오늘날의 장미 밭과 비교해도 뒤지지 않는 양이다. 전통적인 장미 밭에서는 시간과의 싸움도 중요하지만, 장미 수확량이 증류 장치의 용량과 맞아떨어지는지도 계산해야 했다. 작은 증류기로는 많은 수확량을 감당할 수 없다. 만약 꽃을 빨리 증류할 수 없다면 더 큰 증류 장치를 가진 사람에게 꽃을 팔아야 했을 것이다. 증류기를 가열할 나무도 필요했고, 꽃잎을 담그고 응축 장치를 냉각할 물도 있어야 했다. 지금도 장미유의 생산은 가족 단위로 운영되는 소규모 장미 밭에 어느 정도 기반을 두고 있으며, 그들이 수확한 장미는 더 큰 증류 시설로 보내진다. 이는 이 산업이 다수의 작은 가족 농장을 지탱한다는 것을 의미한다.

정유를 얻기 위해서 장미 같은 향기로운 식물을 증류하면 두 가지 물질이 만들어진다. 하나는 산출물에서 위에 떠 있는 오토라는 기름이다. 나머지 하나는 수용성 부분(장미의 경우에는 장미수)으로, 히드로졸, 히드롤레이트, 꽃물floral water 등으로 불리기도 한다. 히드로졸은 물에 녹는 알코올과 장미에서 유래한 다른 방향 물질을 함유하고 있으며, 대개 향이 더 부드럽고 가벼운 편이다. 장미 앱솔루트는 향수 산업에서 쓰이는 또 다른 방향 제품이며, 장미꽃을 용매로 추출하여 만들어진다. 용매 추출에서는 먼저 콘크리트가 만들어지는데, 콘크리트에는 꽃에서 나온 왁스와 함께 여러 가지 사랑스러운 방향 물질이 함유되어 있다. 콘크리트를 알코올로 한 번 더 추출하면 짙은 적황색을 띠는 앱솔루트를 얻을 수 있다. 앱솔루트는 장미 향이 진하고 알코올에 녹기 때문에 조향사들이 더 쉽게 활용할 수 있다. 잘 사용하지는 않아도, 나는 장미 콘크리트가 대단히 사랑스럽다는 것을 알고 있다. 고체 왁스 덩어리는 사용하기 조금 어려울 수 있지만, 구입 후 수년 동안 향을 유지하며 앱솔루트나 정유보다 더 깊고 완벽한 장미 향기를 불러낼 수 있다.

장미의 상징적인 향기는 두 가지 휘발성 물질에서 비롯된다. 중국 장미인 월계화의 향기는 DMT 또는 3,5-디메톡시톨루엔이라고 불리는 분자를 포함한다. 월계화는 과일 차의 향기가 난다고 해서 티로즈라고도 부르는데, 그렇게 부르는 이유는 바로 이 분자 때문이다. 한편 유럽 장미에서 만들어지고 방출되는 2페네틸알코올(2PE 또는 PEA)은 꿀 향과 진하고 깊은 장미 향을 낸다. 이 외의 다양한 방향 물질에 의해 전체적인 〈장미〉 향이 변형되면서 각각의 장미 유형마다 독특한 향기가 난다. 게다가 장미꽃의 각 부분에서는 목적에 따라 각각 다른 휘발성 물질을 만든다. 장미의 향기를 만들기 위해서는 무려 300여 가지 성분이 필요하다. 그래야만 복잡하면서도 여전히 장미 향으로 인식될 만한 향기가 난다. 대부분의 장미에서는 꽃 향, 향신료 향, 싱그러운 풀 향, 감귤류 향, 심지어 몰약과 귀한 수지의 향도 나는데, 이런 향기는 장미꽃에서 만들어지는 고도로 복잡한 휘발성 물질의 성분들에서 유래한다. DMT와 2PE 외에도, 장미 케톤인 베타-다마스케논과 베타-다마스콘은 과일 같은 꽃 향을 내고, 장미 산화물은 풋풋한 풀 향과 향신료 향을 낸다. 장미 케톤은 향기 산업에서 여러 성분을 조합하여 장미 향을 만들 때 중요한 물질이다. 장미 산화물은 분자의 광학적 회전에 따라 두 가지 형태로 나타난다. 시스cis형은 독특한 초록의 향조가 있는 달콤한 꽃 향인 반면, 트랜스trans형은 향신료의 특징을 더한다. 어떤 장미는 약간의 메틸유제놀이 들어 있어서 살짝 향신료 향이 난다.[7]

홑꽃인 야생 장미는 흰색에서 연한 분홍색, 짙은 분홍색, 붉은색에 이르는 다양한 색을 지니고 있지만, 모두 중심부에는 밝은 노란색이나 주황색 수술이 왕관 모양으로 배열되어 있다. 꽃잎에서는 달콤한 향기가 나며, 꽃받침에는 솔 향과 레몬 향을 내는 세스퀴테르펜이 풍부하다. 그리고 꽃밥과 꽃가루에는 꽃의 다른 부분에는 없는 독특한 화합물이 다양하게 들어 있다. 이런 향기들은 특별한 꽃가루 매개 동물을 식물의 특정 부분으로 유인하는 역할을 한다. 로사 루고사(해당화) 같은 야생 장미는 항상 꽃꿀을 만들지는 않지만, 고리 모양을 이루는 밝은 노란색 수술에서 풍부한 꽃가루가 만들어져서 뒤영벌처럼 꽃가루를 찾는 곤충을 끌어들인다. 유럽에서 진행된 야생 장미에 대한 한 연구에서는 수술의 수가 83~260개로 다양하다는 것을 발견했는데, 이는 장미가 투자하기에는 상당히 많은 식물질이다. 따라서 이 사실은 적어도 일부 장미종에서는 꽃가루를 찾는 곤충을 유인하는 일이 중요하다는 생각을 뒷받침한다.

뒤영벌은 꽃가루가 있는 수술의 밝은색 고리라는 시각적 신호뿐 아니라 냄새도 이용한다. 여러 화합물과 함께 유제놀의 향신료 향도 살짝 갖고 있는 꽃밥의 향기는 단백질이 풍부한 꽃가루로 뒤영벌을 곧장 끌어들인다.[8] 로사 루고사는 유럽에 침입한 외래종으로 여겨지며, 중간 정도의 향기를 지니고 있다. 로사 루고사의 향기는 다마스크 변종보다는 약하고, 유라시아와 북아프리카 원산의 덩굴 식물인 개장미*R. canina*보다는 강하다. 꽃가루에 들어 있는 유제놀은 뒤영벌을 강하게 유인하는 물질로, 꽃에 내려앉는 행동과 꽃가루를 모으기 위한 진동 운동을 둘 다 증가시킨다.

진동 전문가인 뒤영벌은 음파 파쇄sonication라고도 불리는 진동 운동으로 다양한 꽃에서 꽃가루를 분비시킨다. 여름 아침에 정원사에게 친숙한 붕붕 소리는 그런 행동 때문에 나는 것이다. 뒤영벌이 이런 방법을 주로 쓰는 식물은 블루베리, 크랜베리, 토마토처럼 꽃가루가 꽃밥 속에 들어 있다가 작은 구멍이나 틈새로 방출되는 식물이다. 이런 식물은 특정 진동수의 진동이 일어나면 꽃가루를 방출한다. 장미와 수술이 많은 다른 꽃들을 보면, 뒤영벌이 꽃가루가 많은 중심부를 붕붕거리며 마구 헤집고 돌아다니면서 노랗고 좋은 것을 긁어모으는 것처럼 보이는데, 이렇게 헤적거리는 행동을 하는 동안 꽃가루받이가 일어난다.

유럽에는 아름답고 향기로운 야생종과 재배종 장미가 다양하게 있었지만, 1780년 무렵에 도입된 중국장미는 반복적으로 꽃을 피울 수 있는 능력을 가져왔고 육종가들은 이 특성을 장미의 유전자 풀에 빠르게 추가했다. 중국장미는 유럽에서 꽃에 대한 관심이 고조되던 시기에 유럽에 소개되었다. 질병과 추위에 내성이 있는 유럽 변종들과 반복 개화를 하면서 차향이 나는 중국 변종의 교배는 장미를 중심으로 형성된 산업과 취미 생활에 활기를 불어넣었다. 증류를 통해 향을 추출하는 법을 발견한 페르시아인들은 장미를 대단히 사랑했다. 거의 모든 정원에 장미를 심었고, 종종 장미로 산울타리를 만들었으며, 침실에는 재스민, 라일락, 제비꽃의 향기에 장미 향을 더했다. 이란의 도시 시라즈는 풍성하고 향기로운 장미 정원으로 유명했다. 페르시아 전사들은 장미 그림이 그려진 방패를 들었고, 파르시스탄 지역에서는 해마다 3만 병의 장미수를 바그다드에 보물로 봉납했다. 신성한 장미라고 불리는 로자×리카르디*Rosa×richardii*는 이집트의 무덤 속에 있는데 여전히 향기롭다는 소문이 있다. 15세기 영국의 장미 전쟁은 랭커스터가의 문장인 붉은 장미와 요크가의 문장인 흰 장미의 대결을 상징했다. 클레오파트라는 마르쿠스 안토니우스를 처음 만났을 때 자신의 왕실 바닥에 장미를 발목 깊이까지 깔았고, 로마인들은 숙취를 해소하기 위해 장미 화관을 썼다. 고대 그리스의 철학자인 테오프라스토스는 재배종 장미와 야생종 장미에 대해 서술했을 뿐 아니라 참깨 기름으로 추출하는 향수 제조법에 대해서도 썼다. 디오스코리데스라는 고대 그리스 의사는 장미 꽃잎을 보존하기 위해 소금에 절이는 방법을 설명했고, 대(大)플리니우스는 장미술을 만드는 공식을 가지고 있었으며, 빅토리아 시대 사람들은 장미 꽃잎 샌드위치를 먹었다. 시라즈에서는 18세기 말까지 장미 정유를 증류했고, 비슷한 시기에 장미는 불가리아 카잔루크에 도착했다.

정원에 대한 주제를 끝내기 전에 난초에 대해 조금 이야기를 하려고 한다. 미국 서부에서 어린 시절을 보낸 나는 황량한 경관을 사랑했다. 그곳에서는 지질을 그대로 볼 수 있었고, 꽃은 한철에만 피었다. 꽃을 보려면 종종 행운과 봄비와 세심한 관찰이 필요했다. 성인이 된 나는 플로리다로 이사를 했고 완전히 다른 세계를 발견했다. 맨땅이 거의 없을 정도로 어디에나 식물이 있었고, 난초가 잘 자라고 무성했다. 나는 대체로 시행착오를 통해 이 식물들을 돌보는 법을 배웠고, 식물은 생명력이 꽤 질기지만 어떤 식물은 그냥 나와 맞지 않을 수도 있다는 것도 배웠다. 경험상 어떤 종류의 식물을 세 번 죽였다면 그 식물은 포기하고 기를 수 있는 다른 식물에 집중해야 한다. 난초는 꽃식물 중에서 가장 큰 무리 중 하나이므로 난초에 대한 주제는 이 세계만큼이나 방대하다. 난초는 남극을 제외한 모든 대륙에 분포하며, 공룡과 공존했을 정도로 오랜 시간을 살아왔다. 난초의 종류는 약 3만 종에 이르며, 대부분의 난초는 꽃가루 매개 동물을 통해서가 아니라 향기와 속임수를 이용해서 수정을 한다. 향기와 속임수는 난초의 도구이며, 난초는 이런 도구를 아주 잘 활용한다.[9]

여기서 나는 내가 난초의 세계를 좀 더 많이 알게 된 세 가지 경험에 대해 이야기하고자 한다. 난초는 종종 속임수를 통해 꽃가루 매개 동물을 끌어들이는 전략을 쓴다. 이 성공적인 전략에서 난초는 유인하고 싶은 곤충의 형태를 흉내 낸 꽃을 만들어서 교미 행동을 부추기고, 그 결과 꽃가루받이가 일어난다. 곤충을 위한 보상은 아무것도 없지만, 난초는 화분괴pollinium라는 작은 꽃가루 덩이를 곤충에게 맡겨서 다른 꽃에 전달할 수도 있다. 우리 집 뒷마당에 있는 공고라 오도라티시마*Gongora odoratissima* 같은 일부 난초는 향기라는 보상을 제공한다. 한 난초 전시회에서 나는 꽃이 피어 있는 난초에 돈을 쓰기보다는 꽃은 없고 알뿌리만 두어 개 있는 어린 식물을 구입했다. 2년쯤 지났을 때, 나는 난초에 매달려 있는 꽃이삭 하나의 길이가 변화하는 모습을 유심히 관찰했고 작은 용처럼 생긴 꽃이 나타나기를 기다렸다. 예상대로 용들이 모습을 드러내기 시작했고, 매일 새로운 꽃이 피었기 때문에 나는 그 난초를 계속 보러 갔다. 그러다가 가벼운 계피 향이 느껴졌고 그 꽃을 찾는 일은 한층 더 즐거워졌다. 그러나 무엇보다도 놀라웠던 것은 어느 날 밝고 광택이 도는 파란색 벌이 나타난 일이었다. 나는 약간의 조사로 그 벌의 이름을 알아냈다. 그 벌은 난초벌이었고, 조금 관찰해 보니 그 무리의 특징인 큰 뒷다리를 볼 수 있었다. 결국 나는 작은 의자를 가져다 놓고 그 난초 근처에 앉아서 벌을 관찰했다. 그 수벌(향기를 찾아오는 벌은 항상 수컷이다)은 내 쪽으로 날아와서 잠시 내 앞에서 정지 비행을 하면서 나를 살피더니, 자신이 있을 곳은 꽃 안이라고 생각한 듯 다시 꽃으로 돌아갔다. 그 벌은 교미와 매우 비슷하게 보이는 행동을 하면서 실제로 난초의 꽃잎에서 향기를 긁어내고 있었다. 1~2분 후 그 벌은 몇 센티미터 떨어진 곳으로 날아갔고, 나는 벌이 앞다리에서 뭔가를 뒷다리에 있는 큰 주머니 쪽으로 옮기는 모습을 볼 수 있었다. 그런 다음 벌은 꽃으로 다시 돌아갔다. 수벌은 그 주머니 속에 꽃의 향기 왁스를 모으고 있었다. 수벌은 나중에 그 주머니 속의 향기 왁스로 향수를 만들고 높은 횃대에서 그 향기를 바람에 실어 보내어 암컷을 유인할 것이다. 나는 그 벌에서 꽃가루 덩이를 보지는 못했지만, 그 벌은 난초가 꽃을 피우고 있는 내내 꽃을 찾아왔다.[10]

난초 수집가들의 열정은 여러 책과 영화에서 다루어져 왔다. 내 작은 세상에서도 이런 열정을 조금 본 적이 있다. 대개 1월에서 5월 사이, 해마다 플로리다 남부에서는 난초 전시회가 열린다. 세계 각지에서 온 상인들은 작은 벌보필룸bulbophyllum, 통통한 기근이 달려 있는 큰 반다, 종이 상자 속에 서로 얽혀 있는 바닐라 덩굴에 이르기까지, 다양한 난초를 가져온다. 아침 일찍 도착해서 열정적인 수집가들을 따라 줄을 서는 것이 가장 좋다. 그들은 대부분 난초라는 보물을 채울 바퀴 달린 카트를 끌고 온다. 아름다운 꽃을 피우는 카틀레야나 드물게 꽃이 피는 반다에 그렇게 큰돈을 쓸 수 있는 사람의 용기에는 절로 감탄이 나온다. 하지만 나는 별 생각 없이 이리저리 돌아다니면서 뭔가 내 눈길을 사로잡는 것을 기다린다. 다양하게 전시되어 있는 화려한 꽃들 아래에는 화분도 없이 뿌리가 드러나 있는 식물들이 있다. 이 식물들은 싸게 살 수 있지만 꽃이 피기까지는 종종 1~2년이 걸리기 때문에 인내가 필요하다. 나는 기대에 찬 기다림도 즐거움의 일부라는 것을 알기에 괜찮다. 게다가 만약 이 식물들이 죽는다고 해도 그렇게 낙담하지는 않을 것이다. 18세기와 19세기의 식물 탐험가 중에는 난초 수집가가 많았다. 그들은 거칠 것 없이 마음대로 채집을 했고, 종종 아름다운 표본을 독점하기 위해 야생의 군락 전체를 파괴하기도 했다.

자그마한 안그라이쿰 디스티쿰*Angraecum distichum*은 내가 좋아하는 난초 중 하나이고, 내 것은 10년 정도 되었다. 길이 1센티미터 남짓의 도톰한 잎이 번갈아 가며 어긋나 있고, 전체 길이가 10센티미터도 안 되는 이 작은 난초는 더 화려한 난초들 사이에서 멋지게 어우러진다. 이 난초는 1년 내내 산발적으로 새순을 내며, 잎들 사이에서 작고 하얀 꽃이 나타난다. 꽃은 향기롭지만 내게는 너무 작아서 달콤하다는 것 정도만 느낄 수 있다. 같은 속의 다른 난초인 안그라이쿰 세스퀴페달레*Angraecum sesquipedale*의 꽃은 크기가 거의 내 손만 하다. 다윈의 난초라고 불리는 이 꽃은 꽃가루받이와 꽃가루 매개 동물에 관한 다윈의 학설을 증명하는 확실한 증거로 유명하지만, 이 증거는 다윈의 사후에야 나왔다. 이 난초가 발견되었을 때, 커다란 하얀 꽃에는 꽃꿀이 들어 있는 약 30센티미터 길이의 관이 있었다. 다윈은 그 기다란 꿀샘에 맞는 주둥이가 긴 나방이 어딘가에 있을 것이라고 예측했다. 그 예측과 딱 들어맞는 나방은 결국 발견되었다.[11] 안그라이쿰속은 향기로운 흰 꽃이 피는 난초들로 이루어져 있는데, 어떤 것은 키가 몇 센티미터에 불과하고 어떤 것은 180센티미터가 넘는다. 난초를 즐기는 동안, 내가 수집한 난초들은 크기가 고만고만하다는 것을 깨달았다. 내 난초들 중에는 작은 벌보필룸도 있고, 90센티미터 정도까지 자라고 꽃이 아주 많이 달리는 덴드로비움dendrobium도 두 촉 있다. 난초의 꽃은 새나 작은 인간이나 거미를 닮았다. 심지어 어떤 꽃은 앵무새를 닮았고, 어떤 난초는 아랫부분에 있는 구근이 고환과 비슷하게 생겼다. 그래서 고환을 뜻하는 그리스어 〈orchis〉에서 난초를 뜻하는 영어 〈orchid〉가 나왔다.

꽃식물과 우리의 인연은 인간의 기원까지 거슬러 올라간다. 꽃식물은 삶과 죽음에서, 집 안에서, 크고 작은 정원에서 우리와 함께한다. 꽃은 약과 먹을 것과 아름다움과 향기를 제공한다. 그리고 꽃잎의 아름다움과 중요성을 아는 나비, 나방, 벌, 벌새와 같은 팔랑거리고 붕붕거리는 꽃가루 매개 동물을 불러들인다. 꽃식물의 불가사의는 무엇일까? 다윈은 그 기원이 불가사의라고 생각했지만, 나는 다른 것이 궁금하다. 담배와 박각시는 어떻게 그렇게 가까워졌을까? 치자 꽃의 버섯 향은 어디서 온 것일까? 왜 파란 장미는 없을까? 공룡은 난초를 먹었을까?

향수 제조, 만다린에서 머스크까지

향기에 관한 책이라면 아름다움과 매력을 목적으로 하는 향기 화합물의 추출과 향수 제조에 대한 이야기를 하지 않고는 완성될 수 없을 것이다. 식물은 수백 가지의 향기 화합물을 이용하여 뛰어난 솜씨로 향기 분자를 조합하고 향기를 창조한다. 꽃에서 나는 향기는 근처를 지나던 나방, 나비, 벌, 딱정벌레를 유혹한다. 이 동물들은 달콤한 꽃꿀을 한 모금 먹고, 작은 꽃가루 덩이를 하나 매단 채 다른 식물로 향한다. 식물의 다른 부분에서도 향기 분자를 조합하여 방출하지만, 이 향기는 그 식물을 먹고 있는 초식 동물의 포식자를 유인하거나 공격 위험을 다른 식물들에게 알리기 위한 것이다. 어떤 방향 물질은 식물의 질병을 치유하거나 예방하기 위해 식물의 조직 속에 유지된다. 인간도 치료와 유혹에 식물을 이용하기 위해 향기 나는 식물로 약과 향수를 만들어 왔다. 식물에서 방향 물질을 추출하여 이용하는 방법은 매우 복잡하다. 그렇기 때문에 역사 시대 거의 내내 향수는 왕족 같은 대부호들의 전유물이었다. 그들은 전속 연금술사를 두고 꽃과 나무와 향신료와 허브와 사향에서 향기를 증류하고 만들었다. 그리고 마침내 과학과 산업이 향수를 만들기 위한 특별한 향료를 준비하고 제조하는 과정에 관여하게 되었다. 프랑스 남부에서는 그라스라는 도시가 성장하기 시작했다. 지중해의 푸른 바다와 가까운 석회암 산악 지대인 그라스에서는 라벤더와 재스민이 잘 자랐고, 향수 산업이 시작되었다. 향수 이야기는 약과 연금술과 세 가지 향의 조화에서 시작된다.

그 이전의 초기 향수는 꽃, 잎, 나무, 수지, 씨앗, 뿌리의 형태로 자연에서 직접 얻었고, 기름으로 추출하거나 포도주나 식초에 넣어 용해시켰다. 우리가 지구에 거주하던 대부분의 시간 동안, 약과 음식과 향기를 위한 식물은 같은 것이었다. 유럽인들은 오드콜로뉴를 마셨고, 침향나무는 정신과 육체의 건강을 위해서, 그리고 의복에 향기를 입히는 용도로도 쓰였다. 용연향은 로즈메리와 짝을 이뤄서 역병을 피하는 데 쓰였고, 장미 열매와 재스민 꽃눈은 훌륭한 차가 되었으며, 장미수와 오렌지 꽃물은 요리에 광범위하게 쓰였다. 1370년 무렵에는 어느 은둔자 또는 연금술사가 헝가리 워터라는 것의 제법을 헝가리의 엘리자베스 여왕에게 바쳤다(이 이야기는 조금 모호하다). 로즈메리와 감귤류의 향을 풍기는 헝가리 워터는 최초의 오드콜로뉴로 여겨질 수 있으며, 다양한 방식으로 활용되었다. 약으로 복용하기도 했고, 미용 목적으로 피부에 문지르기도 했으며, 향수로도 쓰였다. 나폴레옹은 오드콜로뉴를 좋아했고, 매달 감귤류 향이 나는 오드콜로뉴를 수 리터씩 사용했다. 이와 대조적으로 그의 연인인 조제핀은 강하고 지속력이 좋은 동물성 향기인 머스크 향을 좋아했다.

그리스 과학자들과 함께 시작된 연금술이 아랍 세계로 전달되는 동안, 연금술사들은 증류를 연구했고, 보이지 않는 것을 보이게 하기 위해서 분투했다. 그러나 그것만으로는 부족했다. 현대의 향수 제조업에서는 향기 물질을 전달하는 역할을 하는 알코올과 향수를 담을 세련된 유리병을 만드는 능력도 요구되었다. 새로운 향기 성분이 유럽으로 들어오고, 유리 장인들이 더 뛰어난 기술을 연마하고, 왕실마다 전속 연금술사를 고용하면서, 연금술은 향수 제조업으로 바뀌어 가기 시작했다. 약제사, 향신료 상인, 화학자는 향수 제조 산업에 기여했고, 사람들에게 향기 나는 제품들을 선보였다.

내가 나의 소박한 길을 가면서 하는 일들은 지난 수 세기 동안 식료품 저장실still room에서 약과 음식을 만들기 위해서 해온 과정의 반복일 뿐 아니라, 산업에서 향수를 만들거나 음식에 풍미를 더하거나 향기 요법에 필요한 정유를 생산하기 위한 과정과도 다르지 않다. 마법 또는 연금술은 내 작은 증류기의 유리 레토르트 속에 라임나무의 향기로운 잎을 넣고 물을 채운 다음 가열하고, 끓어오른 증기가 가느다란 냉각 장치의 관 속에 작은 물방울로 맺히는 것을 지켜보는 일이었다. 물방울은 냉각 장치의 양쪽으로 흘러내렸고, 아래에 놓인 작은 항아리에 두 층의 향기를 채웠다. 식물에서 향기를 분리하려면 열과 증기가 필요하다. 소포vesicle와 식물질이 분해되면서 방출되는 방향 성분은 증기와 함께 상승한다. 이런 작은 증기 방울은 냉각 장치의 차가운 배출구를 만나면, 물과 정유를 함유한 액체 방울로 바뀐다. 이 액체 방울은 냉각 장치의 옆으로 흘러가서 수집 장치에 모이는데, 이때 정유와 수용성 부분으로 나뉘는 두 층이 생긴다. 물 위에 떠 있는 향기로운 액체는 식물의 정수를 나타낸다고 여겨졌다. 그래서 제5원소, 즉 사물의 순수한 정수를 뜻하는 옛 라틴어 〈quinta essentia〉를 따서 정유essential oil라고 부르게 되었다. 정유 아래에는 히드로졸 또는 꽃물이라고 불리는 수용성 부분이 있다. 식물질을 물에 넣고 가열하면 물 증류법hydrodistillation이고, 식물질 속으로 증기를 뿜어 넣으면 증기 증류법steam distillation이 된다.[1]

고대 이집트인의 향기 추출법은 냉침법(冷浸法)의 기반이 되었다. 향수 세계에서 냉침법은 증류의 열을 견딜 수 없거나 수확한 후에도 계속 향기를 발산하는 귀한 꽃에 적용되었다. 냉침법을 이용해서 향기를 추출하는 식물로는 재스민, 월하향, 히아신스가 있으며, 이런 꽃들은 그 향기를 공기 중으로 마구 뿜어내기 때문에 반고체 상태의 기름을 이용한 냉침 과정으로 향기 분자를 포착하는 것이다. 만약 냉장고에서 버터 옆에 양파를 보관해 본 적이 있다면, 지방이 냄새를 흡수한다는 사실을 알 것이다. 프랑스의 그라스에서는 이 과정을 한 단계 높은 수준으로 끌어올렸는데, 이를 위해서 그들은 냄새를 제거하고 정제한 돼지기름을 잘 펴서 바른 유리판을 이용했다. 먼저 아침 일찍 꽃을 따서 얼른 작업장으로 가져온 다음, 민첩한 손길로 돼지기름을 바른 유리판 위에 꽃을 한 송이씩 얹어 놓는다. 그렇게 하루를 방치한 후에 그 꽃을 제거하고 새로운 꽃을 그 자리에 놓는다. 그 기름에 향기를 다 채우려면 이 과정을 무려 서른여섯 번 반복해야 한다. 그 결과 만들어진 향기로운 굳기름을 포마드pomade라고 한다. 만약 그 꽃이 재스민이라면 재료와 반복 횟수를 따서 〈재스민 포마드 no. 36〉이라고 부를 것이다. 그다음에는 알코올 세척을 통해서 지방에서 향기를 추출하여 〈포마드 추출물 no. 36〉을 만든다. 이런 알코올 기반 추출물은 가열이나 다른 식물질 없이 꽃향기로만 만들어지기 때문에 과거에는 물론 지금까지도 천연 꽃향기에 가장 가깝다고 여겨진다. 헥산 같은 용매를 이용하는 추출법이 개발되자, 이 방법은 냉침법을 대신하여 재스민이나 월하향의 섬세한 향을 포착하는 방법으로 자리를 잡았다. 용매 추출법을 통해서는 콘크리트라고 하는 고체 물질을 얻을 수 있는데, 콘크리트 속에는 향기 분자와 함께 꽃에서 나온 왁스가 포함된다. 이 콘크리트를 알코올로 세척하거나 추출하면 향수 제조에 쓰이는 앱솔루트라는 향유를 얻을 수 있다. 향이 진하며 알코올에 녹는 앱솔루트는 향수 산업의 필수품이다.[2]

9장

소박한 시작: 민트와 투르펜틴

스트로부스잣나무*Pinus strobus*의 바늘잎과 열매

향기로운 꽃에 비교하면 민트와 투르펜틴은 소박하고 볼품없어 보이지만, 이 두 물질은 북아메리카의 초기 경제와 향기 산업에서 없어서는 안 될 중요한 기반이었다. 민트 증류업자들이 처음 수요를 창출한 이래로 하나의 산업이 된 민트는 현재 세계에서 가장 많이 팔리는 3대 정유 중 하나가 되었다. 투르펜틴은 오늘날 쓰이는 많은 방향 화학 물질을 만드는 시작 물질이며, 송진이 풍부한 미국 남동부의 소나무를 비롯한 다양한 구과 식물에서 얻을 수 있다.

프랑스 남부 그라스의 증류업자들과 향수 상인들은 그들의 기후에서 잘 자라면서 인기가 아주 많은 꽃들에 초점을 맞춘 반면, 북아메리카의 증류업자들은 더 소박한 작물들을 찾아서 그들의 산업을 구축했다. 민트는 맨 처음부터 인기가 있었고, 특히 페퍼민트*Mentha×piperita*는 집 앞 자투리 땅에서 흔히 볼 수 있는 허브이다. 페퍼민트는 워터민트*M. aquatica*와 스피어민트*M. spicata*라는 서로 연관된 두 민트종의 자손이며, 유럽 원산이다. 이 식물은 아마 습한 지역에서 먹을 것을 채집하던 사람들에게 처음 발견되었을 것이다. 그곳에서 함께 자라고 있던 워터민트와 스피어민트 사이에서 잡종 민트 하나가 나왔고, 그것은 부모보다 뛰어난 형질을 지니고 있었다. 적어도 그것을 채집하던 인간에게는 유용한 형질이었다. 민트는 가지나 뿌리를 잘라 낸 꺾꽂이묘에서도 잘 자라기 때문에, 쉽게 주변으로 퍼져 나갈 수 있었다. 민트를 활용하던 초기 의료인들은 재료를 알 수 없게 잎을 잘게 다졌지만, 많은 비밀이 그렇듯이 이 비밀도 결국 밝혀졌다. 이내 뿌리와 줄기 조각이 몰래 반출되기 시작했고, 마침내 유럽에서 북아메리카까지 이르게 되었다. 아메리카에서 민트는 여름철의 시원한 음료와 민트 줄렙 같은 칵테일이 되었을 것이다. 사과식초와 민트 잎과 흰 설탕을 넣어 끓인 다음 체로 걸러서 만드는 민트 식초는 과일 펀치와 각종 소스의 맛을 내는 데 쓰였다. 민트 잎을 달걀흰자 거품에 담갔다가 설탕을 입히면 민트 잎 사탕을 만들 수 있다. 민트의 시원하고 산뜻한 맛과 향기는 여름의 뜨거운 날씨에는 보물과도 같았다.

가정의 허브 약장 속 단골 품목이던 민트는 북아메리카에서 최초로 증류된 식물 중 하나였고, 한 산업의 토대가 되었다. 처음에는 럼 증류소가 많은 지역에서 소규모로 시작되었고, 곧 코네티컷과 매사추세츠에서는 민트 정유를 전문적으로 생산하는 곳이 늘어나게 되었다. 페퍼민트 농장 근처에 있던 정유 행상들은 페퍼민트 정유의 복음을 전파했다. 세상 구경을 하면서 돈을 벌고 싶었던 1800년대 중반의 야심 찬 젊은이들은 민트, 베르가모트, 비터스*와 이것저것을 담은 튼튼한 작은 병으로 가득한 가방을 등에 지고 길을 나섰다. 그들은 뉴잉글랜드를 누비고 뉴욕주 북서부의 시골 지역을 돌아다니면서 생계를 위해 돈을 벌었고, 결국 정유 산업이 새로운 영역으로 전파되는 데 일조했다. 선견지명이

* 칵테일 따위에 쓴맛을 내는 착향료.

있었던 사람들 중에서, 앨버트 M. 토드라는 화학자는 1891년에 미시간의 캘러머주에서 페퍼민트 정유를 만들기 시작했다. 그의 〈크리스털 화이트〉 민트는 그를 페퍼민트 왕 중 한 사람으로 만들어 주었고, 그가 설립한 회사는 지금도 민트 제품을 판매하고 있다. 민트는 치약 같은 제품과 식품에 쓰이기 위해서 가장 널리 만들어지는 정유 중 하나이며, 멘톨의 원료이기도 하다. 현재 미국에서 민트 생산의 중심지는 오리건과 워싱턴주이다. 민트*Mentha arvensis*는 중국과 일본의 야생에서 자라며, 멘톨이 풍부한 잎을 얻기 위해 재배된다. 영국에서는 미첨 페퍼민트 또는 블랙 미첨이라고 불리는 페퍼민트를 재배하고 증류하여, 진하고 달콤한 정유를 만든다. 풍부하고 복잡한 향이 꽉 찬 블랙 미첨 정유는 최고급 상품에 주로 이용된다.[1]

지중해 서식지가 원산인 클라리세이지*Salvia sclarea*는 인기 있는 정유의 원료이지만, 담배의 풍미를 증진시키는 원료로 재배되기도 한다. 1950년대의 어느 무렵, 노스캐롤라이나의 한 담배 회사 직원인 R. J. 레이놀즈는 클라리세이지 추출물이 궐련에 바람직한 면을 더해 준다는 것을 발견했다. 클라리세이지 추출물은 수입 담배 잎처럼 담배의 향을 더 부드럽게 재창조하는 데 도움을 줌으로써 회사가 담배의 가격과 품질을 조절할 수 있게 해주었다. 1958년에 레이놀즈는 미국산 담배 잎의 향과 맛을 강화하기 위해서 클라리세이지로 담배를 가공하는 방법에 대한 특허를 획득했다. 이 회사는 노스캐롤라이나 동부에서 클라리세이지를 시범적으로 생산하기 시작했고, 오늘날에도 그 지역에서는 담배 산업과 스클라레올sclareol이라는 화학적 부산물을 얻기 위해 여전히 클라리세이지를 재배하고 있다. 스클라레올은 향수 산업에서 대단히 인기 있는 머스크 향 중 일부의 합성에서 전구체로 쓰인다.[2]

내가 미국 남동부의 소나무 숲을 처음 경험한 곳은 사우스캐롤라이나였다. 우리는 한 연구 프로젝트의 일환으로 사륜구동차 두 대를 나눠 타고 아메리카제비꼬리솔개*Elanoides forficatus*의 둥지 속에 있는 새끼들에게 인식표를 달기 위해서 대왕소나무*Pinus palustris* 숲으로 향했다. 차에서 내리자마자 동료 한 사람이 내게 덕트 테이프를 건네면서 바지를 장화 속에 집어넣고 테이프로 붙이는 법을 보여 주었다. 대왕소나무 숲 생태계의 수풀이 무성한 곳에는 쓰쓰가무시병을 일으키는 털진드기 유충과 진드기가 많은데, 덕트 테이프는 완벽하지는 않더라도 어느 정도는 이런 것들을 막아 줄 수 있다. 남부의 소나무 숲에 처음 가본 나는 이런 징그러운 위험이 있는 줄은 몰랐다. 제비꼬리솔개의 둥지는 키가 크고 늘씬한 소나무 꼭대기의 매우 위태롭게 보이는 위치에 있었다. 어른 새들이 주위를 빙빙 돌며 울고 있는 것이 보였다. 그사이 한 동료가 나무 스파이크의 도움을 받으며 나무에 올라갔고, 인식표를 달 새끼들을 조심스럽게 아래로 내려보냈다. 제비꼬리솔개를 본 적이 없는 사람을 위해 말하자면, 소나무 숲을 날아다니는 곤충이나 작은 동물을 사냥하는 이 새는 가장 아름답고 우아한 맹금류 중 하나이다. 평생 한 번 있을까 말까 한 이런 경험은 스멀스멀 기어다니는 곤충의 위험을 감수할 가치가 충분했다. 나는 이 소나무 숲 프로젝트를 위해서 바지에 덕트 테이프를 붙였고, 무성하게 자란 풀을 헤치고 나아가면서 — 남부의 또 다른 위험인 — 불개미집이 있는지 살피는 법도 배웠다. 그러나 이런 짜증스러움과 함께 진귀한 아름다움을 경험할 기회도 따라왔다. 나는 여러 새의 울음소리를 들었고, 딱따구리와 황조롱이가 키 큰 나무에 집을 짓는 것을 보았고, 때때로 한 쌍의 아메리카원앙이 숲속의 작은 연못에 둥지를 트는 것을 보았다. 붉은벼슬딱따구리*Leuconotopicus borealis*는 둥지를 만들 구멍을 뚫기 위해서 심재가 가장 많은 오래된 소나무를 찾기 때문에, 우리는 이 새의 둥지가 어디에 있는지 알 수 있다. 심재에 구멍이 뚫리면 송진이 확실하게 흘러나와서 나무 아래쪽을 뒤덮기 때문에 뱀 같은 포식자가 접근하지 못한다.

손에 묻은 끈끈한 송진은 그날 숲속을 걸어 다니던 일을 생각나게 한다. 송진은 소나무 목재와 함께 초기 아메리카 식민지 경제의 원동력 중 하나였고, 북아메리카에서 소나무 숲이 광범위하게 줄어든 이유이기도 했다. 동부 해안에 끝없이 펼쳐져 있던 소나무 숲의 소나무들로 만들어진 투르펜틴은 아메리카 식민지에서 처음으로 증류된 정유 중 하나였고, 지금도 향과 맛을 내는 재료의 중요한 원료로 쓰이고 있다. 키가 크고 줄기가 곧은 스트로부스잣나무*Pinus strobus*를 시작으로, 동부 해안을 따라 나무들이 벌목되었다. 식민지 시대에는 영국이 해군 선박을 만들 돛대와 다른 재료를 얻기 위해서 엄청난 양의 원시림을 대규모로 벌목하기 시작했다. 키가 크고 오래된 나무들을 베어 내자, 지역 당국은 해군 선박의 소유권에 대해 가장 큰 지분을 주장하려고 했다. 그 결과 1772년에 뉴햄프셔 소나무 폭동이 일어났고, 잘 알려져 있지는 않지만 이 사건은 보스턴 차 사건과 미국 독립의 기폭제가 되었다. 배를 만들기 위한 길고 곧은 통나무를 제공하는 것 외에도, 초기 식민지 정착민들은 깊은 숲속을 돌아다니면서 스트로부스잣나무, 습지소나무*P. elliottii*, 대왕소나무 등에서 끈끈한 송진을 채취했다. 이렇게 채취된 송진은 영국 해군 선박과 세계의 대양을 항해하던 수많은 나무배의 유지 보수를 위해 공급되었다.

정착민들은 그들이 쓸 타르와 역청을 채취하면서, 약과 벼룩 퇴치제를 위한 송진도 채취했다. 북아메리카 해안의 거대한 소나무 숲에서는 400년 이상 송진을 채취해 왔다. 송진이나 고무진 같은 수지의 채집은 숲속 깊은 곳에서 이루어진다. 그런 곳에서 노동자들은 채취가 가능한 나무를 따라다니며 이동하는 캠프에 살았고, 가난과 빚과 감독관의 횡포에 시달렸다. 송진을 채취하기 위해서는 소나무의 껍질을 잘라 내고 나무 속까지 구멍을 뚫었다. 그러면 나무줄기의 표면으로 송진이 뚝뚝 떨어져서 나무 상자 속으로 들어갔다. 종종 작업은 숙련된 기술 없이 어설프고 거칠게 이뤄졌고, 숲의 건강에 대한 고려도 없었다. 나무줄기가 깊게 잘리고 손상되면서 벌어진 곳에는 곤충이 꼬이고 질병이 생겼을 것이다. 한 지역에서 송진이 고갈되면, 투르펜틴 캠프는 다른 곳으로 이동했고, 손상된 나무들은 그대로 방치되었다. 원시림이 사방으로 펼쳐져 있었기 때문에 초기에는 이 나무들을 목재로 쓰려고 하지도 않았다. 투르펜틴과 로진rosin*은 송진뿐 아니라 쓰러진 나무 등걸에서도 증류될 수 있었다. 때로는 소나무를 가마 속에 쌓아 놓고 흙으로 덮은 다음 타르가 나오도록 서서히 가열하기도 했다. 이런 증류 일을 하는 것은 타르 속을 걸어 다닌다는 것을 의미했고, 노스캐롤라이나 사람들은 뒤축에 타르가 묻는 곳에 산다는

* 송진을 증류하여 투르펜틴을 얻고 남은 황갈색 수지.

뜻으로 〈타르힐tarheel〉이라는 별명을 얻게 되었다. 오늘날 제지 공장 근처에 살거나 그 주위를 지나다니는 사람은 펄프를 만들기 위한 황산염 크라프트 공정의 고약한 냄새를 알고 있을 것이다. 이 과정에서 황산 투르펜틴이 나온다. 잘게 자른 나뭇조각에서 얻을 수 있는 이런 형태의 투르펜틴은 화학적 변화를 통해 테르펜으로 분해되는데, 테르펜은 꽃향기를 내는 이오논 같은 합성 향료, 향미 증진제, 비타민 A, E, K의 중요한 원료이다.[3]

수지는 코펄 덤불의 잎에서 작은 초식 곤충인 벼룩잎벌레를 막기 위해서 뿜어져 나올 수도 있고, 유향나무의 줄기에서 상처를 치료하기 위해 흘러나와서 영롱한 덩어리가 될 수도 있고, 소나무의 경우는 나무좀의 공격에 대한 반응으로 뚝뚝 떨어져 흐를 수 있다. 북아메리카 서부와 남동부의 침엽수림에서 소나무와 나무좀 사이의 전투는 고도로 복잡하게 조절되는 일련의 단계를 거쳐 일어난다. 다양한 종류의 나무좀은 나무에 자리를 잡고 나무줄기에 구멍을 뚫으면서 공격을 시작한다. 소나무는 이에 대한 반격으로 나무좀을 쫓아내기 위해 액체 상태의 수지를 방출한다. 그러면 나무좀은 소나무의 방어를 이겨 내기 위해서 집합 페로몬을 방출하여 지원군을 불러들이고, 이 지원군도 공격에 가세한다. 소나무는 수지를 더 방출하고 나무좀도 공격을 계속 한다. 그러다가 결국에는 어느 한쪽이 승리를 거둔다. 어떨 때에는 소나무가 나무좀을 물리치지만, 어떨 때에는 나무좀이 이겨서 나무를 파고들기 시작한다. 나무좀이 나무의 자원보다 너무 많으면 안 되므로 일단 나무를 차지하면 승리를 거둔 나무좀은 해산 페로몬을 방출하여 나무좀을 흩어지게 한다. 갈 곳을 잃은 나무좀은 근처에 있는 다른 나무로 가서 이 모든 과정을 처음부터 시작할 수도 있다. 암컷 나무좀은 나무껍질 아래에 구멍을 파서 알을 낳고, 알은 거기서 부화하여 유충이 되고 성충으로 자란다. 나무좀으로 인한 손상과 그에 동반되는 곰팡잇병은 종종 소나무에 치명적이다. 소나무의 수지와 나무좀의 페로몬에는 둘 다 테르펜이 많다. 그중 베르베논이라는 성분은 장뇌와 푸른 잎과 셀리리 같은 향이 난다.[4] 나무좀은 세계 전역의 다른 침엽수도 공격하므로 전 세계 침엽수림에 심각한 손상을 일으킬 가능성은 지구 온난화와 함께 증가하고 있다. 나무가 받는 스트레스는 증가하고, 나무좀의 개체 수 조절에 도움이 되는 추운 날씨는 줄어들기 때문이다.

한때 미국 남동부에 걸쳐 약 36만 제곱킬로미터의 넓이를 뒤덮고 있던 대왕소나무의 원시림은 현재 약 4제곱킬로미터만 남았고, 2차로 형성된 숲이 8,100제곱킬로미터 정도 있다. 숲이 사라진 것은 투르펜틴 채취 때문만은 아니다. 농업으로의 전환, 도시 개발, 산불 억제, 나무좀, 기후 변화, 벌목도 소나무 숲에 수난을 가져왔다. 소나무 숲은 산불 기반의 생태계이기 때문에 때때로 불이 나야 한다. 그래야만 하층부의 덤불이 제거되고, 경쟁하는 식생이 조절되고, 솔 씨의 발아가 자극된다. 대왕소나무는 풀숲에서 어린 식물로 수년을 보낸다. 이 단계에서는 조금도 소나무 같지 않고 풀포기에 더 가까워 보이지만, 그동안 다음 단계를 지탱할 곧은 뿌리가 자란다. 그다음 단계인 어린 나무는 기본적으로 길고 가느다란 줄기 끝에 기다란 바늘잎이 병솔처럼 달려 있는데, 혹시 발생할지도 모르는 산불을 견딜 수 있도록 설계된 구조이다. 그다음에는 줄줄 흐르는 송진과 붉은벼슬딱따구리의 둥지가 있는 크고 웅장한 소나무로 자라고, 마지막으로 무성한 풀숲과 연못들 속에 다양한 야생 동물이 사는 소나무 숲이 형성된다. 사우스캐롤라이나에서는 2만 제곱킬로미터가 넘는 소나무 숲을 볼 수도 있지만, 대부분 인공 조림된 이런 숲에는 목재를 얻기 위한 테다소나무*Pinus taeda*나 습지소나무*P. elliottii*가 마치 옥수수 밭처럼 줄 맞춰 심어져 있다.[5]

우리 대부분은 침엽수를 향수 성분으로 생각하지 않지만, 꽤 많은 침엽수가 나무나 숲, 계절, 훈향과 수지를 연상시키거나 향기에 상쾌한 초록의 느낌을 더할 수 있다. 이 나무들이 자라는 곳에는 야외 향수도 있다. 일본에는 삼림욕이라는 것이 있는데, 자연 속에서 근심 걱정을 잊고 그냥 한가롭게 시간을 보내는 것이다. 침엽수림에서 진짜 목욕을 할 필요는 없다. 물속에 몸을 담글 필요도 없고 반드시 침엽수 아래에서 걸어야 하는 것도 아니다. 그러나 침엽수가 주는 위풍당당한 평화는 이런 활동에 어울리는 듯하다. 숲이 우거진 곳이라면 어디든지 그럭저럭 괜찮을 것이다. 지침은 간단하고 융통성이 있다. 깊은 숲이든 도시의 공원이든 나무가 있는 곳을 찾아서 걷거나 앉아 있는 것이다. 30분 정도 명상할 수도 있다. 사는 지역에 따라 찾아가서 즐길 수 있는 침엽수의 종류도 다양하다.

나는 존 뮤어의 이름을 딴 캘리포니아의 보호 구역에서 미국삼나무 숲을 보았고, 네바다의 어떤 산을 걷다가 아주 오래된 강털소나무를 만져 보았고, 사우스캐롤라이나의 대왕소나무 숲에서는 털진드기 유충을 피해 다녔고, 유타 남부에서는 소박한 피뇬

소나무 아래에서 솔방울을 찾아다녔다. 흔히 침엽수라고 불리는 구과 식물은 상록의 큰키나무와 떨기나무로 이루어진 아주 오래된 무리이며, 잎은 바늘 모양이거나 씨가 들어 있는 구과를 만드는 비늘로 퇴화했다. 종종 수지가 많고, 특유의 꽃가루는 바람에 날린다. 구과 식물은 2억 5000만 년 이상 지구에 존재해 왔고, 세계 전역에 분포하고 있다. 그중 많은 곳이 국립 공원이나 보존 지역으로 지정되어 있지만, 그럼에도 전체 630종 가운데 약 3분의 1은 멸종 위기종이나 취약종으로 여겨지고 있다.

우리는 나이가 아주 많거나 대단히 큰 나무에는 이름을 붙인다. 므두셀라라는 이름의 강털소나무는 4,800년 이상 되었다. 플로리다의 아스켄덴스 낙우송인 새니터Senator는 한 여성이 이 나무 속 우묵한 곳에서 불을 피울 생각을 할 때까지 약 3,500년을 살았다. 스웨덴의 독일가문비나무인 올드티코Old Tjikko는 9,550년 된 분지계(分支系)*이다. 칠레의 파타고니아쿠프레수스*Fitzroya cupressoides* 인 그란아부엘로Gran Abuelo는 약 3,600년이 되었다. 사르브-에 아바르쿠라고 불리는 지중해쿠프레수스Mediterranean cypress 나무는 이란에서 4,000년 동안 자라고 있다. 세계에서 가장 큰 나무인 제너럴셔먼은 캘리포니아의 거삼나무인데, 높이는 84미터이고 밑동의 지름은 11미터가 넘는다. 이런 기록을 보유하고 있는 나무들은 웅장하며 역사도 아주 오래되었다. 그러나 전 세계에서 일어나고 있는 과잉 수확, 병충해, 기후 변화, 관광과 약탈 농업으로의 전환, 소 떼 방목, 화재 등의 문제에는 취약하다. 많은 나무

* 한 개체에서 영양 생식으로 갈라져 나온 개체들의 집단. 뿌리가 연결되어 있을 수도 있다.

가 산불 기반의 생태계에서 유래하며 싹이 트기 위해서는 산불이 필요하다. 그러나 인간의 개입과 도로 건설로 나무 아래에 불에 잘 타는 것들이 쌓이면서 산불은 더 강력해졌고, 이런 취약성에 기후 변화까지 더해졌다. 이를 증명이라도 하듯, 이 책을 쓰고 있는 동안에도 오스트레일리아, 캘리포니아, 태평양 북서부에서 엄청난 산불이 났다. 수백 종의 구과 식물 중에서 몇몇 무리는 우리에게 성찰과 평화를 주는 장소나 향기 제품을 선사한다. 다음의 목록은 직접 숲으로 나가거나 집 안에서 휴대용 도감을 볼 때 찾아볼 만한 구과 식물 몇 가지를 맛보기로 뽑은 것이다. 잠깐 시간을 내어 좋아하는 야외의 어느 장소를 생각해 보자. 어쩌면 그곳의 나무 그늘이나 고요한 호숫가를 떠올리며 가상의 삼림욕을 할 수도 있을 것이다.[6]

소나무

아주 오래된 강털소나무*Pinus longaeva*는 우리에게 평화라는 선물을 준다. 그것은 그들의 세월일 수도 있고, 그들이 서 있는 자리일 수도 있고, 단순히 나뭇가지 사이로 스치는 바람 소리일 수도 있다. 강털소나무는 미국 서부 캘리포니아와 네바다의 건조한 산악 지대에 널리 자라며 꽤 흔하지만, 우리는 이 오래되고 뒤틀린 나무를 소중히 여기고 기억한다. 강털소나무는 보통 산길을 걸을 때 큰 바윗돌과 덤불숲 너머로 보인다. 네바다의 경우에는 강털소나무 군락이 작은 숲의 형태를 이루고 있는데, 그 위로는 빙하에 의해 깎인 멋진 봉우리가 그레이트베이슨 국립 공원의 사막 한가운데에 불쑥 솟아 있다. 강털소나무는 느리게 나이를 먹는다. 자신의 일부를 희생하면서 다른 부분을 계속 살아 있게 하므로, 오래된 강털소나무는 거의 죽은 것처럼 보이며 나무껍질을 따라 실낱같이 가늘게 이어지는 부분만이 나무의 생명을 지탱하고 있다. 죽을 때가 되면 강털소나무의 목질부는 주위의 바위처럼 단단해지고 반질반질해진다. 강털소나무 이외에도 북반구 전역에는 약 100종의 소나무가 있다. 서식지는 다양하며, 일반적으로 주기적인 산불이 휩쓸고 지나간다. 앞서 확인했듯이, 소나무는 경제적으로 매우 중요한 종이다. 주로 목재와 종이를 얻지만, 수지와 먹을 수 있는 씨앗을 얻기도 한다. 레치나retsina는 알레포소나무*P. halepensis*의 송진으로 만드는 음료이고, 피뇬소나무*P. edulis*의 맛있는 씨앗은 아메리카 원주민들에게 요긴한 식품이었을 뿐 아니라 파스타를 좋아하는 사람들에게는 멋진 페스토가 된다. 귀여운 분재에서 삼나무 같은 거목, 빠르게 자라는 습지소나무, 고대의 강털소나무에 이르기까지, 소나무 종류는 세계 전역에서 볼 수 있고 형태도 각양각색이다. 소나무 숲에 가만히 서 있으면, 코와 폐로 들어오는 청량한 향기, 거칠고 끈끈한 나무껍질의 느낌, 세월과 바람에 휘어지고 뒤틀리고 옹이진 나무줄기의 장엄한 광경이 나뭇가지 사이를 지나는 바람 소리와 함께 모든 감각으로 다가오는 듯하다.

전나무

멕시코 남부에서는 특정 고도의 산지에 오야멜전나무*Abies religiosa*가 군락을 이루며 자라고 있다. 오야멜전나무 숲은 이 나무에서 겨울을 나기 위해 날아온 수백만 마리의 제왕나비*Danaus plexippus*를 위한 이상적인 미기후를 만든다. 최적의 습도는 제왕나비의 건조를 막아 주고, 적당한 온도는 나무에 옹기종기 모여 매달려 있는 이 나비들이 에너지를 소모하지 않고도 체온을 유지하게 해준다. 멕시코 당국과 환경 보호 단체들은 이 숲과 연약한 나비들을 보존하기 위해 애쓰면서, 한편으로는 전통적인 수확 활동도 허용하고 있다. 한 프로젝트에서는 지역 여성들이 오야멜전나무의 가지를 잘라서 크리스마스 리스를 만들어 판매하는 부업으로 가계 수입을 올리는 것을 돕고 있다. 발삼전나무*A. balsamea*는 북아메리카 북부 전역에서 발견된다. 이 나무는 사람들에게는 건축 재료나 크리스마스트리로 인기가 있으며, 야생 동물에게는 먹이와 은신처가 되어 준다. 말코손바닥사슴, 사슴, 다람쥐와 그 밖의 소형 포유류가 발삼전나무의 식생 속에 숨어든다. 새들은 나뭇가지에 둥지를 짓고, 새순에서 곤충을 잡아먹는다. 포유류, 그중에서도 특히 말코손바닥사슴과 캐나다뇌조와 목도리뇌조 같은 조류는 새순이나 가지의 여린 끝부분을 먹는다. 이 나무의 수지는 마르면 투명하고 얇은 필름이 되기 때문에 현미경 관찰을 위한 슬라이드 표본을 만들 때 쓰인다. 향기에 관련해서는 대단히 멋진 용매 추출 앱솔루트가 있다. 짙은 녹색의 이 앱솔루트는 진하고 매우 향기로우며 많은 사람이 잼 같다고 말할 정도로 달콤한 향이 난다. 운 좋게도 이 향을 맡을 수 있다면, 바깥공기의 상쾌함이 어우러진 최고의 상록수 향기라고 생각하게 될 것이다. 어쩌면 조금은 말코손바닥사슴이 잠자고 있는 나무 아래 그늘 같기도 하고, 송진 냄새가 나는 바닐라가 떠오를 수도 있으며, 라즈베리 잼을 바른 맛있는 빵 위에 살짝 떨구면 정말 좋을 것 같은 생각도 든다.

시다

시다에는 향기롭고 위풍당당한 모습으로 수 세기 동안 귀하게 여겨진 나무들이 포함된다. 그러나 진정한 시다는 개잎갈나무속에 속하는 단 두 종뿐이다. 히말라야시다라고도 불리는 개잎갈나무*Cedrus deodara*는 히말라야 서부에서 자라며, 그 지역의 숲에서 가장 거대한 나무이다. 레바논시다*C. libani*는 지중해시다라고도 불리며, 지중해 주변 지역이 원산이다. 개잎갈나무는 힌디어로 신의 나무를 뜻하는 데바다루라고도 불리는데, 아마 훈향과 같은 이 나무의 향기 때문에 이런 이름이 붙었을 것이다. 잘게 자른 나뭇조각과 톱밥을 증류하면, 전형적인 시다 향처럼 날카롭고 우아하지만 약간의 달콤함과 장뇌 향이 나는 정유를 얻을 수 있다. 레바논에서는 웅장한 시다나무를 오랫동안 귀하게 여겨 왔다. 이 나무는 고대 이집트 시대부터 목재로 쓰였고, 솔로몬의 성전도 시다나무로 건축되었다. 이 나무에 대한 광범위한 벌채가 이루어지자 로마의 하드리아누스 황제는 이 나무를 보호하기 위한 구역을 정했고, 오늘날 레바논 정부도 이와 비슷한 보호 조치를 시도 중이다.[7] 모로코와 알제리의 산에서 자라는 아종인 아틀라스개잎갈나무는 히말라야시다의 정유와 비슷한 아름다운 정유를 만든다. 일본에서는 히노키라고도 불리는 편백*Chamaecyparis obtusa*이 욕조로 쓰여 왔다. 편백의 정유는 가볍고 사랑스러운 나무 향이며, 조금 날카로운 풀 향도 있다.

낙우송

미국 남동부 고지대의 소나무 숲 사이에는 숲이 우거진 습지를 지탱하는 흑수(黑水) 하천이 흐른다. 이 강물은 탄닌으로 인해 색이 갈색이고 산성을 띠며, 곤충과 수생 생물이 가득하다. 만약 이 강가의 모래톱에서 캠핑을 한다면 개구리 울음소리와 윙윙거리는 모기 소리에 잠을 이루기 어려울 것이다. 나무를 지탱하는 거대한 나무줄기와 〈무릎〉처럼 물 밖으로 튀어나온 뿌리가 있는 낙우송*Taxodium distichum* var. *distichum*은 새들의 은신처가 되고 숲의 구조를 만든다. 최근의 연구에서는 노스캐롤라이나의 숲이 우거진 습지에 사는 낙우송cypress의 나이가 2,000년 이상이라는 것이 밝혀졌다. 변종인 비늘낙우송*T. distichum* var. *imbricarium*은 이따금씩 마른땅이 되는 더 얕은 습지에 산다.

아라우카리아과Araucariaceae

카우리나무*Agathis australis*는 뉴질랜드 원산이다. 뉴질랜드 원주민인 마오리족은 이 나무의 아주 길고 곧은 나무줄기로 카누를 만들었고, 나무에서 배출되는 고무질로 불을 피웠으며, 나무의 그을음으로 문신을 했다. 이 거대한 나무들은 뉴질랜드의 몇몇 보호림에서 보호되고 있지만 뿌리목 썩음병collar rot이라는 감염병에 희생되고 있으며, 보호 구역 바깥에는 거의 남아 있지 않다. 뉴질랜드에 남아 있는 가장 큰 카우리나무 숲에서 관광객이 가장 많이 찾는 카우리나무는 타네 마후타(숲의 신)와 테 마투아 응가헤레(숲의 아버지)이다. 오스트레일리아에서는 울레미소나무*Wollemia nobilis*가 발견되었다. 정확히는 1994년에 뉴사우스웨일스에 있는 울레미 국립 공원에서 재발견된 것이다. 살아 있는 화석으로 여겨지는 이 식물은 6500만 년 전에 살았던 종을 대표한다. 오스트레일리아 정부는 빠르게 출입을 제한하고, 인간이 옮기는 질병과 인간의 발길로부터 이 나무를 보호하기 위해 위치를 비밀에 부쳤다. 또 이 종을 보존하고 개체 수를 늘리기 위한 적극적인 노력의 일환으로, 세계 전역의 식물원에 씨앗을 보내기도 했다. 2019년 말에서 2020년 초에 오스트레일리아에 큰 산불이 났을 때, 언론에서는 비밀 숲에 있는 이 나무들을 구하기 위한 소방관들의 성공적인 노력과 협력에 대해 보도했다.

향나무

종종 시다나무라고 불리는 유럽과 북아메리카의 노간주나무는 향나무속*Juniperus*에 속한다. 이 나무의 향기로운 목재는 연필을 만드는 데 쓰이고, 튼튼하고 곤충을 쫓아내는 특성이 있어 옷가지를 보관할 때도 이용된다. 노간주나무 열매는 진gin의 향을 내는 데 쓰이고, 아주 날카롭고 산뜻한 정유를 만든다. 나는 이 정유에 감귤류 껍질 정유를 섞어서 달콤한 향기에 약간 톡 쏘는 느낌을 주는 것을 좋아한다.

측백나무

투야 오키덴탈리스*Thuja occidentalis*(서양측백)는 미국과 캐나다 동부에 자생하는 식물이다. 측백나무의 영어 이름인 〈arborvitae〉는 캐나다를 탐험하던 한 원정대가 붙인 것이다. 그들은 이 나무의 잎을 달여서 차로 마셨더니 괴혈병이 낫는 데 도움이 되었다고 생각해서, 이 나무를 〈생명의 나무〉라는 뜻의 〈arborvitae〉라고 불렀다. 일본에서 투야 스탄디시*Thuja standishii*(일본측백나무)는 신사를 짓는 수종 중 하나이고, 현재는 은은한 향기가 나는 유용한 목재를 얻기 위해서 인공 조림을 통해 재배되고 있다. 측백나무 정유에는 투존thujone이라는 독성 물질이 들어 있을 수도 있다. 투존은 압생트의 재료인 향쑥의 성분 중 하나이기도 하며, 세이지에서도 발견된다. 투존 성분을 함유한 제품을 섭취하거나 사용할 때에는 주의가 필요하다.

주목

주목(주목속*Taxus*의 종)은 가장 오래된 구과 식물 분류군 중 하나이며, 일부 개체는 정말로 오래되었다. 디핀녹이라는 작은 웨일스 마을의 세인트키녹 교회 마당에 있는 한 주목은 5,000년 된 것으로 추정된다. 주목은 탁신taxine이라는 독소를 생산한다. 탁신은 애거사 크리스티의 추리소설 『주머니 속의 호밀*A Pocket Full of Rye*』에서 살인에 쓰인 독으로 등장했다. 살인자는 쓴맛이 나는 세빌오렌지 껍질로 만든 잉글리시 마멀레이드로 독의 쓴맛을 위장했다. 크리스티는 약종상의 조수로 일하다가 훗날 두 번의 세계 대전 때 약사로 일했기 때문에, 20세기 초반의 약과 독을 잘 알고 있었다. 영국과 중세 유럽에서는 유연하고 튼튼한 주목으로 장궁을 만들었고, 이를 쓰는 궁사들은 주목의 영어 이름인 〈yeo〉를 따서 요먼yeomen*이라고 불리게 되었다.

세쿼이아

세쿼이아나무는 단 두 종으로 분류된다. 그중 캘리포니아 해안을

* 중세 이후 영국에서 젠트리와 서민 사이에 위치한 중산층, 자작농.

따라 서식하는 미국삼나무*Sequoia sempervirens*는 안개의 습기에 의존해서 높이 110미터, 밑동 지름 9미터라는 어마어마한 크기로 자랄 수도 있다. 미국삼나무는 불이 난 후에 다시 싹이 트는 데 능하다. 불에 타서 죽은 그루터기나 잘린 그루터기에서도 싹이 트며, 그로 인해 나무줄기에 독특한 나무 혹이 형성된다. 거대한 나무줄기들이 계곡에서 하늘까지 닿아 있는 미국삼나무 숲은 쥐라기 공원을 방불케 한다. 이 나무들은 너무 커서 벌목꾼이 처음 발견했을 때 다섯 사람이 한 그루를 쓰러뜨리는 데 3주가 걸릴 정도였다.

이 거대한 나무를 보기 위해 사람들이 찾아왔다. 쓰러진 나무줄기 위에 만든 무도장에서 왈츠를 추기도 했고, 서 있는 나무의 밑동에 뚫어 놓은 구멍으로 자동차를 몰고 지나가기도 했다. 캘리포니아는 일찍부터 이 나무들에 대한 권리를 얻었고, 시어도어 루스벨트 대통령은 자연학자 존 뮤어의 격려와 설득으로 이 나무들이 발견된 지역을 보호하기 위한 법안에 서명했다. 세쿼이아덴드론 기간테움*Sequoiadendron giganteum*(거삼나무)은 캘리포니아 중부에 있는 시에라네바다 산맥에서 자란다. 거삼나무도 대단히 크고 인상적이며, 완전히 성숙하기까지 100년이 넘게 걸릴 수도 있다. 2020년과 2021년에 캘리포니아 중부에서는 산불로 인해 수많은 거삼나무가 죽었다. 기후 변화로 인한 가뭄과 극심한 화재에는 수천 년의 적응도 소용이 없었다. 2021년 세쿼이아 국립 공원에서는 공원 직원들과 소방관들이 세계에서 가장 오래되고 가장 큰 나무로 추정되는 몇몇 세쿼이아나무의 밑동을 감쌌다. 그 나무들 중 하나인 제너럴셔먼은 키가 약 84미터이고 나이가 무려 2,700살이다.

나한송

옐로우드라고 불리는 나한송속*Podocarpus* 식물은 주로 남반구에서 발견되며, 태평양의 여러 섬에 정착했다. 나한송속은 구과 식물 중에서 소나무속 다음으로 종이 많은 무리이다. 건조한 토양에 단순림을 형성하는 소나무와 달리, 나한송은 습한 숲에서 발견되며 다른 종류의 나무들 사이에 흩어져 있다. 소나무의 솔방울처럼 단단한 목질의 열매 대신 장과와 같은 열매로 조류와 포유류를 유인하고, 이 동물들의 도움으로 씨를 퍼뜨린다. 잎은 길고 좁다란 형태로 자라며 바늘잎은 아니다.

이제 밖으로 나가서 주변의 구과 식물을 찾아보자. 숲길을 걸으며 삼림욕을 하고 집으로 돌아와서 좋아하는 음료에 민트 잎을 조금 으깨어 넣어 보자. 향기를 즐겨 보자!

10장

향기 노트

독일붓꽃*Iris germanica*의 꽃과 꽃눈

향료 산업이 소나무에서 방향 화합물을 얻는 기술을 완성하기 전, 향기 성분 생산의 중심지는 프랑스 남부에 있는 도시인 그라스였다. 사실 지금도 그렇다. 역사 시대의 거의 내내, 식물에서 방향 물질을 추출하고 이용하는 방법은 복잡했다. 그런 의미에서 향수는 왕족처럼 대단히 부유한 사람들의 전유물이었다. 그들은 자신만의 연금술사를 두고 꽃, 나무, 향신료, 허브, 사향을 증류하여 향기를 만들었다. 그래서 향수에서는 꽃, 나무, 향신료, 허브, 사향의 냄새가 났지만, 꽃과 사향의 비율은 그 향수를 쓰는 사람이 여왕인지 멋쟁이 남성인지에 따라서 다양했다. 향기가 나는 장갑도 있었다. 짐작할 수 있겠지만, 무두질한 가죽에서 나는 냄새를 향신료와 꽃과 나무와 사향의 진한 향기로 가린 것이다. 푸른 지중해 근처, 그라스를 둘러싸고 있는 석회암 산지에서는 라벤더가 나고, 재스민이 잘 자란다. 그래서 장갑 장인들은 가죽을 향기 제품으로 가공해서 부자와 왕족 고객을 위한 향기로운 장갑을 만들었다. 카트린 드 메디시스 같은 유명 인사들이 고객이 되면서 이 산업의 중요성이 커졌고, 1724년에는 장갑 장인 협회Society of Glovers가 창립되었다. 장갑 장인들이 썼던 조향 공식은 향기로운 가죽을 만드는 오랜 공식인 포 데스파뉴Peau d'Espagne(〈에스파냐 가죽〉이라는 뜻)와 비슷했을 것이다. 이 공식은 장미유, 네롤리, 단향나무, 라벤더, 마편초, 베르가모트, 정향, 계피, 안식향을 섞어서 만들었고, 이렇게 만든 액체에 가죽을 푹 적셨다. 그다음에는 막자와 막자사발을 이용해서 영묘향*과 사향을 트래거캔스 고무와 함께 갈고, 여기에 가죽을 적시고 남은 액체를 넣어서 반죽을 만들었다. 그렇게 만들어진 반죽을 적신 가죽 두 장 사이에 놓고 가죽이 마를 때까지 눌러서 향기가 배어들게 했다.[1]

얼마 지나지 않아 장갑 제조는 향수 제조로 바뀌었고, 사람들은 주위의 산에서 나는 방향 재료와 들판에 널려 있던 꽃으로 회사를 만들고 명가가 되었다. 프랑스 향수 제조업자들에게 재료를 공급하기 위해서 거대한 꽃밭이 조성되고 공장이 세워졌다. 그 회사들 중 일부는 오늘날에도 여전히 건재하고 있다. 그라스는 향수업계의 중심지가 되었다. 상징적인 향수를 만들고 판매하기 위해서는 그라스에서 재배된 재스민, 제비꽃, 월하향을 비롯한 좋은 재료들이 필요했다. 현재 그라스는 향수 만들기의 세 단계인 재배, 식물 가공, 향수 제조의 중심지일 뿐 아니라, 대체 불가능한 생태계를 대표한다. 2018년 11월에 그라스 지방이 유네스코 인류 무형 문화유산 목록에 추가되면서, 이곳의 기술과 지식은 유네스코의 인정을 받았다. 이에 대한 유네스코의 설명을 인용하면 이렇다. 〈이 일에는 다양한 공동체와 집단이 광범위하게 관여하고 있으며, 그들은《그라스 지역의 살아 있는 문화유산 연합》이라는 이름 아래 함께 모였다. 오랫동안 가죽 무두질이 주된 수공예 산업이던 그라스 지역에서는 늦어도 16세기부터 향수 식물을 기르고 가공하고 조화롭게 섞어서 향수를 만드는 산업이 발달하기 시작

* 사향고양이의 냄새 분비물.

했다.〉 계속해서 유네스코는 이런 영예를 얻으려면 상상력, 기억력, 창의력과 함께 전문적인 기술이 필요하다고 인정했다.[2]

조향사는 보통 톱top, 하트heart, 베이스base 성분으로 구성되는 세 가지 향조의 조화를 이용해서 향수를 만드는데, 이는 향수에 구조와 흥미로움을 주는 하나의 공식이다. 감귤류 향조는 청량하고 단순한 것이 매력이다. 금방 날아가는 경향이 있어서 그 향수를 소개하는 톱 노트로서도 완벽하다. 후추나 카르다몸 같은 향신료, 고수와 타라곤 같은 허브도 톱 노트가 될 수 있다. 관능적인 아름다움은 향수의 하트 노트에서 찾을 수 있다. 재스민, 네롤리, 장미 같은 꽃 향을 포함하는 하트 노트는 감귤류 향이 살랑이다가 사라진 뒤에 때로는 섬세하게, 때로는 강렬하게 펼쳐진다. 나무 향, 수지 향, 머스크 향은 오래 남아 있는 베이스 노트를 형성한다. 프랑스어로 배경 또는 본질이라는 뜻인 퐁fond이라고도 불리는 베이스 노트는 향수의 구성에서 없어서는 안 되는 요소이다. 이제부터 이어질 향기 이야기는 향수처럼 구성해 보려고 한다. 나는 조향사가 되어 상큼한 감귤류의 톱 노트부터 시작할 것이다.

진하고 달콤한 꽃 향이 향수의 미녀이고 머스크 향이 향수의 야수라면, 감귤류 향은 향수의 완벽한 모양새를 마무리하는 귀엽고 향기로운 리본이다. 훅 끼치는 감귤류의 톱 노트는 당신이 향수를 뿌릴 때마다 향수가 건네는 편안하고 행복한 인사 같은 것이다. 달콤한 오렌지, 만다린, 베르가모트, 그레이프프루트, 라임의 향기는 향수를 뿌릴 때마다 그 향기로운 분무의 맨 앞을 떠돌면서 당신이 좋아하는 향수를 시작하는 첫 향조로서 최선을 다한다. 다양한 감귤류의 향기는 주로 테르펜으로 구성된 냄새와 함께 감귤류 특유의 상큼한 향이 특징이지만, 각각의 감귤류 향에 독특한 차이를 만드는 것은 미량의 더 미묘한 방향 성분이다. 이를테면 포멜로(크기가 크고 그레이프프루트 같은 감귤류), 오렌지, 탄제린의 껍질에서 나오는 기름은 성분이 비슷하고, 레몬 향을 내는 레모닌과 시트랄 같은 테르펜이 전체 향기 성분의 97퍼센트를 차지한다. 나머지 2~3퍼센트는 각각의 과일의 독특한 맛과 향을 만드는 40여 가지의 소량 성분인데, 예상치 못하게 도드라지는 향기가 아름다움을 더한다는 점에서 향수와 비슷하다. 감귤류의 정유는 전통적으로 껍질을 저온 압착하여 얻었다(신선한 오렌지 껍질을 벗길 때 터져 나오는 향기로운 기름을 떠올려 보자). 즉 감귤류 정유는 증류의 열에 의한 변형이 일어나지 않는다. 예전에는 손으로 껍질을 벗기고 해면으로 기름을 모았지만, 최근에는 기계화된 강판의 도움으로 껍질에서 기름을 분리한다. 이제 감귤류 껍질 기름은 종종 주스 산업의 부산물이 되곤 한다. 주스를 짜낼 때 분리되므로 낮은 가격을 유지하면서 감귤류 산업의 부가 가치 제품으로 작용한다.[3]

플로리다 주변을 차로 돌아다니면, 짙은 녹색의 키 작은 감귤류 나무들이 줄지어 서 있는 과수원을 볼 수 있다. 계절에 따라서는 나뭇잎 사이로 점점이 오렌지가 열려 있을 때도 있다. 몇 년 전, 나는 이 나무들과 똑같이 생긴 녹색의 나무들이 야생에서 자라면서 밝은색의 오렌지 열매까지 매달고 있는 것을 보고 깜짝 놀랐다. 당시 나는 굵은 야자나무들과 수염틸란드시아가 늘어진 참나무들이 살고 있는 오키초비 호수 근처에서 하이킹을 하고 있었다. 그 나무들은 광귤나무*Citrus×aurantium* 같았다. 아마 플로리다의 어느 집 안마당에 있던 나무의 자손일 것이다. 광귤나무는 그 열매가 먹기에 적합하지 않지만, 열매가 더 달고 연약한 오렌지나무를 접붙이기 위한 바탕 나무로 쓰인다. 접붙인 달콤한 오렌지나무의 줄기와 가지는 여러 번 시들고 죽었을 테지만, 광귤나무의 뿌리는 싹을 틔우고 무성하게 자라서 열매를 맺고 그 열매의 씨앗이 플로리다뿐 아니라 미국 남동부의 다른 곳까지 퍼진 것이다. 사람들은 마당의 오렌지나무가 언젠가부터 달콤한 오렌지가 아니라 먹을 수 없는 작은 열매를 맺기 시작하면 당황하기도 한다. 십중팔구 달콤한 오렌지나무가 죽고 뿌리를 내리고 있는 광귤나무가 다시 자란 탓이다. 이 열매는 먹을 수 없기 때문에, 어떤 사람은 아름다운 꽃향기를 즐기고 껍질로 마멀레이드를 만드는 법을 배울 것이다. 광귤에서 얻는 정유는 그랑 마르니에Grand Marnier와 퀴라소Curaçao 같은 오렌지 향 리큐어를 만드는 데 쓰이므로, 열매와 잎과 꽃에서 상업적 정유를 얻기 위해 광귤나무를 기르기도 한다. 때로 쓴오렌지bitter orange나 신오렌지sour orange라고도 불리는 광귤나무의 꽃은 네롤리라고 하는 오렌지 꽃 정유의 원료이다. 네롤리라는 이름은 네롤라의 마리 안이라는 17세기 공주의 이름에서 딴 것인데, 그녀는 장갑과 목욕물에 이 정유를 향수로 사용했다고 전해진다. 꽃과 감귤류와 초록의 향을 완벽하게 포착한 이 정유의 향기는 청량함과 힘이 어우러져서 병에서부터 아름다움이 느껴진다. 그러나 어느 따뜻한 봄날 새벽에 내 이웃의 광귤나무에 흐드러지게 핀 꽃을 딸 때 느꼈던 그 유혹적인 향을 온전히 담아내지는 못한다. 네롤리가 들어가지 않은 오드콜로뉴는 진정한 오드콜로뉴가 아니다. 특히 원조 오드콜로뉴 중 하나인 4711은 독일의 도시인 쾰른에서 만들어진 200년 된 조향 공식이다. 꽃뿐 아니라 잎과 가지 끝과 작은 광귤 열매까지 함께 증류하면, 작은 열매라는 뜻의 페티그레인petitgrain 정유를 얻을 수 있다. 이 사랑스러운 정유는 더 값비싼 네롤리 정유와 충분히 비슷해서 섞어서 사용할 수도 있고, 그 자체로도 예쁜 나무 향을 낸다.[4]

이탈리아의 칼라브리아 남부 해안을 따라서 자라는 베르가모트*Citrus×bergamia*는 순전히 껍질만을 위해서 재배되며, 그 지역의 토질과 날씨가 최고의 열매를 만든다.[5] 베르가모트는 광귤에 레몬이나 비슷한 다른 식물의 꽃가루가 수분되어 만들어졌을 것으로 추정되며, 레몬 모양의 크고 주름진 열매가 열린다. 이 열매는 기본적으로 먹을 수 없지만, 향기 산업에서 매우 귀중하고 아름다운 정유를 생산한다. 베르가모트의 껍질에서 나오는 정유는 향기가 복잡하다. 먼저 주의를 사로잡는 쨍한 초록의 향기가 코에 닿지만 금세 사라지고, 조금 감귤류 향 같지만 대체로 진하고 상쾌한 꽃 향으로 바뀐다. 이 꽃 향은 오렌지 꽃의 향기와 조금 비슷하지만, 그보다는 열매 자체가 꽃처럼 피어서 만개한 것 같은 향이다. 베르가모트는 오드콜로뉴와 향수의 제조에서 역사적으로나 원료로서나 중요한 정유이다. 라벤더와도 아주 잘 어울려서, 둘을 함께 쓰면 달콤한 향, 톡 쏘는 향, 허브 향, 꽃 향을 동시에 느낄 수 있다. 그 둘을 한 병에 같이 넣고, 유향이 가미된 나무 향의 기조 위에 재스민이 조금 들어간 네롤리 같은 가벼운 꽃 향을 추가하면 아름다운 오드콜로뉴가 된다. 베르가모트에는 광독소 성질이 있는 베르갑텐이라는 성분이 있기 때문에 향수를 포함한 피부 제품에 사용할 때에는 주의를 해야 한다. 푸라노쿠마린의 일종인 베르갑텐을 피부에 바르고 햇볕을 쬐면 피부염을 일으킬 수 있다. 희석되어 있더라도 이런 화학 물질에 반복적으로 노출되면 향수 피부염이 나타날 수 있기 때문에 푸라노쿠마린은 피부의 안전을 위해서 정유에서 제거되기도 한다. 라임 껍질 정유도 피부염을 일으킬 수 있으므로, 햇빛 아래에서 마르가리타를 만드는 바텐더는 상큼한 칵테일을 만들기 위해서 레몬이나 라임을 손으로 짤 때 마르가리타 피부염이 생기지 않도록 주의해야 한다.

잠시 과거로 돌아가서, 감귤류의 진화와 그 조상을 살펴보자. 이 복잡한 조사에는 크고 달콤하며 껍질이 아주 두꺼운 그레이프프루트의 일종인 포멜로*Citrus maxima*와 우리가 흔히 감귤이라고 부르는 만다린*C. reticulata*이 연관되어 있지만, 나중에는 재배종 장미의 경우처럼 계보가 복잡하게 얽히면서 아득한 시간 속에서 길을 잃게 된다. 아마도 무성 생식에 의한 번식, 접붙이기, 돌연변이에 대한 인위적 선택, 바람직한 형질을 얻기 위한 선택적 교배가 꽤 많이 이루어졌을 것이다. 포멜로는 동남아시아에서 미국으로 들어왔다.[6] 커다란 그레이프프루트처럼 생겼는데 조금 납작한 과일을 본 적이 있다면, 포멜로일 가능성이 크다. 그리고 이 과일은 까기는 힘들지만 그만한 수고를 할 가치가 있다. 딱 한 번만 먹어 보면, 어쩌면 이 과일에 푹 빠지게 될지도 모른다. 껍질의 두께는 1센티미터가 넘고, 나는 아직도 껍질과 과육을 잘 분리하는 방법을 모르겠지만, 그냥 포멜로를 잘라서 그 안에 있는 새콤달콤한 과육을 깨물어 먹어도 좋은 것 같다. 향기를 즐기려면 껍질을 조금 보관해야 한다. 감귤류 나무의 또 다른 뿌리인 만다린은 커다란 포멜로와는 달리 열매가 작다. 품종이 개량된 변종들은 달고 껍질이 쉽게 벗겨진다. 만다린 껍질 정유는 대개 저온 압착으로 만들어진다. 정유도 열매처럼 달고 상쾌하지만 몇 달 안에 써야 한다. 그렇지 않으면 친숙한 특징이 사라지고 조금 쓰면서 자극적인 향으로 바뀐다. 어떤 정유는 N-메틸-안트라닐산이 들어 있어서 알코올로 희석하면 푸르스름한 형광을 발하기도 한다. 이 화합물은 꽃향기가 있는 포도 맛 탄산음료 향이 나지만, 어떤 사람에게는 약간 곰팡내처럼 느껴질 수도 있다.

향기로운 감귤류인 시트론*Citrus medica*은 인도 히말라야산맥 기슭이 원산지로 추정되며, 고대 그리스의 철학자 테오프라스토스가 말한 금빛 사과 또는 페르시아의 사과도 아마 시트론일 것이다. 아주 오래된 계통 중 하나이며 포멜로, 만다린과 함께 오늘날 재배되는 라임과 레몬, 그레이프프루트, 오렌지와 광귤이라는 세 종류의 감귤류 재배 품종을 만들어 낸 조상 중 하나로 여겨진다. 불교와 힌두교의 신인 쿠베라는 시트론을 들고 있는 모습으로 그려졌고, 가네샤라는 힌두교 신도 시트론과 연관이 있다. 히브리어로 에트로그etrog라고 하는 시트론은 유대교의 절기인 초막절에 쓰인다. 내가 좋아하는 열매 중 하나인 불수감(佛手柑) 역시 시트론의 일종이다. 불수감도 향기가 좋고, 여러 갈래로 갈라진 모양은 부처님의 손을 연상시킨다. 껍질이 중요한 부분이고, 과육은 기본적으로 먹을 수 없다. 불수감 한두 개를 그릇에 담아 실내에 두면 그윽한 꽃 향에 가벼운 감귤류 향이 섞인 향기가 가득 퍼진다.

오렌지 껍질을 자세히 들여다보거나 라임 잎을 햇빛에 비추면, 향기로운 기름이 가득 들어 있는 조그만 소낭들을 볼 수 있다. 어쩌면 내 작은 라임나무처럼, 새똥과 아주 비슷하게 생긴 작은 애벌레를 볼 수도 있을 것이다. 그 애벌레는 노랑띠왕제비나비*Papilio cresphontes*의 애벌레다. 앞마당의 화분에 있는 나의 작은 라임나무는 다른 감귤류와는 한참 거리가 있어 보이지만, 해마다 우아한 암컷 나비들이 찾아와서 나뭇잎 위로 팔랑팔랑 날아다니며 새로 돋아난 향기로운 잎 위에 알을 하나씩 낳는다. 다른 많은 나비처럼, 그 나비도 라임나무의 향기로운 냄새를 따라 새끼들에게 완벽한 먹이가 되어 줄 나무를 찾았을 것이다. 애벌레는 자라는 동안 얼룩덜룩한 갈색과 흰색을 띠며, 커다란 가슴이 발달한다. 가슴의 모양은 뱀의 머리를 닮았지만, 실제 뱀에 비하면 터무니없이 작은 뱀 머리다. 그러나 그것이 전부가 아니다. 조금 위험하게 생긴 이 작은 생명체를 콕 찔러 보면, 곧바로 냄새뿔osmeterium이라고 불리는 밝은색의 분비샘이 마치 뱀의 혀처럼 머리 위로 쑥 나온다. 냄새뿔에서는 다양한 테르펜으로 구성된 강한 향이 분비된다. 이 테르펜은 애벌레가 먹는 나뭇잎에서 유래하며, 애벌레의 배설물로도 배출된다. 나는 나비 몇 마리를 채집통에 가둬 놓고 키웠을 때 이러한 사실을 알게 되었다. 애벌레들이 찌꺼기를 푸짐하게 바닥에 버리면, 흙냄새가 섞인 감귤류 향이 강렬하게 피어오르면서 내가 애벌레 머스크라고밖에 묘사할 수 없는 냄새도 살짝 났다.

내가 향수 수업에서 야스미눔 그란디플로룸*Jasminum grandiflorum*의 작은 병을 열면, 10퍼센트로 희석된 향이라도 방 안에 향기가 가득 차는 데 몇 초밖에 걸리지 않는다. 그것은 진하고 싱그럽고 따뜻하며 뭔가 압도적인 나무랄 데 없는 꽃 향이다. 여기에 약간의 꿀 향과 조금 분변 냄새 같기도 한 구수한 냄새가 아주 살짝 감도는 독특한 향조가 더해진다. 모험심이 강한 학생은 종종 천연 성분에 거부감이 없어서 이 진하고 풍부한 향의 효과를 즐길 것이다. 모험을 좋아하지 않는 학생도 괜찮은 향수를 만들 수 있지만, 하트 노트의 깊이가 부족하거나 조금 밋밋하게 느껴질 때가 있다. 그런 학생에게는 보통 소량의 재스민을 첨가해 보게 한다. 그렇게 들어갔는지조차 알 수 없을 정도로 조금만 넣어도 재스민은 향수에 원만함과 풍부함을 더하여 완전히 다른 향기를 만들어 낸다. 용매로 추출하는 재스민 앱솔루트는 3대 향수 성분 중 하나이며, 프랑스에는 〈재스민이 없이는 향수도 없다〉는 말이 있다. 나도 그 말에 동의한다.[7]

구대륙의 열대 지역에는 약 200종의 재스민이 자생하고 있으며 꽃 색은 대부분 완전히 흰색이거나 분홍색이나 노란색이 조금 들어가 있다. 꽃부리는 나방 꽃가루받이를 위해서 기다란 화통을 이루고 있는 것이 많고, 새에 의한 씨앗 전파를 위해서 짙은 색의 다육질 열매가 열리는 종류도 많다. 향이 좋고 귀한 여러 식물이 그렇듯이, 재스민도 무어인 점령 시기에 아랍인들이 에스파냐로 들여와서 그들의 정원에 심었다. 영국인들도 이 식물을 들여왔고, 많은 정원에 재스민이 등장했다. 재스민은 시인, 화가, 조향사, 차를 만드는 사람 들에게 영감을 주었고, 조향사에게 재스민은 궁극의 흰 꽃이다. 야스미눔 그란디플로룸의 꽃은 증류로 정유를 만들 수는 없지만, 끊임없이 향을 내뿜기 때문에 냉침 과정을 통해서 아름다운 향을 얻을 수 있다. 아니면 용매 추출을 통해서 앱솔루트를 얻을 수도 있는데, 조향사에게는 이것이 비용 면에서 더 적당한 선택이다. 종종 재스민 그란디 또는 스페인재스민이라고 불리는 야스미눔 그란디플로룸은 그라스에서 향수 제조를 위해 재배되는 종이다. 때로는 야스미눔 오피시날레*Jasminum officinale*라고 불리기도 하는데, 이것은 약재스민이라고 하는 다른 종이다. 향수 산업에서 재스민은 장 파투의 조이Joy와 샤넬의 샤넬 No. 5를 포함한 초기 향수의 주요 성분 중 하나였다. 특히 샤넬 No. 5의 초기 조향 공식에는 재스민 앱솔루트의 비율이 4퍼센트인 것으로 보고되었다. 나는 풍부하고 편안한 향기 때문에 재스민 그란디를 자주 찾지만, 독특하고 풋풋한 꽃 향에 살짝 고무 향이 도는 J. 삼바크*J. sambac*도 좋아한다. 남자 학생을 가르칠 때에는 종종 재스민 삼바크 앱솔루트의 냄새를 맡아 보게 한다. 이 향은 어떤 이유에서인지 종종 남성적인 꽃향기로 여겨지고, 실제로도 남자들이 매력을 느낀다. 더 독특한 추출물로는 인돌이 포함된 흰 꽃 냄새가 나는 J. 아우리쿨라툼*J. auriculatum*과 살짝 향신료 향이 나면서 상쾌한 J. 플렉실레*J. flexile*의 앱솔루트가 있다. 야스미눔 아우리쿨라툼은 인도에서 자라며, 그란디나 삼바크에 비해 얻을 수 있는 앱솔루트의 양은 더 적지만 조향사의 향기 팔레트에 추가할 가치가 있다. 재스민에는 공통적인 성분도 많지만, 각각의 종마다 특유의 조합이 있다. 이를테면 J. 아우리쿨라툼은 인돌 함량이 높아서 구린내 같은 진한 꽃 냄새가 나고, J. 플렉실레는 살리실산 메틸이 청량함과 민트 향을 더한다. 야스미눔 그란디플로룸은 달콤한 꽃향기가 풍부하고, J. 삼바크에서는 초록과 과일의 향조가 더

많이 느껴진다.[8]

재스민 삼바크는 인도에서 신부의 머리 장식에 쓰이는 흰 꽃이며, 재스민차에 들어가는 꽃이다. 토스카나 대공이라고 불리는 겹꽃 삼바크는 내가 본 꽃 중에서 가장 아름다운 꽃 중 하나이다. 작고 몽실몽실한 장미 같은 이 꽃은 수백 장의 꽃잎이 완벽하게 배열되어 있고, 흰 꽃의 향기에 약간의 과일 향과 녹색 줄기의 향, 미세한 나무 향, 상쾌하고 순한 재스민 향이 가미되어 있다. 삼바크는 필리핀의 국화이며, 필리핀에서는 삼파기타sampaguita라고 알려진 이 꽃으로 화환과 화관을 만든다. 하와이에서는 재스민 삼바크를 피카케pikake라고 부르며, 홑꽃 변종으로는 레이*를 만든다. 재스민으로 레이를 만들려면 아침에 꽃봉오리의 색이 녹색에서 흰색으로 바뀔 때 바로 따서 즉시 줄에 꿰어야 한다. 약 90센티미터 길이의 레이 하나를 만들려면 최소 80송이 이상의 꽃이 필요하며, 꽃이 많을수록 레이가 더 화려해진다. 자바인들은 결혼식 같은 전통 의식에 꽃을 썼다. 재스민, 장미, 카낭가(일랑일랑ylang-ylang의 친척)라는 세 종류의 꽃을 모았고, 이렇게 만든 꽃다발을 텔론telon이라고 불렀다. 이 세 종류의 꽃은 세 가지 색과 세 가지 향으로 구성된다. 재스민 삼바크의 흰색은 고결함을, 장미의 붉은색은 강인함을, 카낭가의 노란색은 소박함을 상징한다. 재스민 삼바크의 향기는 깨끗하고 부드러운 마음을, 장미 향기는 담대하고 정직한 태도를, 카낭가의 향기는 겸손함을 의미한다. 카낭가는 일랑일랑으로 대신할 수도 있다. 길고 가느다란 꽃잎이 달려 있는 일랑일랑의 노란 꽃은 부드럽고 우아하면서 살짝 향신료의 느낌

* lei. 꽃, 나뭇잎, 조개껍데기, 열매, 깃털 따위로 만드는 목걸이 모양의 전통 장식.

이 나는 진정한 열대의 향기를 발산한다. 문어처럼 생긴 꽃이 오밀조밀 달려 있는 줄기가 길게 뻗어 있는 일랑일랑나무는 열대 지방의 습한 여름 아침을 즐겁게 해줄 것이다.[9]

앞서 말했듯이, 재스민 꽃은 정오가 되기 훨씬 전 이른 아침에 따야 한다. 게다가 손상된 꽃을 가려낼 수 있는 숙련된 노동자가 따야만 하는데, 꽃이 손상되면 인돌이 방출되기 때문이다. 인돌은 향기에 영향을 주어서 호감이 가기보다는 좀 더 역한 냄새로 만들고, 하얀 꽃잎에는 분홍색이 도는 갈색 반점이 생길 수도 있다. 최상품 재스민을 생산하는 곳으로는 그라스가 꼽히지만, 오늘날 대부분의 재스민은 인도와 이집트에서 생산된다. 이 지역에서는 추출물 생산을 위한 재스민을 계약 재배하고 있으며, 재스민 재배는 많은 가정의 생계 수단이 되고 있다. 장미와 마찬가지로 재스민 앱솔루트의 생산 비용은 인건비가 주를 이룬다. 약 800만 송이의 꽃에서 얻을 수 있는 콘크리트의 양은 2.5킬로그램도 되지 않고, 여기서 추출되는 앱솔루트는 900그램이 조금 넘는다. 천연 성분의 재스민은 엄청나게 비싸기 때문에, 종종 자스몬산메틸(앞서 담배 꽃에서 다뤘던 자스몬산 중 하나), 아세트산벤질, 우유와 과일 향을 지닌 락톤, 인돌 같은 재스민의 성분 일부를 합성한 원료로 재스민의 효과를 얻기도 한다. 그러나 진정한 재스민 효과를 얻으려면 진짜 재스민이 소량이라도 반드시 필요하다.[10]

최근에 나는 기분 전환을 위해서 지역의 공예 교실에서 점토 공예 수업을 들었고, 강사가 평평하게 밀어서 예쁜 레이스 무늬를 찍어 놓은 점토 조각으로 작품을 만들기로 했다. 나는 사랑스러운 꽃무늬가 찍혀 있는 그 점토로 컵을 만들면서 즐거운 시간을 보냈다. 컵이 아니라 화분이었나? 어쩌면 연필꽂이였을지도 모른다. 불에 굽고 나니 조금 기울어지기는 했지만, 레이스 무늬는 그대로 남아 있었다. 나는 빈카의 꽃 색과 같은 보라색 유약을 찾아서 초벌칠을 하고, 두 번째 칠을 했다. 유약의 색이 균일하게 입혀지면서 레이스의 꽃무늬가 사라진 것처럼 보였다. 나는 차분한 담갈색으로 덧칠을 했고, 그게 조금 도움이 되었다. 이 수업은 DIY 작업이었기 때문에 강사가 없었다. 어쩌면 강사는 내가 꽃의 외곽선을 그리거나 꽃을 강조할 수 있도록 가는 붓과 짙은 갈색이나 녹색 유약을 사용하라고 조언했을지도 모른다. 내 투박한 첫 점토 작품을 위해서는 조금 거창할 수도 있겠지만, 만약 내가 고전 회화 기법을 배웠다면 어둡고 차분한 배경색으로 빈카 꽃을 살렸을 것이다. 전통적인 미술 교육을 받은 화가들은 겹겹이 색을 쌓아 가며 그림을 그리고, 처음에는 어둡고 따뜻한 색이나 차분한 회색으로 시작한다. 이 색들은 마지막 층의 풍부한 색과 대조를 이루며 그림에 깊이를 준다. 바탕칠인 제소의 흰색을 누그러뜨리면서 신중하게 얹힌 이런 어두운색들은 그림자로 비쳐 보이거나 안료의 맨 위층 아래에서 더 어두운 중간 색조를 만들 것이다. 음식에 소금을 넣으면 단맛이 더 살아나듯이, 이런 어두운색은 밝고 연한색과 함께 작용하여 완성된 그림에 강렬함을 준다. 플랑드르 화가 다니엘 세거스는 16세기에 꽃 그림으로 유명했다. 내가 보기에 그의 작품은 아름답게 피어 있는 재스민, 작약, 튤립, 붓꽃이 어두운 배경색과 대비되어 더 생생하게 보였고, 세밀하게 묘사된 꽃잎의 명암도 이런 생생함에 한몫을 했다. 이것이 내가 인돌을 생각하는 방식이다. 어둠은 빛을 돋보이게 하고, 인돌은 재스민의 꽃향기에 풍부함과 깊이와 흥미로움을 더한다.

재스민 꽃의 향기에는 다양한 성분이 복잡하게 작용하지만, 그중에서도 꽃 향과 싱그러움과 고급스러움과 크림 향은 자스몬산, 살리실산 메틸, 락톤이라는 세 가지 물질의 상호 작용에서 나온다. 여기에 인돌을 소량 첨가하면 더 흥미로운 향기가 만들어진다. 재스민은 자스몬산이라는 휘발성 물질을 꽃에서 생산하는데, 자스몬산은 꽃꿀을 먹는 나방을 불러들여 꽃가루받이를 하게 만드는 흰 꽃 향기의 일부가 된다. 만약 당신이 식물의 방어나 식물과 곤충의 상호 작용에 대해 공부하는 식물학자라면 자스몬산 메틸이나 자스몬산에 대해 들어 본 적이 있을 것이다. 만약 당신이 조향사라면, 자스몬산메틸 유도체인 헤디온Hedione에 대해 분명 들어 본 적이 있을 것이다. 이 분자를 처음 분리하여 기술한 사람들은 향기 화학자였고, 이후 식물학자들이 이 분자의 존재 이유를 찾아냈다. 자스몬산메틸은 에두아르 드몰이라는 향기 연구자가 1957년에 발견했는데, 그는 재스민 성분 중에서 빠져 있는 〈뭔가〉를 찾아 달라는 의뢰를 받았다. 당시에는 재스민 성분 중에서 알려져 있는 것이 많지 않았다. 재스민 앱솔루트는 생산량이 적고 매우 비쌌지만, 조향사들은 약 80퍼센트의 향수에 조금이라도 재스민을 넣었다. 자스몬산메틸은 이집트의 야스미눔 그란디플로룸에서 분리되었고, 대단히 〈재스민다운〉 향기를 갖고 있는 것으로 밝혀졌다. 특히 특정 꽃의 특징과 진한 재스민 추출물의 느낌을 단일 분자로 모두 나타낼 수 있었다. 자스몬산메틸은 버터처럼 부드럽고 진한 꽃향기를 지니고 있었고, 조향사들은 이 물질이 절묘하게 아름다운 재스민 꽃을 기분 좋게 연상시킨다는 것을 발견했다. 이후 자스몬산메틸의 수소화(수소와의 반응)를 통해서 조금 다른 형태의 자스몬산인 디하이드로자스몬산메틸을 얻게 되었다. 이 물질은 첫 향이 매우 가볍고 조금 미묘하지만, 기쁨을 뜻하는 그리스어 〈hedone〉에서 딴 헤디온이라는 이름이 붙여졌고 값이 더 비싼 자스몬산메틸의 대용품으로 조향사들에게 홍보되었다. 개발자들은 헤디온의 시료를 유명 향수 회사들로 보냈고, 조향사들의 평가를 기대했다. 몇 년이 걸리긴 했지만, 조향사 에드몽 루드니츠카는 재스민 꽃향기를 내기 위한 2퍼센트의 헤디온을 중심으로 감귤류 향과 나무 향과 허브 향을 섞어서 디올을 위한 새로운 남성 향수인 오 소바주Eau Sauvage를 만들었다. 이것이 헤디온이라는 물질에 돌파구가 되었고, 오늘날 헤디온은 우아한 상승효과를 낸다는 평가를 받고 있다. 헤디온은 소량만 첨가해도 다양한 유형의 향수에 미묘한 힘과 부드러운 레몬 향과 상쾌함과 확산성과 화사함을 더한다. 이제 향료 회사들은 맛과 향에서 다양한 효과를 내기 위한 다양한 형태의 자스몬산메틸을 제조 판매하고 있다.[11]

그로부터 거의 20년 후, 식물학자들은 자스몬산이 식물 속에서 일으키는 작용을 연구하기 시작했다. 자스몬산은 식물이 초식 동물에게 먹히는 것을 방지하는 기능이 있을 뿐 아니라, 의사소통 물질로도 작용한다는 것이 밝혀졌다. 담배에서 보았듯이, 자스몬산은 초식 동물이 낸 상처에 반응하여 생산되고 방출되며, 두 가지 작용을 한다. 첫 번째는 담배의 신경독인 니코틴 같은 보호 물질을 만들도록 식물을 자극함으로써 직접적인 반응을 이끌어 내는 것이고, 두 번째는 초식 동물의 포식자나 기생 생물과 의사소통을 하는 것이다. 게다가 그 향기를 엿들은 주변 식물들이 직접적인 피해를 입지 않았어도 위험을 알아차리고 반응할 수 있게 하는 세 번째 작용도 있다. 어떤 식물은 자스몬산을 공기 중으로 내보내기보다는 식물 내에서 여분의 꽃꿀을 분비하도록 식물을 자극한다. 꽃이 아닌 다른 곳에 있는 이런 꿀샘은 개미와 같은 포식성 절지동물을 끌어들여서 초식 동물로부터 연약한 꽃잎을 보호한다. 정리하자면 자스몬산은 식물의 체내에서뿐 아니라 식물 간에도 통신을 할 수 있게 해주고, 식물은 모종의 방법으로 방어 물질 생산을 위한 신호와 꽃꿀 분비를 위한 신호를 구별할 수 있다. 또한 자스몬산은 식물 조직을 괴사시킬 수 있는 치명적인 병원체로부터 식물을 보호하는 데에도 도움이 된다.[12]

흰 꽃의 성분 중에서 식물이 자기 보호를 위해 만들고 방출할 수 있는 또 다른 물질로는 살리실산 메틸과 그 유도체들이 있다. 자스몬산은 초식 동물이나 곤충이 식물을 씹거나 빨아먹을 때 식물의 조직 속으로 침입하는 괴사성 병원체로부터 식물을 보호하는 반면, 살리실산은 조직 괴사보다는 질병을 유발하는 다른 종류의 병원체로부터 식물을 보호한다. 과학자들은 식물 속 자스몬산과 살리실산 사이에서 주고받기crosstalk라고 부르는 관계를 발견했다. 두 물질 모두 — 해로운 자극에 의해 활성화되는 — 방어를 유발하고, 다른 물질의 생산을 억제하는 일종의 상호 길항 작용이 일어나고 있었다. 만약 식물이 살리실산 메틸보다 자스몬산의 생산에 집중한다면, 씹는 곤충을 막을 수는 있지만 다른 질병을 일으키는 병원체에는 취약해질 수도 있다는 뜻이다. 반대로 살리실산 메틸을 주로 생산하면, 씹는 곤충과 괴사성 병원체에 취약해질 것이다.[13] 살리실산 메틸은 사탕이나 루트비어 같은 달콤하고 청량한 향기를 지니며, 종종 사탕을 연상시키기 때문에 박하 같다고 묘사되기도 한다. 버드나무에서는 나무껍질에서 살리실산의 형태로 발견되고, 윈터그린이라는 식물에서도 발견된다. 한편 월하향, 스테파노티스속*Stephanotis*, 플루메리아속*Plumeria*(프란지파니)의 꽃에서는 나방을 유인하기 위해 특별히 설계된 신선한 흰 꽃 향기의 성분 중 하나이다. 곤약*Amorphophallus konjac* 꽃에서는 살리실산 메틸이 열 생산을 유발하며, 그 결과 꽃이 빠르게 따뜻해지면서 꽃가루 매개 동물인 파리를 끌어들이는 고약한 냄새가 방출된다. 살리실산 메틸은 바닐린, 유제놀, 그 외 다른 물질들과 함께 꽃향기를 내는 화합물 무리중 하나인 벤제노이드에 속한다. 인간에게는 통증을 완화해 주는 살리실산 메틸은 옛날에는 식물에서 직접 얻었고, 더 최근에는 비슷한 종류의 물질인 아세틸살리실산이 아스피린으로 쓰이고 있다. 다양한 형태의 살리실산염이 혈액 응고 방지제로 쓰이고 있으며, 아스피린이나 가울테리아 기름(동록유)이 함유된 근육통 연고를 과용하거나 이 둘을 함께 쓰면 약물 과용으로 사망에 이를 수도 있다.

다음으로 다룰 흰 꽃은 원산지인 멕시코에서는 오믹소치틀omixochitl, 즉 뼈꽃이라고 불리는 폴리안테스 투베로사*Polianthes tuberosa*이다. 프랑스에서는 투베로즈tubéreuse라고 불리는 이 꽃은 그라스에서 가장 유명한 꽃 중 하나인 월하향이다. 때로 분홍색이나 붉은색을 띠는 월하향은 용설란과에 속하며, 에스파냐인들이 신세계에 당도하기 전부터 멕시코에서 재배되어 왔다. 월하향은 주로 숲에서 자라는 열다섯 종의 근연종 중 하나이며, 박각시에 의해 꽃가루받이를 한다. 월하향의 근사한 점 중 하나는 낮과 밤 사이에 향기가 변하는 방식이다. 심지어 잘라 낸 꽃에서도 향기 변화가 일어난다. 낮 동안의 향기는 신선하고 푸릇하며, 살짝 진하면서도 달콤한 향이 널리 퍼진다. 반면 밤에는 더 나른하고 자극적이며 관능적인 향기가 되면서, 나방에게 대단히 매력적인 흰 꽃 향기를 드러낸다. 꽃은 일반적으로 이른 아침에 딴다. 이때는 청량한 향기가 지배적이고, 용매로 추출하면 화려한 향의 콘크리트와 사랑스러운 앱솔루트를 얻을 수 있다. 그러나 그라스 초기에는 월하향에 냉침법을 쓰기도 했다.[14]

붓꽃과 제비꽃도 그라스의 역사에서 중요한 식물이었다. 둘 다 정원을 아름답게 장식하고 향수의 중심을 잡는 아름다운 향을 내지만, 종종 향기가 없는 꽃이 있다. 나는 제비꽃(제비꽃속*Viola*의 종들)을 보고 깜짝 놀란 적이 있다. 예전에 살던 뉴욕주 북부에 있던 집에서는 봄이면 제비꽃이 축축한 잔디밭 구석에 살짝살짝 나타났고, 한동안 플로리다 집에서는 안마당에 흩어져 있던 작은 보라색 꽃들이 여러 화분에 씨를 퍼뜨려서 이따금씩 꽃이 피어나곤 했다. 제비꽃처럼 수줍어한다는 표현은 맞지 않다. 제비꽃은 뻔뻔하게 꽃가루 매개 동물을 찾는다. 꽃의 무늬가 잘 보이고 암술과 수술이 꽃가루 매개 동물과 접촉하기 가장 좋은 방향을 잡기 위해 꽃의 위치를 바꾼다. 입술 모양 꽃잎(순판)에 있는 흰색과 노란색의 예쁜 무늬는 꽃가루 매개 동물이 꽃의 중심부로 들어갈 수 있도록 길잡이 역할을 함으로써 수정을 보장한다. 먼저 심장 모양의 잎이 돋아나고 꽃이 나온다. 때로는 때늦게 내린 눈을 뚫고 잎이 올라오기도 하는데, 꽃이 봄에 일찍 나타날수록 꽃가루 매개 동물의 도움을 받는 데 유리할 것이다. 그다음에 꽃은 알록달록한 꽃꿀 유도선을 이용해서 꽃의 내부로 통하는 작은 입구가 잘 보이게 한다. 그 입구는 털로 장식되어 있어서 벌이나 파리가 꽃의 내부로 들어가려면 몸을 씰룩씰룩 움직여야만 하는데, 그 과정에서 유성 생식을 위한 배우체의 교환이 이루어진다. 그러나 더 흔하게 일어나는 방식은 무성 생식일 것이다. 식물체의 아래쪽에서 자라는 꽃은 무성 생식 방법으로 수정되지 않은 씨앗을 만들고, 이 씨앗은 열매가 터질 때 튕겨 나가서 근처에서 싹이 튼다. 또는 씨앗에 붙어 있는 지방 덩어리인 엘라이오솜에 이끌린 개미들에 의해 운반되어, 양분이 풍부하고 토양이 푸슬푸슬한 개미들의 쓰레기 더미로 가게 될 수도 있다. 번식 성공률은 무성 생식으로 만들어진 꽃이 더 높지만, 제비꽃은 연한 향기가 나면서 보라색과 흰색을 띠는 사랑스러운 꽃을 계속 피운다. 제비꽃은 전 세계의 온대 지역에서 500여 종이 발견되고 있지만, 쉽게 잡종을 만들기 때문에 이는 추정치에 불과하다. 가장 심각한 멸종 위기에 처한 종들 중에는 금속 식물metallophyte이라고 불리는 종류가 있다. 〈금속을 좋아하는 식물〉이라는 의미를 지닌 이 식물은 유럽에서는 납이나 아연 같은 독성 중금속이 많은 오래된 광산 주변의 토양에서 자란다. 독일과 유럽 북부 지역에는 비올라 루테아*Viola lutea*에 속하는 두 유형의 제비꽃이 옛 금속 제련소에서 나온 물질로 오염된 토양에서 자라는데, 아연제비꽃이라고도 불리는 이 제비꽃의 서식지는 인간에게는 위험한 곳이다.[15]

향기제비꽃이라고 불리는 비올라 오도라타*Viola odorata*는 주로 그라스를 포함한 프랑스 남부와 이탈리아에서 재배된다. 조제

핀 황후는 이 제비꽃을 좋아해서 자신의 웨딩드레스에 수를 놓기도 했다. 향기제비꽃의 꽃은 샐러드에 넣거나 달콤한 시럽을 만들거나 장식으로 쓰이고, 잎은 수프를 걸쭉하게 만든다. 꽃은 구할 수 있어도 제비꽃 정유는 만들기 어려웠고 지나치게 비쌌다. 지금도 향수 제조용으로는 생산되지 않지만, 제비꽃의 잎으로 만든 앱솔루트는 있다. 이 잎 앱솔루트는 평가를 하기가 어렵다. 아주 풍성하고 짙은 녹음 속에 있는 것 같고, 어쩌면 비옥한 토양 바로 위에 얼굴을 가까이 대고 있는데 수많은 제비꽃 잎이 몇 송이의 제비꽃과 함께 코앞에서 으깨지는 것 같을 수도 있다. 그러나 아주 묽게 희석하면 초록의 향은 조금 덜 부담스러워지고 섬세한 꽃 향의 아름다움이 언뜻 드러나면서 꽃과 잎의 향기를 둘 다 느낄 수 있다. 제비꽃 향기는 비싸고 인기가 좋았기 때문에, 대체 분자를 합성하기 위해서 제비꽃 정유의 성분을 알아내려는 열망이 높아졌다. 1893년, 페르디난트 티만과 파울 크뤼거라는 과학자가 이 연구를 시작하면서 제비꽃이 아닌 말린 붓꽃 뿌리를 선택했다. 말린 붓꽃 뿌리는 제비꽃과 전체적인 향기가 비슷하면서 정유의 비율이 높아서 훨씬 경제적이었기 때문이다. 안타깝게도 그들이 분리한 분자에서는 제비꽃 향기가 나지 않았다. 낙담한 그들은 실험실을 청소하고 실험 기구를 닦았다. 평소 하던 대로 황산으로 유리 기구를 닦았는데, 깨끗이 닦은 유리 기구에서 제비꽃 향기가 났다. 그렇게 우연히, 그들은 붓꽃의 화학 물질들이 황산과 반응하여 제비꽃 향기를 만든다는 것을 알게 되었다. 이는 실로 대단한 발견이었고, 그들은 이 물질에 이오논이라는 이름을 붙였다. 이제 우리는 이오논에 알파와 베타 형태가 있으며, 두 가지 형태가 함께 작용하여 잘 퍼지면서 달콤하고 조금 나무 향이 있는 제비꽃 향기를 낸다는 것을 알고 있다. 알파-이오논과 베타-이오논은 1894년에 로저앤갈레에서 출시한 최초의 현대적인 제비꽃 향수인 베라 비올레타Vera Violetta에 쓰였고, 오랜 시간이 흐른 지금까지도 여전히 인기 있는 향수 성분이다.[16]

이오논은 내가 가장 좋아하는 식물 중 하나인 목서*Osmanthus fragrans*에도 들어 있다. 생김새는 평범하지만 화려한 향기를 지닌 이 식물을 찾기 위해서 나는 식물학자 친구의 도움을 받았다. 캘리포니아 남부에서는 해마다 겨울이면 이 달콤한 향기가 났지만, 꽃은 전혀 찾을 수 없었다. 그러다가 그 식물학자 친구가 소박해 보이는 관목 하나를 내게 보여 주었는데, 그 관목의 자잘한 흰 꽃들이 엄청난 향기를 내뿜고 있었다. 미국 남부의 겨울은 선선하고 건조하다. 그리고 이런 계절의 청량함은 이 작은 꽃송이가 지닌 살구 향, 싱그러운 꽃 향, 가죽 향, 차향의 장점을 잘 드러내는 것 같다. 목서의 꽃은 〈tea olive〉라는 영어 이름에서 알 수 있듯이 차향을 내기 위해 쓰였고, 용매 추출 앱솔루트는 가죽 향이 나는 흰 꽃의 느낌을 멋지게 낼 수 있다. 원산지인 중국에서 목서는 가장 유명한 열 가지 꽃 중 하나이다. 꽃색은 미색에서 녹색이 도는 흰색, 짙은 주황색까지 다양하며, 목서의 사랑스러운 향기를 내는 알파-이오논과 베타-이오논은 색소인 카로티노이드가 변형되어 만들어진다.[17]

붓꽃은 분류학적으로는 제비꽃과 연관이 없지만, 티만과 크뤼거가 감지한 것처럼 두 식물의 향기 화합물은 서로 연관이 있다. 붓꽃도 향기가 있지만 상업적으로 이용되는 붓꽃의 향기는 꽃이 아니라 뿌리에서 얻는다. 붓꽃의 뿌리는 정확히 말하면 뿌리줄기다. 섬유질로 된 이 두꺼운 뿌리줄기는 식물을 고정하고, 뻗어 나가서 새로운 순을 만든다. 붓꽃의 뿌리줄기를 수확하여 숙성시키면 오리스orris라는 가루를 얻을 수 있는데, 이 가루는 수천 년 동안 피부 관리 제품, 훈향, 리넨류의 향기를 내는 용도로 쓰여 왔다. 오늘날에는 오리스를 증류하여 오리스 버터를 만드는데, 오리스 버터는 아름답고 몽환적이며 분가루 같은 제비꽃 향기가 난다. 이탈리아 피렌체 지역에서는 팔리다붓꽃*Iris pallida*의 뿌리로 오리스를 만들고, 모로코에서는 독일붓꽃*I. germanica*으로 오리스를 만든다. 오리스를 만들려면 붓꽃의 뿌리를 5년 이상 건조시킨 다음 분쇄하고 묽은 황산으로 처리해야 한다. 이때 증기 증류를 통해 얻을 수 있는 걸쭉한 산물에는 다양한 유형의 이론irone(이오논과 화학적으로 연관이 있다)이 들어 있는데, 그 이론들이 모두 향에 기여한다. 오리스 정유는 오늘날 구할 수 있는 가장 비싼 향수 성분 중 하나이지만, 아주 소량만으로도 분가루와 꽃 향의 효과를 얻을 수 있다.

붓꽃의 영어 이름인 아이리스는 무지개의 여신인 이리스에서 딴 것이다. 붓꽃은 꽃 색이 다양하고, 때로는 꽃잎 가장자리에 턱수염 같은 주름이 있고, 가끔씩 향기가 있다. 붓꽃의 구조는 꽃가루 매개 동물을 꽃가루로 안내하도록 설계되어 있으며, 이를 위해서 붓꽃은 꽃가루 매개 동물을 위한 착륙장과 활주로인 꽃꿀 유도선을 만든다. 꽃꿀 유도선은 다른 색으로 되어 있거나, 독일붓꽃의 경우에는 훨씬 더 작은 제비꽃처럼 질감을 더하기도 한다. 꽃의 무늬와 형태에 대한 식물의 투자는 꽃가루 매개 동물의 종류에 따라 다를 것이다. 루이지애나의 야생종인 풀바붓꽃*Iris fulva*은 꽃가루 매개 동물인 벌새의 편의를 위해서 꽃잎이 젖힌 붉은색 꽃을 만든다. 벌새가 날갯짓을 하면서 꽃꿀을 빨아먹을 수 있는 공간을 만들려면 꽃이 뒤로 젖혀야 하기 때문이다. 만약 꽃밥이 꽃 위로 튀어나와 있다면, 벌새가 꽃꿀을 먹는 동안 꽃가루를 가져갈 가능성이 더 커질 것이다. 벌새는 후각이 좋지 않으므로, 이 붉은색 붓꽃은 향기 성분에는 투자할 필요가 없다. 반면 벌은 꽃꿀 유도선의 강렬한 무늬와 향기에 모두 반응한다. 그래서 브레비카울리스붓꽃*I. brevicaulis*은 노란색의 꽃꿀 유도선이 있는 파란색과 흰색의 꽃과 강한 꽃향기로 벌을 끌어들인다. 헥사고나붓꽃*I. hexagona*은 커다란 보라색 꽃과 노란색의 꽃꿀 유도선으로 큰 꽃에 딱 맞는 꽃가루 매개 동물인 뒤영벌을 유인한다. 이 꽃들은 꽃가루 매개 동물의 접근 과정을 단계별로 보여 준다. 멀리서 꽃의 색과 무늬를 알아보고 꽃가루 매개 동물이 다가오면, 꽃꿀 유도선과 향기가 그 벌과 뒤영벌을 꽃의 내부로 더 끌어들일 것이다.[18]

이제 우리는 많은 향수의 기저에 있는 야수를 만날 차례다. 이 다양하고 복잡한 향기 성분의 집합체를 단 네 자의 알파벳으로 묘사하면 musk(머스크)가 된다. 머스크는 동물적이고 관능적이며, 흙과 가죽과 향신료와 분변과 꽃의 느낌이 있다. 변화무쌍한 머스크 향에 대한 묘사는 〈역겹다〉에서 〈숭고하다〉에 이르기까지 다양하다. 살냄새와 섞여 오래도록 남아 있는 머스크 향은 표현하기 어려운 복잡한 깊이를 향수에 더하며, 중심을 이루는 꽃 향을 한층 더 돋보이게 한다. 일반적으로 동물에서 기원하며, 긴 사슬로 이루어진 분자인 머스크 성분은 서서히 증발하면서 동물의 의사소통에 쓰인다. 즉 영역이나 짝짓기와 관련해서 〈나 여기에 있어. 여기는 내 자리야!〉 또는 〈나 여기에 있어. 나랑 사귀자!〉와 같은 말을 퍼뜨리고 있는 것이다. 때로는 이 두 가지 목적이 겹치기도 한다. 전통적으로 머스크 성분은 비버, 사향노루, 사향고양이 같은 포유류에서 얻으며, 머스크를 얻는 과정에서 그 동물들에 대한 포획, 죽임, 학대가 일어난다. 머스크 향의 원료 역시 귀하고 비싸며, 경우에 따라서는 엄격한 규제를 받기도 한다. 게다가 합성품으로 대체할 수 있기 때문에 오늘날 대부분의 조향사는 천연 머스크를 쓰지 않는다. 그런데 천연 머스크에 대해 알아야 할 것이 있다. 모든 야생 동물이 그렇듯이, 천연 머스크에는 다가가는 방법이 있다. 만약 사람들이 머스크 속에 야생성이 있다는 것을 안다면, 많은 사람에게 이 세계는 좀 더 흥미로운 장소가 될 것이다. 어쩌면 향기의 정글 속 깊은 곳에 도사리고 있는 약간의 위험을 느낄 수도 있고, 풀숲이 우거진 사바나를 거닐게 될 수도 있다. 동물의 머스크는 역사적으로 볼 때 향수에서 조금 위험한 성분이지만, 희석하면 최고의 효과를 발휘한다. 만약 순수한 머스크가 들어 있는 병에 코를 가져가면, 압도적이고 위협적인 그 냄새에 코와 뇌가 어쩔 줄 모를 것이다. 그러나 희석을 하면, 그것도 아주 많이 희석하면, 그 위험은 안심이 될 정도로 멀리 물러난다. 그렇게 만들어진 향은 다양한 면과 층으로 이루어져 있어서 사람마다 다른 느낌을 받는다. 머스크의 분자들은 크고 복잡하며 잘 증발하지 않는다. 그래서 머스크는 더 쉽게 날아가는 향조를 오래오래 피부에 붙잡아 두거나 향수를 고정시키는 완벽한 베이스 노트이다. 무엇보다도 머스크는 향수의 중심을 잡는 꽃 향에도 놀라운 일을 한다. 마치 미녀와 함께 있는 야수처럼, 장미든 재스민이든 네롤리든 상관없이 그 꽃을 돋보이게 해준다.

수컷 사향노루(사향노루속*Moschus*의 종)가 사향, 즉 머스크를 생산한다는 것은 그 사향노루가 주위 환경에 쌓아 둔 머스크 향이 오래 지속되면서 알림 역할을 한다는 것을 의미한다. 그 향기는 주변의 암컷에게는 자신의 위치와 효용성을 알리고, 다른 수컷에게는 접근하지 말라고 경고하는 것이다. 사향노루는 아시아 전역의 산속 계곡에 있는 울창한 식생에 서식하며, 작은 사슴같이 생겼다. 뿔은 없지만 암수 모두 큰 엄니가 있다. 사향노루는 단독 생활을 하며, 주로 해가 질 무렵에 활동을 한다. 시각보다는 후각을 이용해서 공용 공간을 가늠하는데, 대소변을 쌓아 두는 공동 화장실은 낮에 잠을 자는 곳 근처나 영역들의 경계에 있다. 발정기의 수컷은 냄새 흔적이 완전히 다른데, 배에 있는 작고 특별한 주머니에 머스크 향을 내는 알갱이들이 들어 있다. 사향 교역은 한때 좋은 사향이 나는 곳으로 유명했던 티베트에서 시작되어 실크로드를 따라 이루어졌다. 사향노루는 발견되는 모든 곳에서 멸종 위기에 처해 있으며, CITES, 즉 야생 동식물 국제 거래에 관한 협약Convention on International Trade in Endangered Species of Wild Fauna and Flora에 의해 규정된 국제법에 따라서 거의 모든 거래가 금지되어 있다. 사향노루의 모든 종이 멸종 위기에 처한 이유는 향료나 전통 약재로 쓰이는 사향을 채취하기 위한 수렵 때문만은 아니다. 인간이 가축을 기르거나 농사를 짓기 위해서 사향노루의 영역을 침범하고 나무를 베어 내어 서식지가 사라진 탓도 있다. 다 자란 수컷만 사향주머니(향선낭)를 갖고 있지만, 사향 채취를 위해서 덫을 놓거나 사냥을 하는 사람들은 사향노루를 닥치는 대로 죽일 것이다. 사향주머니 하나를 얻기 위해서는 최소 두 마리 이상의 사향노루가 죽임을 당한다. 사향노루를 사육하여 사향주머니를 얻으려는 시도도 있었다. 그러면 사향노루를 죽이지 않고도 사향을 채취할 수 있지만, 단독 생활을 하는 이 동물의 습성 때문에 대체로 성공을 거두지 못했다. 일부 나라에서는 서식지 보존에 힘쓰고 지역민을 교육하는 등 사향노루 개체군을 유지하기 위한 노력을 기울이고 있다. 사향노루의 사향은 어떤 냄새일까? 일단 알코올에 희석하면, 머스크 향의 정의 그 자체인 동물적인 향으로 묘사되어 왔다. 살짝 달콤하고, 아주 약간 꽃 향이 풍길 수도 있고, 살냄새를 연상시키는 향기이며, 지속력이 강하다. 향수에서는 생기를 더하고, 향조들을 누그러뜨려서 잘 어우러지게 하는 작용을 한다. 꽃 향에는 매우 큰 효과를 발휘하지만, 동물적인 향조는 두드러지지 않을 것이다.[19]

아메리카비버*Castor canadensis*는 또 다른 동물성 머스크인 해리향을 만든다. 비버는 그들의 댐과 오두막에 이 냄새를 묻혀 놓고, 심지어 연못 바깥쪽에 진흙으로 냄새 둔덕을 쌓아 두기도 한다. 일종의 냄새 울타리를 만들어 영역을 표시하는 것이다. 비버는 나무를 잘라 댐을 만들고 도랑을 파서 요새 같은 오두막을 짓는다. 비버가 해야 하는 모든 수고를 생각하면, 이렇게 애써서 영역 표시를 하고 다른 동물의 접근을 막는 것도 이해가 된다. 해리향은 항문샘에서 만들어지고 항문 근처에 있는 한 쌍의 주머니에 저장된다. 가끔 뉴스에서는 아이스크림 같은 것에 첨가되는 향료 성분으로 해리향이 쓰인다는 언급이 나오는데, 이 이야기는 사실이다. 해리향은 미국 정부에서 만든 일반 안전 인증Generally Recognized as Safe, 즉 GRAS 목록에 딸기 향이나 바닐라 향의 원료로 등재되어 있다. 그러나 일반적으로 알코올로 추출하는 알코올 팅크인 해리향 추출물은 가죽 같고 달콤하다고도 묘사되므로, 가죽 향을 주제로 하는 향수에 매우 좋다.

식품에는 전혀 어울리지 않고, 오늘날에는 향수 제조에 거의 쓰이지 않는 사향고양이의 머스크인 영묘향도 가죽 향이 있고 꽤 동물적이며 살짝 지린내도 있다. 한때 중요한 향수 성분이던 영묘향이 쓰이지 않게 된 이유는 그 분비물을 얻는 방법이 동물에게 잔혹하기 때문이다. 몸이 길쭉한 야행성 포유류인 사향고양이는 진정한 고양이가 아니며, 열대 아시아와 아프리카에 주로 산다. 사향고양이는 크게 두 무리로 나뉘는데, 진정한 사향고양이 무리와 팜시벳이라고 불리는 아시아사향고양이 무리가 있다. 대부분의 사향고양이가 회음의 분비샘에서 머스크 같은 물질을 생산하지만 진정한 사향고양이인 사향고양이아과Viverrinae의 사향고양이들은 그 분비물이 특별히 향기로운 것으로 알려져 있다. 연고 형태인 영묘향은 전통적으로 사향고양이의 분비샘에서 긁어내거나 영역 표시를 위해 사향고양이가 뿌려 둔 분비물을 긁어모은 것이지만, 죽이거나 우리에 가둬 둔 사향고양이에서 얻기도 한다.[20] 향수 재료로 이용되는 동물에 대한 우려와 비용 때문에, 향수업계는 영묘향은 물론 거의 모든 천연 동물성 머스크의 사용을 중단하고 현재는 합성 머스크 화합물을 쓰고 있다. 영묘향도 시베톤civettone이라는 합성 향료가 있는데, 머스크 향 같으면서도 달콤하고 건조하며 확산성이 좋은 이 향은 사람뿐 아니라 대형 고양이류에도 효과가 있을 수 있다. 한동안 동물원 사육사들 사이에서는 오실롯, 재규어, 치타 같은 대형 고양이류가 향수를 좋아한다는 사실이 화제가 되었다. 특히 캘빈클라인의 옵세션 포 맨Obsession for Men을 좋아해서, 우리 안에 있는 물건에 그 향수나 다른 향수를 뿌리면 동물들이 거기에 뒹굴면서 자신의 얼굴을 문지르곤 했다. 수컷 고양이를 길러 본 사람이라면 고양이가 영역 표시를 한다는 것을 잘 알 것이다. 대형 고양이도 다를 바 없다. 확실히 이런 경향도 머스크 향 향수 성분에 대한 흥미를 자극하며, 사육사들은 대형 고양이류의 행동 풍부화를 위해 향수 기부를 요청하는 것으로 알려져 있다. 연구자들도 향수를 미끼로 고양이를 카메라나 털 수집용 덫으로 유인해서, 사진을 찍거나 DNA 분석을 위한 약간의 털을 얻는다.

용연향은 동물성 향 중에서는 드물게 의사소통에 사용되지 않는 머스크 향이며, 고래에서 만들어지고 배출된다. 회색 호박이라고도 불리는 용연향은 한때 멋쟁이 신사와 귀부인들에게 큰 사랑을 받았다. 오늘날에는 순수한 형태의 용연향이 사용되는 일은 거의 없다. 대신에 화학자들이 수십 년에 걸친 노력으로 이 고래 부산물에서 긴 여운을 남기는 머스크 향조를 내는 분자들을 분리하여 상세하게 구분했다. 용연향은 소수의 향고래*Physeter macrocephalus*의 소화관에서 바닷속으로 배출되며, 주로 왁스 같은 지방질 물질로 이루어져 있다. 이 물질은 향고래의 주된 먹이인 오징어가 고래의 소화관을 통과할 때 날카로운 오징어의 이빨을 감싸기 위해서 만들어진다. 향고래 중 약 1퍼센트의 소화관에서는 이 왁스가 창자 속 노폐물과 합쳐져서 소화가 되지 않는 둥근 덩어리가 된다. 분석(糞石)이라고 불리는 이 냄새나는 검은색 덩어리는 결국 몸 밖으로 배출되는데, 때로는 무게가 무려 90킬로그램에 이르기도 한다. 커다란 왁스 덩어리의 대부분은 암브리엔 ambrien이라는 화합물이다. 이것이 고래의 정상적인 배출 활동인지, 아니면 몇몇 고래의 창자에서 형성되었지만 언젠가는 고래의 생명을 위협할 수도 있는 병변인지는 아직 불분명하다. 둘 다일 가능성도 있다. 일단 배출된 용연향은 바다 위를 떠다니면서 그 마력을 얻게 된다. 짠 바닷물과 바다 공기에 노출된 채로 몇 년씩 부유하다가(1,000년 이상 된 것이 발견된 적도 있다) 어느 바닷가에 해양 폐기물처럼 떠밀려서 육상으로 올라온다. 처음에는 거무튀튀한 배설물 같았던 것이 이제는 회색, 심지어 금색이나 은색을 띠는 향기로운 것으로 바뀌어 있다. 용연향을 구성하는 향들은 시료마다 다르며, 바다, 소금, 대양의 공기, 담배, 이끼, 훈향, 해초, 꽃, 포도주, 머스크의 향조가 있다. 내게는 아주 작은 용연향 조각이 있는데, 천으로 조심스럽게 감싸서 내 재료 보관장에 들어 있는 나무 상자 속에 넣어 두었다. 나는 그 향기에서 해변은 별로 떠오르지 않는다. 다만 진한 이끼 냄새나 달착지근한 흙냄새, 꽃 향을 머금은 짭조름한 바람 냄새가 났고, 전혀 거슬리지 않는 분변 냄새가 희미하게 났다. 용연향의 기원은 오랫동안 불가사의였고 다양한 설이 존재했다. 해안의 달콤한 허브나 바닷가에 사는 꿀벌의 꿀과 밀랍을 먹는 바닷새의 배설물일 것이라는 얘기도 있었고, 바다 밑바닥에서 나는 송로버섯이라거나 갯바위에서 잠을 자던 용이 흘린 침일 것이라는 상상도 있었다. 조향사들은 용연향을 암브라ambra라고 부르기도 한다. 화석화된 송진인 호박amber과 용연향ambergris을 헷갈리지 않도록 주의해야 한다. 왁스 덩어리인 용연향은 용매 추출이나 증류가 되지 않고, 알코올을 이용해서 3~5퍼센트의 낮은 농도로 팅크를 만들어야 한다. 많은 향료가 그렇듯이, 용연향도 아주 소량씩 코에 닿게 해야만 그 모든 복잡한 향조가 잘 드러난다. 담배나 술에 용연향을 착향료로 첨가하면 부드럽고 감칠맛이 돌게 할 수도 있다.[21]

동물을 죽이거나 동물에서 잘라 내거나 긁어내지 않고 얻을 수 있는 동물성 머스크는 또 있다. 바로 히라세움hyraceum과 밀랍이다. 바위너구리*Procavia capensis*는 코피스kopjes라고 불리는 남아프리카 공화국의 바위투성이 지형에 있는 굴속에 숨어 살면서 식물을 가져다 모으는 작은 포유류이다. 그리고 바위너구리의 굴에서는 식물질이 대소변과 함께 굳어서 대단히 향기로운 덩어리가 만들어지는데, 이것을 히라세움 또는 앰버라트amberat라고 부른다. 바위너구리 굴은 몇 세대가 수년에 걸쳐 살아가면서 히라세움이 보존되기도 하므로, 이 작은 포유류가 그 시간 동안 모은 식물질의 종류에 대한 기록을 얻을 수도 있다. 그 식물들이 동물의 배설물과 함께 굳어서 생긴 고약한 냄새가 나는 이 덩어리는 바위너구리의 은신처 안에서 시간이 흐르는 동안 똥오줌의 냄새가 차츰 줄어들면서 흙이나 건초와 더 비슷해지고 가죽과 머스크의 느낌이 짙어진다. 어떤 사람은 남아프리카의 냄새와 그곳에서 살아가는 그 작은 포유류의 냄새를 떠오르게 하는 집합체라고 묘사한다. 북아메리카의 숲쥐도 이런 행동을 하고, 전 세계의 다른 설치류도 마찬가지이지만, 향수 가치가 있는 향을 만드는 것은 남아프리카의 바위너구리뿐이다. 밀랍 앱솔루트는 가공되지 않은 밀랍으로 만든다. 밀랍을 녹이고 거른 다음 대개 알코올로 씻어 낸다. 내가 밀랍을 머스크에 포함시킨 까닭은 향기 때문이다. 밀랍의 향기에서 꿀의 달콤함을 찾을 수는 있지만, 아마 그런 향이 기대만큼 진하지는 않을 것이다. 밀랍은 목가적이고 조금 페로몬 같은 느낌이 나지만, 향수에서는 부드러운 향조를 만드는 데 유용하다. 밀랍은 냄새로 의사소통을 하는 벌이 자신의 집을 짓는 근본적인 재료이자 향기로운 꿀을 저장하는 곳이므로, 나는 밀랍에 꿀 냄새가 가득하다고 생각하고 싶다.

진정한 머스크 향을 만드는 식물은 매우 드물지만, 조향사들은 지속력을 얻고 머스크의 느낌을 살짝 내기 위해서 머스크 암브레트, 파촐리, 블랙커런트 꽃눈 앱솔루트, 오크모스를 쓰기도 한다. 암브레트 또는 머스크오크라라고 불리는 아벨모스쿠스 모스카투스*Abelmoschus moschatus*의 종자는 훌륭한 식물성 머스크의 본보기이다. 머스크를 연상시키는 부드럽고 우아한 향에 분 냄새와 살 냄새가 언뜻 비친다. 작은 씨앗들이 들어 있는 꼬투리가 열리는 암브레트는 히비스커스 및 오크라와 연관이 있으며, 잎 모양은 길고 삐죽삐죽하다. 꽃은 전형적인 히비스커스 꽃 모양이며, 연한 노란색 꽃의 중심부에는 하루 정도만 지속되는 짙은 고동색 무늬가 있다. 꼬투리는 부드러울 때는 먹을 수 있고, 말리면 콩팥 모양의 수많은 씨앗을 얻을 수 있다. 씨앗은 매우 단단하지만, 그 안에 숨어 있는 미묘한 향기가 살짝 느껴진다. 이 씨앗을 증류하면 지방산 비율이 높은 정유를 얻을 수 있으며, 이 지방산을 분리해야 쓸모 있는 정유가 된다. 암브레트는 인도 원산이며, 열대 지역에서 재배될 수 있다. 플로리다에 있는 내 작은 안마당에서도 150센티미터가 넘게 자라서 몇 달 동안이나 아름다운 노란색 꽃을 볼 수 있었다. 날마다 꽃이 졌고, 다음 날이면 새 꽃이 피었다. 꽃이 진 자리에는 잔털이 보송보송한 초록색 꼬투리가 달리는데, 이 꼬투리가 말라서 벌어지면 작은 씨앗들을 받을 수 있다. 내 마당의 조건이나 내가 키운 방식이 올바른 것이었는지는 모르지만, 아름다운 식물을 기르고 그 씨앗으로 암브레트 느낌이 나는 팅크를 만든 일은 꽤나 즐거웠다.

오크모스*Evernia prunastri*는 유럽 남부에서 발견되는 꽃이끼로 지의류의 일종이며, 주로 참나무에서 자란다. 지의류는 이끼와 곰팡이의 공생 복합체인데, 서로 필요한 것을 제공하면서 때로는 둘을 합친 것 이상의 뭔가가 되기도 한다. 오크모스는 옛 향수 성분이며, 이것으로 만든 앱솔루트는 흙, 잉크, 짙은 초록, 가죽, 금속, 심지어 해초의 향이 느껴지기도 한다. 한때 오크모스는 시프레chypre라고 알려진 계열의 향수를 만드는 데 없어서는 안 되는 성분이었다. 향수의 기저에서 지속성과 자연스러움을 더하면서 어두운 호기심을 불러일으키는 오크모스는 여러 가지 향수 유형 중에서도 향신료 향과 잘 어울리고, 다른 향수에서는 풀 향이나 꽃향과 좋은 대조를 이룬다. 오크모스나 그와 가까운 꽃이끼 종류는 피부에 염증을 일으킬 수 있기 때문에 현재 향수 제조에서는 미량을 제외하고는 사용이 금지되어 있다. 그래서 옛 향수들은 다양한 대용품으로 조향 공식을 다시 만들어야 했다. 블랙커런트*Ribes nigrum*의 꽃눈을 용매 추출하여 만드는 앱솔루트는 복잡하고 과일 향이 전혀 없으며, 종종 고양이 오줌에 비유된다. 이 향료 역시 아주 많이 희석해야 하는 것 중 하나인데, 미량을 섞으면 동물적이면서 뭔가 더러운 것 같지만 확실히 흥미로운 향을 낸다. 내 코에는 과일 같고 포도주 같은 향조가 감지되었고, 이와 함께 거의 초록이 아닐 정도로 진하디진한 초록과 진짜 동물은 아니지만 동물인 척하는 식물의 느낌도 나는 매우 독특한 재료이다.

파출리는 조향사들 사이에서 〈호불호가 갈리는〉 향기 성분이지만, 향수 산업에서는 중요한 위치에 있는 천연 성분이다. 파출리*Pogostemon cablin*는 민트와 같은 무리에 속하며 열대 아시아에서 자라는 허브이지만, 다양한 지역에서 재배된다. 동양에서는 전통 약재로 쓰여 왔고, 유럽에서는 19세기 중반에 유행하게 되었다. 당시 호화로운 수입 스카프들은 나방이 달라붙지 않도록 파출리 잎으로 감싸여서 유럽에 들어왔기 때문이다. 빅토리아 여왕은 종종 파출리 냄새가 풍기는 니트 숄을 걸쳤고, 이는 초기 형태의 패션과 향기의 조합이 되었다. 파출리는 1960년대 히피와의 연관성으로도 유명하다. 파출리의 흙냄새처럼 투박한 자연의 향기가 대마초의 냄새를 감추는 데 유용했기 때문이다. 파출리의 향기는 흙이나 땅 같은 단어를 쓰지 않고는 묘사하기가 어렵고, 여기에 포도주, 건포도, 차, 머스크, 달콤함, 깊이 같은 단어가 추가되기도 한다. 그래서 증류가 잘되어 이런 모든 특징을 갖춘 정유를 찾는 것도 가치 있는 일이다. 역사적으로 그리고 오늘날에도 어느 정도는, 파출리 잎은 무쇠 증류기에서 증류되므로 정유의 색이 짙다. 오늘날 구할 수 있는 파출리 정유는 특별히 가공을 해서 색을 제거하지 않는 이상, 대부분 갈색과 호박색을 띠고 있다. 파출리 정유는 정유 속의 큰 분자 덕분에 향수에서 보류제로 작용한다. 이 정유는 장미와 함께 쓸 때 매우 놀라운 효과를 발휘하는데, 장미가 땅과 이어져 있다는 것을 일깨워 주고 장미꽃의 아름다움을 강조한다. 길을 걷다가 지나가는 사람에게서 훅 끼치는 향기를 맡을 때가 있다. 즉각적으로는 좋은 향수라는 느낌을 받지만, 나중에는 그 향기에 대한 기억이 문득문득 떠오르면서 그 향수를 뿌린 사람이 정말 좋은 파촐리 취향을 갖고 있었음을 깨닫는다. 파촐리로 작업할 때 나는 종종 피펫 끝으로 손목에 몇 방울을 떨어뜨리곤 한다(파촐리 정유는 피부에 그대로 써도 좋은 몇 안 되는 정유 중 하나이다). 양모 러그와 옷장에 보관 중인 예쁜 스카프도, 러그를 감싸 놓은 순면 시트와 스카프를 담아 놓은 바구니에 떨군 파촐리 향기의 덕을 본다. 파촐리는 좋은 냄새가 배게 하면서 동시에 벌레도 쫓는다.

이 장은 내가 가장 좋아하는 정유 중 하나인 파촐리로 끝을 맺는 게 좋을 것 같다. 소박한 식물에서 나온 이 향기는 예스럽고, 여왕과 히피를 동시에 상징하며, 단정적인 묘사를 거부하는 복잡한 향기이다. 식물은 향기를 조합하는 재주가 뛰어나며, 다양한 목적을 위해 조합한 향기로 욕구를 충족하고 환경에 적응한다. 우리 인간은 늘 그 향기로운 산물들을 우리 것으로 만들려고 노력해 왔다. 조향사들이 식물에 의해 창조된 향기 성분들을 섞고 활용하는 동안, 향기는 과학과 산업이 되었다.

향기와 패션

19세기 중후반이 되자, 조향사들과 향수 회사들은 과학과 유리병과 수요를 손에 넣었다. 예상치 못한 수요에 그들은 한껏 용기를 얻은 듯했다. 그 모든 것이 동력으로 작용하여, 향수는 약에서 패션의 표현 수단으로 완전히 옮겨 갈 수 있었다. 여기서는 향기 분자 자체가 이야기가 된다. 이 책은 향기의 〈**자연**〉사에 대한 이야기이기는 하지만, 향기 분자야말로 이 이야기의 글자이고 단어, 또는 문단이라는 것을 친애하는 독자들이 알아주기를 바란다. 최초의 합성 방향 분자는 1866년에 만들어졌다. 이는 조향사에게 영감을 주었고, 향수 제조는 소규모의 전문적인 기술에서 더 많은 사람에게 다가갈 수 있는 돈 되는 사업으로 변모했다. 합성 방향 분자는 실험실에서 만들어지고, 그 공정을 통제하여 일정한 향기와 적당한 가격을 가진 순수한 산물을 얻을 수 있다. 이와 달리 여러 분자가 복잡하게 섞여 있는 정유는 식물이 자라는 장소와 토질에 따라 본질적으로 조금씩 차이가 있다. 게다가 이런 새로운 향기 분자가 조향사에게도 영감을 주었고, 조향사들은 자연에서 발견되는 것과는 다른 향을 만들고자 했다. 그런 새로운 향기는 그냥 꽃 향이나 머스크 향이 아니라 주제가 있었고 추상적이었다. 이제 조향사들은 흰 꽃 같은 유형의 향수를 만들 수 있었다. 꽃이 다양한 분자를 조합하여 꽃가루 매개 동물을 끌어들일 특유의 향기를 만들어 내듯이, 조향사는 그들이 상상하는 흰 꽃의 느낌을 만들어 내어 사람들의 후각을 사로잡기 위해 다양한 방향 성분을 조합한다.

산업화는 향수의 대량 생산을 의미한다. 원료들은 공장에서 대량으로 만들어지고, 가격은 다수가 구매할 수 있는 수준에서 결정된다. 그러나 먼저 조향사들은 환상의 향수를 만들기 위해 합성 분자의 효과를 실험하기 시작했다. 환상의 향수란 자연 세계에서는 찾을 수 없는 추상적인 개념의 향기이다. 최초의 현대적인 환상의 향수는 바닐라, 정향, 통카 빈, 달콤한 건초 냄새로 시작하는데, 이 냄새들은 1860년대에 실험실에서 합성된 쿠마린이라는 분자에서 유래했다. 이를 시작으로, 연구자들은 바닐라 향, 제비꽃 향, 재스민 향을 지닌 분자들을 만들어 나갔다. 오늘날의 향기 산업은 기본적으로 이런 분자들을 기반으로 형성되었다. 합성향료는 종종 석유로 만들지만, 투르펜틴이나 효모 같은 천연 재료에서 시작하는 경우도 종종 있다. 일반적으로 값싸고 향이 일정한 합성 향료는 오늘날 향기 산업의 중추를 이루고 있다.

11장

불가능한 꽃과 향수 만들기

라일락*Syringa vulgaris* 꽃

20세기가 되자 향수 제조는 과학이 되었다. 예컨대 아른아른한 흰 꽃의 느낌을 떠오르게 하는 조합을 만들기 위해서 다양한 성분을 결합한다는 면에서 보면, 적어도 그렇다고 할 수 있다. 꽃은 오랫동안 이런 일을 해오고 있었다. 진화 과정을 통해서 향기로운 화합물을 만들 수 있는 꽃의 세계가 탄생했고, 이제 과학자와 조향사들은 그 진화적 과정에서 유래한 분자들의 목록을 만들 수 있다. 그 분자들 중 다수는 색과 형태와 종류가 다른 다양한 꽃에서 공통적으로 나타난다. 꽃의 향기는 하나의 향이 아니라 여러 향의 조합이다. 라일락 향기를 만드는 조합은 제비꽃 향기를 만드는 조합과 다르다. 방향 화합물은 변조제modifier로도 작용하여, 꽃향기에 상쾌함이나 흙냄새, 허브나 민트 향, 심지어 분변 냄새나 머스크 향을 더하기도 한다. 이런 분자들 중 일부는 냄새의 역치가 낮고, 어떤 분자는 10ppb(1억분의 1)라는 극소량만 있어도 감지할 수 있다.

흰 꽃의 상징과도 같은 재스민은 냉침법을 쓰면 막대한 비용이 들기 때문에 용매로 추출한다. 네롤리는 증류와 용매 추출이 모두 가능하다. 주로 전통 방식의 냉침법으로 만들어지는 치자 꽃 추출물은 적당한 가격과는 거리가 멀다. 월하향과 플루메리아 추출물은 구할 수는 있으나 가격이 비싸다. 이 꽃들은 대체로 흰 꽃의 범주에 넣을 수 있다. 밤에 꽃이 피며, 리날로올, 벤제노이드, 알코올, 에스테르와 함께 다른 공통된 휘발성 유기 화합물 분자들로 나방을 끌어들일 수 있기 때문이다. 그러나 각각의 꽃 냄새는 우리 대부분이 눈을 가리고도 구별할 수 있을 정도로 뚜렷하게 다르다. 그 까닭은 흰 꽃이 식물계 최고의 조향사이기 때문일 것이다. 천부적인 조향사처럼, 이 꽃들은 가장 흔하면서 사랑스러운 향기 분자들을 이용해서 자기만의 향기를 창조한다. 리날로올은 독특한 꽃 향을 지닌 분자로, 다양한 식물에서 발견되며 다양한 종류의 꽃가루 매개 동물을 끌어들인다. 전체적인 냄새의 특징은 다른 것 같아도 고수, 자단나무, 라벤더, 바질에는 모두 리날로올이 그들의 독특한 방향 분자 조합의 일부로 들어가 있다. 만약 진짜 라벤더 정유의 냄새를 맡는다면, 리날로올의 단순하고 차분한 달콤함을 경험할 수 있을 것이다. 내 느낌에는 조금 쨍한 뒤끝이 있는 풀 향이 살짝 도는 싱그러운 꽃 향이다. 바질 추출물에서 리날로올은 허브 향기가 강조되고, 자단나무 추출물에서는 꽃 향과 나무 향이 아름다운 조화를 이룬다. 리모넨 같은 테르펜은 꽃 향기에 레몬이나 감귤류의 향기를 더하고, 감귤류 껍질과 꽃의 기분 좋은 향기를 완성한다. 재스민 꽃의 진하고 나른한 향기 속에는 종종 흙이나 분변 냄새로 묘사되는 약간의 인돌이 들어 있다. 이른바 악취로 느껴지는 인돌은 여러 향의 혼합물에 깊이와 풍부함을 더한다. 이는 다양한 맛이 섞인 음식에 피시소스를 조금 넣으면 감칠맛이 살아나는 것과 비슷하다. 살리실산 메틸은 가울테리아에서 특유의 상큼하고 민트 느낌이 나는 향기를 만들며, 열대 지방의 일랑일랑과 월하향 같은 꽃의 향에도 기여한다. 벤즈알데히드(쨍하고 달콤한 체리와 아몬드 향)와 벤질알코올(장미와 발삼 향)은 흰 꽃의 향을 더하고 나방도 끌어들인다. 계피 향을 내는 유제놀과 장미 향의 게라니올도 흰 꽃 향수를 구성하는 성분이 될 수 있다. 감귤류의 경우처럼, 식물마다 그 흰 꽃 향기에 약간의 변주를 더할 수 있다. 이 변주를 만드는 것은 재스민을 재스민답게 만들어 주는 자스몬산일 수도 있고, 치자 꽃의 버섯 향일 수도 있고, 월하향에 깔리는 초록의 기운일 수도 있고, 목서의 가죽 냄새일 수도 있다. 만약 낮 동안 월하향이 내는 싱그러운 향이나 감귤류 꽃의 풋풋한 향이나 치자나무 꽃의 버섯 향을 맡을 수 있다면, 아마 향기가 나는 곳 근처에 흰 꽃이 핀 정원이 있을 것이다.

대부분의 조향사와 향수 회사는 다양한 유형의 꽃을 개념화한 조향 공식을 갖고 있다. 그중에는 향기 추출이 불가능하거나 극히 어렵거나 비용이 많이 드는 꽃에 대한 공식도 있다. 사람들은 내가 조향사라는 것을 알게 되면, 곧잘 라일락 향기를 좋아한다는 이야기를 했다. 그래서 내가 라일락 향수를 만들 수 있었을까? 안타깝게도 라일락의 천연 추출물은 극히 귀하고 비싸다. 작약, 스위트피, 은방울꽃, 담배 꽃, 제비꽃의 경우도 그렇다. 제비꽃처럼 추출되는 양이 너무 적어서 소량의 추출물을 얻는 데 너무 많은 꽃이 필요한 경우도 있고, 꽃 자체에서 그냥 추출이 안 되는 경우도 있다. 그렇다면 조향사는 어떻게 해야 할까? 흰 꽃의 경우처럼, 많은 조향사가 추출물이나 방향 화합물을 배합해서 대충 비슷한 향을 얻을 수 있을 것이다. 예를 들면 내 집 뒷마당에는 레몬 향이 살짝 도는 아름답고 상큼한 향을 가진 목련이 있다. 나는 오스트레일리아 원산의 아름다운 꽃인 보로니아*Boronia megastigma*에 약간의 재스민과 레몬을 섞으면 그 목련 향기에 꽤 가까워진다는 것을 발견했다. 여기에 내가 더하는 기조제는 감귤류 향이 있는 오스트레일리아 단향나무와 약간의 베티베르vetiver이다.

라일락 향은 여러 라일락 알데히드를 포함한 다양한 성분으로 만들어지며, 이 성분들은 다른 꽃 향에도 쓰인다. 시링가 알데히드라고도 불리는 라일락 알데히드는 리날로올에서 유래하지만, 다양한 다른 꽃, 포도주, 파파야와 자두 같은 과일에서도 발견되며, 작은 나방이나 모기 같은 꽃가루 매개 동물을 끌어들인다. 라일락 알데히드 연구에는 달맞이장구채*Silene latifolia*라는 식물이 주로 쓰인다. 달맞이장구채는 자신의 꽃가루 매개 동물인 밤나방(하데나속*Hadena*의 종)을 끌어들이기 위해서 라일락 알데히드를 생산한다. 밤나방은 달맞이장구채에서 꽃꿀을 얻을 뿐 아니라, 애벌레를 키우기 위한 숙주 식물로도 이용한다. 암컷 밤나방은 달맞이장구채의 암꽃에 알을 낳아서, 알에서 나온 애벌레가 발생하고 있는 씨앗을 먹을 수 있게 한다. 흰 꽃이 피는 다른 식물과 마찬가지로, 달맞이장구채는 야행성 꽃가루 매개 동물을 유인하는 강한 꽃향기를 발산한다. 스위스와 에스파냐의 한 연구는 수꽃이 라일락 알데히드를 더 많이 내뿜는다는 것을 발견했다. 라일락 알데히드는 나방의 더듬이 반응 또는 행동 반응을 이끌어 내는 것으로 알려진 화합물 중 하나이다. 달맞이장구채는 암그루와 수그루가 따로 있는데, 수그루는 꽃의 크기는 더 작지만 더 강한 향이 나는 꽃을 아주 많이 피워서 진한 라일락 향을 밤공기 속에 퍼뜨린다. 수컷 나방은 향이 약한 암꽃보다는 향이 강한 수꽃에 더 이끌린다. 암컷 나방은 선택에 조금 덜 까다로워서 암꽃과 수꽃을 특별히 가리지 않고 찾아간다. 이 나방의 더듬이에서는 무슨 일이 벌어질까? 과학자들은 기체 크로마토그래피와 더듬이 전도 감지기electroantennographic detector, 줄여서 EAD라고 부르는 도구를 이용하여 특정 향기에 대한 나방 더듬이의 반응을 확인할 수 있는 방법을 개발했다. 이 방법에서는 나방의 더듬이에 특별한 향기가 날아오면, 더듬이 반응의 강도가 EAD에 나타난다. 한 연구에 따르면 밤나방 더듬이는 몇 가지 향기 분자에 반응을 보였는데, 특히 저농도와 고농도의 라일락 알데히드에 대해서는 모두 선형적 방식으로 반응했다. 양이 적을 때나 많을 때나 기본적으로 모두 감지한다는 것은 이 화합물에 특별히 민감하다는 것을 암시한다. 다른 화합물에 대해서는 향의 강도에 역치가 있었다. 즉 향이 특정 강도 이상이 되어야만 나방의 반응을 이끌어 낼 수 있었다는 의미이다. 풍동을 통해서 다양한 향기를 나방 쪽으로 흘려보내는 행동 관찰에서도 라일락 알데히드 향기에 대한 선호가 나타났다.[1]

둥근잎제비난초*Platanthera obtusata*는 북아메리카, 아시아, 유럽의 북부 지역 대부분에 걸쳐 습지에서 발견되며, 녹색의 꽃과 작은 키 때문에 주위의 식생과 뒤섞여서 잘 눈에 띄지 않는 편이다. 이 식물은 꽃가루 매개 동물을 끌어들이기 위해서 살짝 풋풋하고 머스크 향이 도는 향기를 발산하는데, 다양한 나방뿐 아니라 습지에서 흔히 발견되는 모기도 그 향기에 모여든다. 한 연구에서는 훈련된 관찰자들을 이 난초가 풍부한 습지에 두고, 꽃꿀을 찾아 이 작은 꽃으로 들어가는 모기(각다귀속*Aedes*의 종들)를 관찰하게 했다. 난초 속으로 들어간 각다귀는 난초 내부의 꿀주머니를 건드려서 머리나 눈에 꽃가루 덩이를 묻히고 나왔고, 그 꽃가루 덩이를 다른 난초의 꽃에 전달했다. 관찰자들은 고프로 카메라로 촬영을 하면서 모기가 꽃꿀을 빠는 횟수를 육안으로 보며 직접 셌는데, 그 횟수는 모두 57회였다. 각다귀는 빠르게 꽃향기를 따라가서 꽃을 찾아내어 꽃에 내려앉았고, 꿀샘으로 들어가는 과정에서 눈에 꽃가루 덩이를 붙이고 나왔다. 각다귀를 끌어들이는 화합물은 두 가지인데, 라일락 향이 나는 라일락 알데히드와 제비난초류에서 만들어지는 노난알nonanal(밀랍 같고 풋풋한 꽃 향을 지닌 알데히드)이다. 둥근잎제비난초는 라일락 알데히드에 비해서 노난알 함량이 더 높은 향을 만들며, 각다귀의 더듬이는 특정 비율의 라일락 알데히드와 노난알에 노출될 때 반응하여 특별한 전기적 활동을 일으키는 것으로 밝혀졌다. 이 비율은 더도 덜도 아니게 딱 알맞은 골디락스 배합이라고 할 수 있을 것이다. 라일락 알데히드의 양이 더 많고 노난알이 더 적은 다른 난초는 각다귀에게 별로 매력적이지 않을 것이다. 하지만 달맞이장구채 꽃에서 확인한 것처럼, 어쩌면 작은 나방과 다른 꽃가루 매개 동물에는 더 매력적일지도 모른다.[2] 조향사들은 라일락 알데히드를 이용해서 초록 잎과 꽃의 효과를 내고, 불가능한 라일락 향기를 만들 때 달콤함을 더하거나 그들만의 히아신스 향과 장미 향 배합을 더 복잡하고 흥미롭게 만든다.

뮈게muguet는 프랑스어로 은방울꽃*Convallaria majalis*을 뜻한다. 봄철에 꽃이 피는 작은 식물인 은방울꽃은 섬세한 향기가 일품이다. 어머니의 집에서 우리 자매들은 서늘하고 그늘진 북쪽 마당을 살피면서 이 순백의 작은 종 모양 꽃을 찾았고, 그 소박한 자태와 기분 좋은 향기를 즐기기 위해서 집 안으로 가져왔다. 이 아름다운 꽃에는 어두운 면이 숨어 있다. 이 식물의 모든 부분에는 강심 배당체와 독이 들어 있다. 사슴이 어머니의 정원에 있는 꽃을 다 먹어 치워도 은방울꽃만은 건드리지 않는 것도 그 때문일지 모른다. 어쩌면 다행일 수도 있는데, 향수 용도로 은방울꽃을 추출하는 것은 불가능하다. 그래서 이 불가능한 꽃향기를 만들기 위한 조향 공식이 있다. 솔리플로르soliflore는 은방울꽃이나 라일락 같은 단일 꽃향기에 대한 조향사의 상상력을 나타내는 용어이다. 이런 계통의 향수는 로저앤갈레의 베라 비올레타처럼 꽃 추출물 자체를 기반으로 할 수도 있지만, 단일 분자로 이루어진 개개의 성분들을 노련하게 배합하여 만들 수도 있다.

향기의 창조를 돕기 위한 향수 제법은 예전부터 존재해서, 이집트 향수 공방의 벽에도 쓰여 있다. 가정주부, 약제사, 비누 제조업자, 심지어 특허 약의 제조업자조차 저마다 맛과 향기와 묘약을 만들기 위한 다양한 성분 배합 공식이 있었다. 화장술에 대한 책과 다양한 전단지에는 가사 전담자를 위한 그런 공식들이 실려 있었다. 조지 윌리엄 셉티머스 피세는 1857년에 100가지가 조금 안 되는 천연 향료 성분의 목록을 정리했는데, 이 향료들은 비누, 크림, 포마드, 스멜링 솔트*, 머리 염색약, 흡수성 가루와 같은 실용적인 제품을 만들기 위한 그만의 제법에 들어가는 재료들이었다.[3] 대공황 시기에 자란 나의 어머니는 그 시절에 배운 여러 가지 검소한 습관을 계속 유지했다. 평생 로션을 손수 만들어 쓴 것도 그런 습관 중 하나였다. 풍년화와 글리세린을 기반으로 만들어진 그 로

* smelling salt. 의식이 희미해졌을 때 강한 냄새로 정신이 들게 하는 약.

션의 독특한 향기는 어떤 향수보다도 내 기억에 또렷하게 남아 있다. 그 향은 감귤류 향과 설탕 같은 달콤함이 살짝 감도는 가벼운 허브 향이라는 것 외에는 지금도 설명하기가 힘들다.

기원과 특성이 다양한 천연 향기 성분을 점점 더 많이 구할 수 있게 되면서, 향기 분류표는 더욱 복잡해졌다. 그러나 향을 더 간편하게 분류하고 비교하고 대조하기 위한 노력은 계속되고 있다. 가령 천연 성분을 허브와 초록 계열로 나눈다면, 라벤더와 회향은 허브 계열에 들어가고, 제비꽃 잎이나 갈바눔처럼 향이 더 강하다고 묘사되는 것은 초록 계열에 속할 것이다. 노간주나무 열매는 건조하고 상쾌한 향이고, 계피는 달콤한 향신료 향이다. 나무 향은 날카롭거나 버터 같거나 달콤하거나 흙냄새 같을 수 있다. 꽃 향의 범위는 무거움에서 부드러움, 분가루, 초록, 날카로움에 이른다. 목서와 보로니아처럼 과일 같은 감귤류 향과 과일 같은 꽃 향이 있다. 판매자들은 그들의 분자와 식물 추출물을 이런 분류법에 따라 구분할 것이다. 천연 재료만 올려놓은 한 웹사이트에서 품목의 수를 세어 보니 400개가 넘었다. 다수가 원산지에 따른 변종이거나 로즈메리의 시네올과 베르베논 같은 화학형이었다. 앱솔루트와 콘크리트, 아타르, 이산화탄소 추출물, 수지, 왁스도 있었다. 이제 합성 가능한 단일 향기 분자의 수를 상상해 보자. 라벤더에서 분리된 리날로올이나 바닐라 빈에서 분리된 바닐린처럼, 때로는 단일 분자가 원재료에서 분리되기도 한다. 분리물isolate이라고 하는 이런 분자는 라벤더나 바닐라보다 더 단순한 향을 내며, 목적에 따라서는 더 유용하게 쓰일 수도 있다. 다양한 공정의 화학 반응을 통해서도 오늘날 쓰이는 많은 분자가 만들어진다. 공정과 원료에 따라서, 그 물질은 천연물이 될 수도 있고 합성물이 될 수도 있다. 이런 범주를 정의하는 법규는 복잡하며, 유럽 연합의 법과 미국의 법이 다르다. 라벤더 정유나 소나무에 들어 있는 성분의 수를 한번 생각해 보자. 아마 수백 가지에 이를 것이다. 그리고 여기에 당신의 주변에 있는 향기로운 식물까지 합치면 그 수는 크게 늘어날 것이다.

12장

향기의 세계: 산업과 패션

잔고사리*Dennstaedtia punctilobula*의 양치 잎과 어린순

이제 우리는 향수 제조에 대한 마지막 이야기에 이르렀고, 어느덧 이 책도 마지막 장에 이르렀다. 19세기 후반에서 두 번의 세계 대전을 치르는 동안, 상하수도 기반 시설의 건설을 통해서 위생이 개선된 유럽 도시들에서는 변화가 일어났다. 참기 어려운 하수의 악취와 씻지 않은 몸에서 나는 냄새가 줄어들면서, 강한 사향이나 향신료 향으로 악취를 가릴 필요가 없어졌을 것이다. 부유한 가정은 실내 배관을 설치하기 시작했고, 사람들은 향수 비누와 같은 더 순한 향기 제품으로 더 자주 씻을 수 있었다.[1] 나쁜 냄새는 용납할 수 없게 되었고, 향수는 자연 세계의 반영이라기보다는 관념의 산물이 되었다. 그사이에 향료는 묵직한 사향과 용연향에서 꽃 향처럼 좀 더 가벼운 향으로 옮겨 갔다. 제2차 세계 대전 이후 화학과 제조업이 발달하면서 패션에 대한 관심이 높아졌고, 이에 따라 향수 산업에도 추가적인 변화가 일어났다. 강력한 과립형 세탁 세제가 처음 소개된 것도 이 무렵이었다. 타이드Tide는 은은한 향과 세척 효과로 곧바로 성공을 거두었다. 이 제품은 향기의 유행을 따르고 여기에 영감을 주기도 하면서, 〈깨끗한〉 냄새의 기준을 확립했다.

그러나 최초의 합성 방향 화합물인 쿠마린의 이야기는 사람들이 조향 공식을 기록하기 전부터, 약을 담는 작은 갈색 병이 나오기 전부터 시작된다. 그 시작은 사람들이 주변에서 약을 구하던 시절로 거슬러 올라간다. 역사를 통해 알 수 있듯이, 냄새가 좋은 식물은 심신에 좋은 것으로 여겨지곤 했다. 쿠마린은 향모의 달콤함, 갓 자란 건초의 싱그러움, 선갈퀴의 감미로움, 통카 빈의 바닐라 향 속에도 있지만, 많은 식물과 균류와 세균 속에도 나타난다. 향모*Anthoxanthum nitens*는 북아메리카와 유라시아 북부에서 자란다. 오랫동안 약초로 쓰였고, 그레이트플레인스에서는 차로 달여 먹거나 고약으로 만들었다. 또한 정신을 맑게 정화하는 영적인 약으로도 중요했다. 구대륙의 훈향처럼, 향모를 태운 연기는 기도가 하늘로 올라가고 있다는 것을 시각적으로 보여 주는 신호였다. 향모의 달큼한 냄새는 발로 짓뭉갰을 때 또렷해지고, 바구니나 모깃불이나 약으로 쓰기 위해 잘라 내어 말리면 더 좋아진다. 오래 지속되고 기분이 좋아지게 하는 그 향기는 희망을 준다. 땅속의 뿌리줄기를 통해서 퍼지는 향모는 봄이 되면 반가운 초록으로 저지대와 습지를 가득 채운다. 선갈퀴*Galium odoratum*는 독일의 전통술인 오월주maiwein에 단맛을 더하고, 바이슨풀(역시 향모이다)은 주브로카라는 폴란드 보드카에 허브 느낌의 바닐라 향을 더한다.[2]

폴란드와 벨라루스 사이의 국경에는 바이슨풀이 자라고 유럽들소가 어슬렁거리는 울창한 원시림이 있다. 1979년에 유네스코 세계 유산으로 지정되어 보호되고 있는 이 비아워비에자 숲은 아주 오래되었고 대단히 울창하며 뒤죽박죽이다. 이곳에서는 나무가 쓰러지면 그 자리에 그대로 남아서 복잡한 먹이그물의 양분이 된다. 먹이그물의 시작은 균류와 곤충이다. 이것을 새와 작은 생물이 먹고, 이 생물들은 결국 늑대와 다른 육식 동물의 먹이가 될 것이다. 오래된 유럽참나무*Quercus robur*와 같은 거대한 나무가 썩어서 토양에 양분을 제공하면, 바이슨풀을 포함한 다른 식물들이 풍부해진다. 2016년 초, 폴란드 정부는 이 지역의 삼림에서 벌목을 늘리려는 시도를 함으로써 보호 구역인 비아워비에자 숲과 대체 불가능한 서식지를 위험에 빠뜨렸다. 1,419제곱킬로미터 넓이의 숲이 위협을 받고 있는 동안에, 보호 단체와 온라인 게이머들은 그 숲의 가치와 아름다움을 사람들에게 인식시키기 위해서 함께 힘을 모았다. 그들은 위성 영상과 지도와 사진을 활용하여 그 지역에 대한 매우 상세한 지도를 만들었다. 그 지도는 마인크래프트Minecraft라는 비디오 게임에 통합되어 수백만 명의 게임 사용자들에게 다가갔고, 벌목으로 인한 손실을 시각적으로 보여 주었다. 이 활동은 비아워비에자 숲의 내부와 주변 지역에서 벌목을 중단시키는 데 도움이 되었을까? 많은 사람이 그렇다고 생각한다.

1820년에 쿠마린이 발견되고 분리되기 전에도 식물에서 분리된 화학 물질은 여럿 있었다. 그러나 그중 어떤 것도 다른 원료에서 확실하게 만들어지거나 연관이 없는 개개의 분자들에서 합성된 적이 없다. 향신료 향과 발삼 향과 달콤한 바닐라 향이 있는 쿠마린의 향기는 향수와 식품 산업에서 중요한 향료로 여겨지지만, 향수에 넣으면 담배 향을 더하거나 라벤더 향을 끌어올릴 수도 있다. 쿠마린은 최초의 현대 향수 중 하나인 우비강의 푸제르 로얄Fougère Royale(1882)이 만들어지는 데 중요한 역할을 했는데, 푸제르 로얄의 향은 자연에서 발견되지 않는 환상의 향이라고 부를 수 있을 것이다.[3] 푸제르 계열 향수의 경우는 고사리에서 날 것 같은 냄새에 대한 생각에서 영감을 받았다(푸제르는 프랑스어로 〈고사리〉를 뜻한다). 일부 고사리에는 가벼운 향이 있지만, 푸제르 향수의 향기는 쿠마린의 독특한 향기를 이용해서 조향사가 창조한 상상의 개념이다. 쿠마린은 혈액 응고 억제제에 쓰이는 화학물질과 연관이 있는 무리에 속하며, 원래 제법의 주브로카와 향신료인 통카 빈처럼 쿠마린을 함유한 식품은 미국에서 규제를 받고 있다.

오크모스, 라벤더, 쿠마린으로 효과를 낸 푸제르 외에도 향수의 계열은 시프레, 향신료 향이 나는 앰버, 초록, 꽃, 미식, 나무 따위로 분류될 수 있다. 키프로스섬에서 이름을 딴 시프레 계열의 향수는 파출리와 함께 베르가모트, 오크모스, 라브다넘 같은 지중해 식물이 주를 이루는 공식을 중심으로 변형되는 것이 특징이다. 바닐린은 쿠마린보다 몇 년 후에 합성되었고, 겔랑의 유명 향수 지키Jicky(1889)에 쿠마린과 함께 쓰였다. 지키 역시 의도적인 수직 구조로 만들어진 혁신적인 초기 향수였다. 원래 공식에서는 톱 노트는 감귤류, 하트 노트는 장미와 재스민이었고, 베이스 노트는 베티베르, 오리스, 파출리, 영묘향에 발삼과 쿠마린과 바닐린에서 얻은 바닐라 향으로 구성되어 있었다.

머스크 성분은 처음부터 거의 내내 향기 제품을 만들 때 중요했다. 그러나 앞서 보았듯이, 많은 머스크 향이 동물에서 직접 얻은 것이며 비용과 희귀성과 동물 학대라는 인식 때문에 지금은 잘 쓰이지 않는다. 오늘날에는 단일 분자 머스크 방향 화합물이 대체물로 쓰이는데, 그 시작은 우연히 발견된 니트로머스크nitromusk였다. 1888년, 새로운 종류의 폭발물을 찾고 있던 어느 화학자가

TNT와 관련된 실험을 하던 중에 기분 좋은 머스크 향이 나는 분자(니트로머스크)를 얻었다. 그는 곧바로 상업적인 성공을 거두었고, 얼마 후 그가 개발한 머스크케톤musk ketone도 인기를 끌었다.[4] 기억하겠지만, 일반적으로 분자가 큰 머스크는 주위 환경에 오래 남아 있으면서 구애 신호의 역할을 한다. 세탁물과 향수에서 오래 지속된다는 점도 이 물질의 인기 요인이었지만, 일부 니트로머스크가 수생 환경에서도 똑같이 오래 지속된다는 점은 우리의 강과 시내에 대한 우려로 이어졌다. 1900년대 초반에는 니트로머스크의 대체물이 개발되었다. 일반적으로 머스크케톤에 속하는 이 대체물들은 여러 향료 회사에서 생산되고 판매되어 다양하게 구할 수 있다.

한때 향수의 가격과 가치는 재료의 비용에 달려 있었지만, 이제 향수 회사들은 성적 매력과 같은 추상적 개념에 가치를 부여함으로써 이익을 현실화하기 시작했다. 그리고 향수는 패션의 세계에 합류했다. 패션 디자이너인 폴 푸아르는 아마 옷을 돋보이게 한다는 개념으로 향기를 처음 판매한 사람일 것이다. 그는 1910년에 퍼퓸 드 로진Parfums de Rosine이라는 향수 가게를 열었다. 그러나 향수와 패션의 결합으로 가장 많이 기억되는 인물은 리틀 블랙 드레스를 세상에 내놓은 가브리엘 〈코코〉 샤넬이다. 진정한 패션의 설계자였던 샤넬은 단순하지만 우아한 리틀 블랙 드레스와 샤넬 No. 5 향수를 만듦으로써 패션과 향기를 영원히 연결시켰다. 그녀가 향수를 개발하면서 내세운 첫 번째 원칙은 독특하고 현대적이어야 한다는 것이었다. 화학 산업이 향기 분자를 분리하고 창조하면서 발전하는 동안, 향수 산업도 여기에 발맞춰서 그런 분자 자체를 향기 제품의 중심축으로 만들고자 했다. 가장 유명한 향수 중 하나인 샤넬 No. 5는 분리된 향기 분자의 효과에 의존한 최초의 향수는 아니지만, 현대 향수의 상징이 되었다. 꽃향기가 나는 여성에 염증을 느낀 코코 샤넬은 자신을 위해서 1920년대의 새로운 시대정신에 부합하는 환상의 향수 제작을 의뢰했다. 그녀가 원한 향수는 여성스러우면서 깨끗하고 우아한 향이 나고, 진취적인 여성들에게 팔릴 만한 향수였다. 샤넬 No. 5는 이런 개념과 조향사 에르네스트 보의 독창성에 의해 탄생했다. 향수의 이름 어디에도 꽃은 없고, 고전적이고 간결한 병은 화려하게 장식된 당시의 전형적인 향수병과는 달랐다. 이 향수의 구성에는 값비싼 꽃 향료가 듬뿍 들어갔음에도, 독특하고 톡톡 튀는 톱 노트인 알데히드에 관심이 집중되고 계속 그렇게 이어진다. 밀랍과 초록 잎과 꽃과 청량함에 감귤류 껍질의 향기가 살짝 가미된 이런 알데히드는 하트 노트의 꽃 향과 베이스 노트의 나무 향을 모두 끌어올린다. 옥타날, 노난알, 데카날 또는 알데히드 C8, C9, C10이라고 불리는 알데히드들은 다양한 식물 중에서도 감귤류의 기름에서 발견된다. 샤넬 No. 5는 알데히드를 유명하게 만들어 주었고, 합성 방향 물질이 향수에 쓰인 또 다른 초기 사례였다.[5]

〈향수의 황제〉인 프랑수아 코티는 사람들이 위생에 관심을 갖기 시작하던 시기에 향수와 화장품 사업으로 큰돈을 벌었다. 그의 회사에서는 향기로운 비누, 세정제, 섬유 유연제, 분, 크림을 만들었고, 유명한 유리 세공 회사인 랄리크와 바카라에서 만든 아름답고 독특한 향수병에 담긴 향수도 만들었다. 제1차 세계 대전이 끝난 후에 프랑스에 있던 미군들이 호사스러운 물건들을 고향으로 가져가면서, 미국에도 향수 산업이 들어왔다. 가장 많이 팔린 코티의 제품 중 하나는 고객들이 선호하는 향기의 오드콜로뉴와 분과 비누와 크림으로 구성된 선물 세트였고, 사람들은 사랑하는 이를 위해서 이 선물 세트를 선뜻 구입했다. 코티의 첫 번째 향수인 라 로즈 자크미노La Rose Jacqueminot는 제품 포장과 판매에 대한 그의 이상을 보여 주었고, 향수와 패션계에서 그의 오랜 경력과 존재감은 그렇게 시작되었다.[6] 또 다른 사업가인 찰스 프레더릭 워스는 1858년에 오토 보베르와 함께 파리에 디자인 하우스를 열었고, 이곳은 하우스 오브 워스가 되었다. 주목받는 양재사였던 워스는 프랑스의 외제니 황후를 위한 궁정 디자이너로 임명되었고, 외제니 황후의 패션은 사라 베르나르, 제니 린드, 릴리 랭트리, 넬리 멜바 같은 유명 가수와 여배우들로 이어졌다. 찰스 워스의 손자인 자크 워스는 이 회사의 제품에 향수 개발을 추가했고, 1924년에서 1934년 사이에 랄리크 병에 담긴 몇 가지 아름다운 향수를 출시했다. 이 이야기는 이쯤에서 마무리하고, 나는 여러분이 가까운 백화점에 가서 향수 코너를 찬찬히 둘러볼 것을 권한다. 그러면 패션이나 유명인과 연관된 향수 브랜드가 넘쳐 난다는 것을 알 수 있을 것이다. 또는 좋아하는 텔레비전 방송을 볼 때 나오는 향수 광고에도 관심을 가져 보자.

상위 10대 향료 회사 중 다수는 19세기 중반에서 후반 사이에 시작되었고, 그 창립자들은 허브 의학, 향기 화학, 정유에 대한 지식과 관심을 갖고 있었다. 사람들이 새로운 향기 제품을 찾고, 기반 시설을 들여놓고, 과학을 개발하고 있을 때, 이 회사들은 성공의

준비를 갖추고 있었다. 그라스의 특산품은 장갑에서 향수로 옮겨 가고 있었고, 고된 냉침 과정은 용매 추출로 대체되고 있었다. 그라스는 항구에서 가까웠고, 유행의 도시 파리와도 가까웠다. 주로 프랑스와 유럽에서 시작된 원조 향료 회사들은 20세기가 되자 전 세계로 뻗어 나가면서 식물이나 다른 원료가 있는 나라에 생산 시설을 만들었다. 아시아와 중동은 더 최근에 들어서야 그들만의 회사를 설립했다.

제2차 세계 대전이 끝나자 향료 산업도 세계의 다른 산업들과 마찬가지로 기계와 기술, 합성 화학 물질, 대량 생산된 용기와 상표에 의존했다. 20세기 후반이 되자, 향료업계에는 새로운 도구와 마케팅 개념을 제공하는 기술이 등장했다. 고체상 미량 추출Solid Phase Microextraction, 줄여서 SPME라고 부르는 기술을 활용하는 상부 공간 분석을 통해서 작은 유리병 속 빈 공간에 들어 있는 미량의 휘발성 물질까지 포착하여 분석할 수 있게 되었다. 상부 공간 분석을 하면 식물을 자르거나 손상시키지 않고도 각각의 꽃이나 상징적인 식물의 향을 실험실에서 복제하기 위한 분석을 할 수 있다. 이 기술은 과학자들이 식물의 향기를 이해하기 위해서 활용하기 시작했던 것과 같은 기술이다.

소비자의 기호는 끊임없이 바뀐다. 20세기 말과 21세기 초에는 소비자들이 천연 향료를 요구하면서, 바이오 발효biofermentation 기술이 큰 인기를 얻고 있다. 석유와 투르펜틴은 오랫동안 방향 화합물의 1차 원료였고, 이렇게 만들어진 향료는 일반적으로 합성 향료로 간주되었다. 최근에는 소비자들이 천연 성분을 요구하고 있고, 새로운 기술 혁신이 이런 산업에서 탐사를 계속 주도하고 있다. 수천 년 동안 사람들은 효모를 이용해서 식품을 보존하고, 알코올 음료를 만들고, 새로운 풍미를 창조해 왔다. 몇 년 전에 효모를 이용한 비타민 생산 방법이 알려졌고, 같은 과정이 특정 방향 화합물의 생산에 쓰일 수 있다는 것도 밝혀졌다. 단세포 균류인 효모는 양분이 공급되는 배지 속에서 자라며 체외에서 먹이를 소화한다. 다시 말해서 효모는 에너지를 얻기 위해 배지에서 다양한 탄소 급원을 섭취하고 소화한 다음, 다시 그 배지로 배출한다. 그 과정에서 발효 음료를 위한 알코올이 생산되고, 초콜릿과 커피의 풍미가 좋아지고, 빵이 부풀어 오른다. 세계 곳곳에서 효모는 자연적으로 발견된다. 포도, 사과, 배 같은 과일의 표면과 일부 식물의 꽃꿀에 들어 있으며, 심지어 바다 위에 떠다니기도 한다.

지구상에서 가장 많이 배양되고 이용되는 생물 중 하나인 사카로미케스 케레비시아이*Saccharomyces cerevisiae* 같은 효모는 우리가 포도 덩굴과 커피콩과 카카오닙스를 세계 전역으로 운송하는 동안 인간과 함께 이동해 왔다. 포도주는 중동에서 9,000년 넘게 생산되어 왔고, 좋은 발효 산물을 만드는 특별한 S. 케레비시아이 균주가 생겨났다. 포도주의 S. 케레비시아이 효모들에 대한 유전학적 연구에서는 이 다양한 효모 균주들이 유전적으로 비슷하며 인간의 이동 경로를 따라서 포도 덩굴과 함께 분포한다는 것이 밝혀졌다. 술통을 만드는 데 쓰이는 북아메리카 참나무의 효모와 함께, 세계 전역의 특별한 토양도 이들 균주의 유전적 구성에 기여했다. 커피콩과 카카오닙스에서 마법을 부리는 효모의 유전적 기원과 다양성을 추적하는 것은 조금 더 복잡하다. 앞서 보았듯이 카카오나무*Theobroma cacao*의 경우 원산지는 남아메리카이지만 중앙아메리카에서 주로 재배되었고, 아프리카로 수출되어 재배되었다. 카카오닙스를 발효시키는 미생물은 카카오 꼬투리를 따고 처리할 때 주위 환경의 식물에서 나온다. 이런 효모들과 세균들이 작용하여 5~7일간의 발효를 거쳐 과육을 소화하면, 초콜릿이 될 수 있는 풍미와 색을 지닌 카카오닙스가 만들어진다. 커피(커피나무속*Coffea*의 종들)는 몇 시간 또는 며칠에 걸쳐 건식이나 습식으로 처리될 수 있는데, 이 과정에도 그 지역의 효모와 세균과 다른 균류가 관여한다. 커피와 카카오를 발효시키는 효모*Saccharomyces cerevisiae* 개체군은 포도주를 발효시키는 균주와 연관이 있기는 하지만, 더 광범위한 다양성과 지리적 차이를 보여 준다. 따라서 남아메리카의 커피와 카카오는 아프리카의 커피와 카카오하고는 상당히 다르다. 이런 국지적인 효모 집단은 토양, 지리적 특징, 날씨와 함께 작용하여 초콜릿과 커피의 풍미를 만드는 미생물 테루아를 제공할 것이다.[7]

인간은 효모라는 눈에 보이지 않는 작은 공장들을 이용해서 식품의 맛을 바꾸는 방법으로, 치즈와 사워도우 빵과 케피르*와 절인 고기처럼 겨울이나 식량이 부족한 시기에 대비해 보관할 수 있는 새로운 식품을 만들었다. 피클, 간장, 된장, 맥주, 포도주, 사워크라우트, 식초, 소시지는 모두 효모의 작용이 필요하며, 때로는 세균도 함께 작용한다. 최근에는 콤부차라고 불리는 발효차가 부활하고 있다. 홍차나 녹차를 발효시켜 만드는 콤부차는 만주버섯 종균 배양Manchurian mushroom starter culture 또는 스코비scoby(세균

* 우유나 염소젖으로 만든 알코올 발효 음료.

과 효모의 공생 배양symbiotic culture of bacteria and yeast)라고 불리는 것을 이용해서 발효 생물상을 만든다. 발효가 일반적인 조리나 빵 굽기와 다른 점 중 하나는 기존 성분에 효모가 작용하여 특별하게 새로운 풍미가 만들어진다는 점이다. 간장에는 메주콩 같은 맛이 전혀 없고, 포도주는 완전히 새로운 종류의 포도 과즙이며, 효모는 빵을 부풀린다. 우리 집에서는 할머니의 겨자 피클을 곁들인 어머니의 로스트비프가 일요일의 특식이었는데, 식초에 절인 콜리플라워와 오이와 작은 양파는 음식의 맛을 새로운 수준으로 끌어올렸다.

발효는 전통적으로 다양한 미생물이 함께 작용하여 일어난다. 유제품, 사워크라우트, 김치가 그런 예이다. 그러나 20세기 초반의 과학자들은 순수한 미생물 균주를 활용하여 특정 분자를 생산할 수 있을지를 조사하기 시작했다. 효모는 때로 세균의 도움을 받아서 설탕, 단백질, 알코올 같은 양분을 다른 분자로 변환할 수 있으며, 이런 방식으로 만들 수 있는 분자에는 아미노산, 에스테르, 알코올, 방향 화합물이 포함된다. 어떤 효모는 특정 방향 물질을 만드는 데 특화되어 있다. 이를테면 어떤 효모는 커피콩 껍질 같은 농업 폐기물에서 바나나 향과 파인애플 향을 내는 물질을 만들고, 어떤 효모는 피마자유에서 복숭아 향이 나는 감마-데카락톤을 만든다. 효모로 생산된 향료는 천연 향료로 판매되며, 감마-데카락톤 같은 일부 향료는 미국 FDA에서 식품으로 승인을 받았다. 이런 향료를 생산하려면 기본적으로 효모, 설탕과 기름 같은 양분 종류, 이 과정이 일어날 수 있는 발효조, 생산된 방향 분자를 분리하여 정제할 수 있는 방법이 필요하다. 우리가 좋아하는 음료의 과

일 향이나 핸드크림의 장미 향은 이런 방식으로 만들어진다.[8]

식품과 화장품 같은 제품에서 천연 재료에 대한 선호도는 점점 더 높아지고 있다. 우리가 확인했듯이, 천연 향료를 얻는 방법 중 하나는 증류나 다른 추출법을 통해서 동식물에서 얻는 것이다.[9] 식물을 재배하려면 밭을 일굴 공간이 있어야 하고, 비료와 다른 화학 물질과 물과 농기구를 돌릴 연료를 투입해야 하므로, 아무리 유기농 방식으로 생산한다고 해도 환경 비용이 들어간다. 향기와 먹을거리 — 그리고 전통 약재 — 를 위해서 식물을 기르는 것은 전 세계 수백만 가정에 소득을 제공하고, 종종 오랜 문화와 전통 의학과 예술을 지원하기도 한다. 그러나 천연 제품의 수요에 대한 예를 하나 들자면, 세상에 있는 바닐라 빈 꼬투리는 우리가 원하는 아이스크림과 식도락을 위한 향료에 모두 들어갈 수 있을 만큼 충분하지 않다. 효모로 생산되는 방향 물질과 마찬가지로, 우리가 먹는 바닐라 향은 대부분 큰 발효조나 공장에서 만들어진다. 그리고 미국과 유럽 모두 미생물에서 생산되는 향료도 천연 물질에 포함시킨다.

이제 향료는 종이 타월에서 음료, 반려동물 사료에 이르기까지, 우리의 일상 속 거의 모든 제품에 들어 있다. 한 대기업은 많은 사람이 하루 스무 번 이상 그들의 제품과 접할 것이라고 추정한다. 그래서 이런 기업들은 소비자의 선호도를 진지하게 의식해야 한다. 20세기 후반과 21세기 초반에는 세계적인 대기업뿐 아니라 전통 장인과 틈새시장의 조향사들도 점점 더 천연을 강조하고 있다. 그들의 시장은 더 작을지 모르지만, 재료가 자라는 땅에서부터 향수병에 이르기까지 손이 닿는 모든 면면에 그들의 열정이 담겨 있다. 내가 방문했던 모든 상업적인 향료 웹사이트는 소농, 녹색 기술, 지속 가능성 또는 사회 정의에 대한 헌신을 저마다 강조하며, 관심 있는 소비자들이 그들의 이상에 맞는 미적 가치관을 찾기를 바라는 마음으로 충분한 정보를 제공한다. 그렇게 향기의 세계의 기술과 과학에 도달한 우리는 꽃과 식물의 정수를 분리하여 하나의 도구를 만든다. 그 도구는 아름답고 우리 삶을 더 예쁘게 만들어 주지만, 그럼에도 그것은 도구일 뿐이다. 투르펜틴을 시작 물질로 쓰든지, 특정 분자를 생산하기 위해서 효모를 조작하든지, 향료 산업은 이런 방식으로 생산되는 믿을 만하고 저렴한 방향 화합물을 활용한다. 사람들은 수천 년 동안 창의적으로 향기를 추출하고 배합해 왔지만, 현대적인 향수 제조는 우리가 단일 분자를 분리해 내고 합성할 수 있게 되면서 시작되었다. 그 결과 조향사들은 분자를 창조의 도구로 활용할 수 있는 능력을 얻었다.

우리가 지구상 어디에 살고 있든지, 우리 대부분의 집과 몸에 쓰이는 향이 만들어지는 과정은 비슷하다. 조향사가 분자들을 세심하게 배합하여 자신의 상상 속 향기를 창조하는 것이다. 그리고 그 향들이 소비자의 기호를 공평하게 맞추는 것도 아니다. 우리는 식물에서 분자들을 분리하고, 실험실에서 만들어 왔다. 그러면서 우리는 그 분자들을 어떻게 이용할지에만 초점을 맞췄다. 그러나 자연적인 제품의 인기가 높아져서 소비자를 끌어모으는 것도 보고 있다. 어떤 면에서 보면 한 바퀴 빙 돌아서 제자리로 온 것이나 다름없다. 우리는 자연적인 것을 원하고, 자연에 대한 생각을 좋아하며, 지구의 자원을 사려 깊게 사용하는 기업을 응원하고 싶어 한다. 적어도 향료 회사들은 그런 재료를 찾기 위해 연구하고 투자하고 있다. 향기 요법이 인기를 끌고 천연 제품에 대한 관심이 높아지는 것도 이런 욕구를 보여 준다. 지난 20여 년 사이 향수업계에서도 천연 향수 제조와 장인 향수 제조가 부활했으며, 그 시작점이 된 것은 맨디 애프텔의 책 『정수와 연금술*Essence and Alchemy*』의 출간이었다. 이 책은 천연 향수 성분과 그 역사, 그리고 그런 성분을 이용해서 좋은 향기가 나는 호화로운 제품을 만드는 이야기를 깊이 있게 탐구한다. 향기에 관한 최고의 이야기 중 일부는 호기심을 끄는 독특한 향을 코에 대어 보는 경험을 통해 나오며, 애프텔의 책은 그런 독특한 향기 성분에 관한 안내서이다. 냄새에 대한 탐구를 할 수 있게 해주는 또 다른 책으로는 해럴드 맥기의 『후각의 세계로 뛰어들기: 세상의 냄새에 대한 안내서*Nose Dive: A Field Guide to the World's Smells*』가 있다. 이 책은 작은 균류에서 우주의 냄새에 이르기까지, 냄새를 만드는 다양한 분자들 사이의 공통점과 차이점을 알려 준다. 만약 개의 발에서 왜 토르티야 칩 냄새가 나는지 궁금한 적이 있다면, 이 책이 그 답을 알려 줄 것이다. 또는 다양한 송로버섯 사이의 미묘한 차이나 우주의 냄새가 어떤지 궁금할 수도 있을 것이다. 이번에도 그가 답해 준다. 지난 20년 사이 다양한 디스플레이 장치들을 통해서 우리의 시각적 세계는 급격히 확장되었고, 시각은 이제 우리의 일차적인 감각이 되었다. 어쩌면 지금이 후각을 훈련하기에 적기일지도 모른다. 후각 훈련을 위한 장소로는 정원이나 공원 같은 야외가 좋다. 아니면 집 안이나 근처 가게 같은 실내도 좋을 것이다. 주방의 냄새와 세탁실의 냄새는 어떻게 다를까? 동네 잡화점이나 백화점에 가서 포장된 상품의 종이 상자 냄새나 물기를 머금은 싱싱한 양상추의 냄새

를 맡아 보거나 향수 코너를 둘러 보자(이 방법이 쉬울 것이다).[10]

인간과 식물은 함께 향기로운 이야기를 만들어 왔다. 그 이야기들은 소박한 정원에서부터 오랜 세월에 걸쳐 일어난 사건에 이르기까지 다양하다. 인간 역사의 거의 대부분 동안 식물은 약이었고, 좋은 향기는 선한 힘이었다. 그리고 인간은 향기로운 식물을 가치 있는 것으로 귀히 여겨 왔다. 우리는 그런 식물을 연고로 쓰기 위해서 기름과 함께 으깼고, 종교 의식을 위해서 나무와 수지를 태웠고, 황금이나 목숨과 맞바꾸어 향신료로 쓸 향기로운 씨앗을 얻었고, 새로운 종류의 향기로운 식물을 찾기 위해서 세계를 여행했고, 죽은 이를 추모하기 위해 꽃을 놓았고, 다양한 정원에서 꽃을 가꾸었고, 열과 증기로 그 향기를 추출했고, 산업을 지탱해 줄 향기 분자를 발견했다. 탐험가, 기업가, 왕족, 정원사, 과학자는 향기의 원천과 비밀을 탐색했다. 향기는 우리에게 평안을 가져다줄지도 모른다. 그 형태는 우리가 스트레스를 받을 때 켜는 예쁜 향초일 수도 있고, 하루를 마무리하는 라벤더 목욕일 수도 있고, 한 번의 분사로 활기를 가져다주는 향수일 수도 있고, 정원에서 만들어 온 엉성한 꽃다발일 수도 있다. 식물의 처지에서 보면, 향기 분자를 만드는 것은 자신을 위해서일 뿐이다. 식물은 흩날리는 향기의 설계자이다. 흰 꽃의 상징과도 같은 치자나무 꽃은 마치 우리를 비웃기라도 하듯이 그 진한 향기를 공기 중으로 아낌없이 내뿜는다.

감사의 말

향기 분자에 대한 책을 믿어 주고, 노련한 길잡이가 되어 준 담당 편집자 진 E. 톰슨 블랙에게 감사를 전한다. 내 특별한 에이전트인 마사 홉킨스는 이 여정을 이끌어 주었고, 벌과 꽃이 보이면 내게 알려 주었다. 앨리스 라슨은 이 이야기를 어떻게 풀어 나가야 할지를 내가 알아낼 수 있도록 도와주었다. 레너드 펄스틴은 이 오랜 여정 내내 응원해 주었고, 내 자문가가 되어 주었으며, 내가 향기에 대한 길을 시작할 수 있게 해주었다. 예일 대학교 출판부의 재능 있는 편집 팀의 제작 편집자 메리 패스티, 보조 편집자 어맨다 거스턴펠드와 엘리자베스 실비아, 디자이너 더스틴 킬고어, 제작 책임자 케이티 골든, 원고를 교정해 준 로라 존스 둘리에게도 감사를 전한다. 아냐 매코이는 스승이자 인생 선배로서 많은 가르침을 주었고, 맨디 애프텔은 내게 영감을 준 스승이다. 제시카 해나와 매기 마부비언과 멜라니 캠프는 내가 이 일을 할 수 있다고 생각할 수 있게 도와주었다. 기비 쿠리아코세 박사는 현장에서 얻은 카르다몸에 대한 자신의 경험을 공유해 주었고, 트뤼그베 해리스는 유향에 대한 생생한 지식을 나눠 주었다. 도나 해서웨이, 수전 마리노브스키, 보니 커, 아이다 마이스터는 여러 초안을 읽고 유용한 의견을 제시해 주었고, 데이비드 하우스 박사와 슈테판 부흐만 박사와 어느 익명의 독자는 통찰력 있는 논평과 응원을 해주었다. 향기에 대해 더없이 멋진 글을 쓰는 미셸린 카멘과 사플로르봉ÇaFleureBon 사이트의 팀원들은 내 출발점이 되어 주었다. 재스민과 관련하여 밑그림을 그리고 이해하는 방법에 대한 모든 기술을 알려 준 에릭 라슨, 나의 향기 세계를 알리는 데 도움을 준 더글러스 데커, 케이틀린 브린, JK 드랩, 댄 리글러, 향수와 훈향을 만드는 장인들, 수년에 걸쳐서 이국적인 향료와 여러 멋진 향유에 대한 해박한 지식이 담긴 글을 자신의 블로그에 올려 준 크리스토퍼 맥마흔, 모두에게 감사 인사를 전한다. 나의 부모님, 펀과 레오 버넌은 늘 정원을 가꾸었다. 아버지는 1.5미터짜리 쇠지레로 유타의 거대한 돌덩이를 옮겨서 모양을 잡았고, 어머니는 그곳을 예쁘게 꾸몄다. 내 형제자매인 릭, 마티, 질, 에릭은 그 모험을 함께 해주었고, 내가 많은 추억을 만들 수 있게 도와주었다. 햇빛과 공기와 물과 흙의 양분을 받아서 아름다움과 향기를 만들어 준 식물, 우리 지구, 그리고 정원과 공원과 야생의 들판을 사랑하고 보살피는 사람들에게도 고마움을 전하고 싶다.

주

1장 태우는 나무: 유향, 몰약, 코펄

1 Jean H. Langenheim, *Plant Resins: Chemistry, Evolution, Ecology, and Ethnobotany* (Portland, Ore.: Timber Press, 2003), 23–44.

2 Martin Watt and Wanda Sellar, *Frankincense and Myrrh* (Essex, U.K.: C. W. Daniel 1996), 26–28; Martin Booth, *Cannabis: A History* (New York: Thomas Dunne, 2015), chap. 1, Kindle.

3 Charles Sell, *Understanding Fragrance Chemistry* (Carol Stream, Ill.: Allured, 2008), 293–95.

4 William J. Bernstein, *A Splendid Exchange: How Trade Shaped the World* (New York: Atlantic Monthly Press, 2008), 25–26.

5 Arthur O. Tucker, "Frankincense and Myrrh," *Economic Botany* 40 (1986): 425–33.

6 F. Nigel Hepper, "Arabian and African Frankincense Trees," *Journal of Egyptian Archaeology* 55 (August 1969): 66–72; Mulugeta Mokria et al., "The Frankincense Tree *Boswellia neglecta* Reveals High Potential for Restoration of Woodlands in the Horn of Africa," *Forest Ecology and Management* 385 (2017): 16–24.

7 Mulugeta Lemenih and Habtemariam Kassa, *Management Guide for Sustainable Production of Frankincense: A Manual for Extension Workers and Companies Managing Dry Forests for Resin Production and Marketing* (Bogor, Indonesia: Center for International Forestry Research, 2011).

8 Marcello Tardelli and Mauro Raffaelli, "Some Aspects of the Vegetation of Dhofar (Southern Oman)," *Bocconea* 19 (2006): 109–12.

9 Trygve Harris, "About Our Frankincense," Enfleurage Middle East, https://enfleurage.me/about-our-frankincense. Descriptions of frankincense in Oman with excellent photos of the trees in their native habitat.

10 Renata G. Tatomir, "To Cause 'to Make Divine' through Smoke: Ancient Egyptian Incense and Perfume: An Inter- and Transdisciplinary Re-Evaluation of Aromatic Biotic Materials Used by the Ancient Egyptians," in *Studies in Honour of Professor Alexandru Barnea*, ed. Romeo Cîrjan and Carol Căpiţă Muzeul Brăilei Adriana Panaite (Brăila, Romania: Muzeul Brăilei "Carol I"—Editura Istros, 2016).

11 William J. Bernstein, *A Splendid Exchange: How Trade Shaped the World* (New York: Atlantic Monthly Press, 2008), 25–26.

12 Jacke Phillips, "Punt and Aksum: Egypt and the Horn of Africa," *Journal of African History* 38 (1997): 423–57.

13 Jan Retsö, "The Domestication of the Camel and the Establishment of the Frankincense Road from South Arabia," *Orientalia Suecana* 40 (1991): 187–219.

14 Ryan J. Case, Arthur O. Tucker, Michael J. Maciarello, and Kraig A. Wheeler, "Chemistry and Ethnobotany of Commercial Incense Copals, Copal Blanco, Copal Oro, and Copal Negro, of North America," *Economic Botany* 57 (2003): 189–202.

15 Giulia Gigliarelli, Judith X. Becerra, Massimo Cirini, and Maria Carla Marcotullio, "Chemical Composition and Biological Activities of Fragrant Mexican Copal (*Bursera* spp.)," *Molecules* 20 (2015): 22383–94.

16 Philip H. Evans, Judith X. Becerra, D. Lawrence Venable, and William S. Bowers, "Chemical Analysis of Squirt-Gun Defense in *Bursera* and Counterdefense by Chrysomelid Beetles," *Journal of Chemical Ecology* 26 (2000): 745–54.

17 Ryan C. Lynch et al., "Genomic and Chemical Diversity in Cannabis," *Critical Reviews in Plant Sciences* 35 (2016): 349–63.

18 Michael Pollan, *The Botany of Desire: A Plant's-Eye View of the World* (New York: Random House, 2001), 111–80.

19 Christelle M. André, Jean-François Hausman, and Gea Guerriero, "*Cannabis sativa*: The Plant of the Thousand and One Molecules," *Frontiers in Plant Science* 7 (2016), 1–17; Ethan B. Russo, "Taming THC: Potential Cannabis Synergy and Phytocannabinoid-Terpenoid Entourage Effects," *British Journal of Pharmacology* 163 (2011): 1344–64.

2장 향기로운 나무: 침향나무와 단향나무

1 Arlene López-Sampson and Tony Page, "History of Use and Trade of Agarwood," *Economic Botany* 72 (2018): 107–29.

2 Regula Naef, "The Volatile and Semi-Volatile Constituents of Agarwood, the Infected Heartwood of *Aquilaria* Species: A Review," *Flavour and Fragrance Journal* 26 (2011): 73–87.

3 Juan Liu et al., "Agarwood Wound Locations Provide Insight into the Association between Fungal Diversity and Volatile Compounds in *Aquilaria sinensis*," *Royal Society Open Science* 6 (2019): 190211; Putra Desa Azren, Shiou Yih Lee, Diana Emang, and Rozi Mohamed, "History and Perspectives of Induction Technology for Agarwood Production from Cultivated *Aquilaria* in Asia: A Review," *Journal of Forestry Research* 30 (2018): 1–11; Gao Chen, Changqiu Liu, and Weibang Sun, "Pollination and Seed Dispersal of *Aquilaria sinensis* (Lour.) Gilg (Thymelaeaceae): An Economic Plant Species with Extremely Small Populations in China," *Plant Diversity* 38 (2016): 227–32.

4 P. Saikia and M. L. Khan, "Ecological Features of Cultivated Stands of *Aquilaria malaccensis* Lam. (Thymelaeaceae), a Vulnerable Tropical Tree Species in Assamese Homegardens," *International Journal of Forestry Research* 2014 (2014): 1–16; Subhan C. Nath and Nabin Saikia, "Indigenous Knowledge on Utility and Utilitarian Aspects of *Aquilaria malaccensis* Lamk. in Northeast India," *Indian Journal of Traditional Knowledge* 1 (October 2002): 47–58.

5 D. G. Donovan, and R. K. Puri, "Learning from Traditional Knowledge of Non-Timber Forest Products: Penan Benalui and the Autecology of *Aquilaria* in Indonesian Borneo," *Ecology and Society* 9 (2004): 3.

6 Kikiyo Morita, *The Book of Incense: Enjoying the Traditional Art of Japanese Scents* (Tokyo: Kodansha International, 1992), chaps. 2–4; David Howes, "Hearing Scents, Tasting Sights: Toward a Cross-Cultural Multimodal Theory of Aesthetics," in *Art and the Senses*, ed. David Melcher and Francesca Bacci (Oxford: Oxford University Press, 2011), 172–74.

7 Rozi Mohamed and Shiou Yih Lee, "Keeping up Appearances: Agarwood Grades and Quality," in *Agarwood*, ed. Rozi Mohamed (Singapore: Springer

Science + Business Media, 2016), 149–67; Pearlin Shabna Naziz, Runima Das, and Supriyo Sen, "The Scent of Stress: Evidence from the Unique Fragrance of Agarwood," *Frontiers in Plant Science* 10 (2019): 840.

8 A. N. Arun Kumar, Geeta Joshi, and H. Y. Mohan Ram, "Sandalwood: History, Uses, Present Status and the Future," *Current Science* 103 (2012): 1408–16.

9 Danica T. Harbaugh and Bruce G. Baldwin, "Phylogeny and Biogeography of the Sandalwoods (*Santalum*, Santalaceae): Repeated Dispersals Throughout the Pacific," *American Journal of Botany* 94 (2007): 1028–40.

10 Harbaugh and Baldwin, "Phylogeny," 1036.

11 B. Dhanya, Syam Viswanath, and Seema Purushothman, "Sandal (*Santalum album* L.) Conservation in Southern India: A Review of Policies and Their Impacts," *Journal of Tropical Agriculture* 48 (2010): 1–10.

12 Kushan U. Tennakoon and Duncan D. Cameron, "The Anatomy of *Santalum album* (Sandalwood) Haustoria," *Canadian Journal of Botany* 84 (2006): 1608–16; P. Balasubramanian, R. Aruna, C. Anbarasu, and E. Santhoshkumar, "Avian Frugivory and Seed Dispersal of Indian Sandalwood *Santalum album* in Tamil Nadu, India," *Journal of Threatened Taxa* 3 (2011): 1775–77.

13 Mark Merlin and Dan VanRavenswaay, "History of Human Impact on the Genus *Santalum* in Hawai'i," in *Proceedings of the Symposium on Sandalwood in the Pacific, April 9–11, 1990, Honolulu, Hawaii*, USDA Forest Service General Technical Report PSW-122 (Berkeley, Calif.: Pacific Southwest Research Station, 1990), 46–60.

14 Pamela Statham, "The Sandalwood Industry in Australia: A History," in *Proceedings of the Symposium on Sandalwood in the Pacific, April 9–11, 1990, Honolulu, Hawaii*, USDA Forest Service General Technical Report PSW-122 (Berkeley, Calif.: Pacific Southwest Research Station, 1990), 26–38.

15 Jyoti Marwah, "Research Report for Historical Study of Attars and Essence Making in Kannauj" (Navi Mumbai, India: University of Mumbai, 2012–2014).

16 Günther Ohloff, Wilhelm Pickenhagen, and Philip Kraft, *Scent and Chemistry: The Molecular World of Odors* (Zurich: Wiley-VCH, 2012), 39.

향신료

1 Peter Frankopan, *The Silk Roads: A New History of the World* (New York: Alfred A. Knopf, 2015): xiv–xvii.

2 J. M. Haigh, "The British Dispensatory, 1747," *South African Medical Journal* 48 (1974): 2042–44.

3장 서고츠산맥의 향신료

1 C. Elouard et al., "Monitoring the Structure and Dynamics of a Dense Moist Evergreen Forest in the Western Ghats (Kodagu District, Karnataka, India)," *Tropical Ecology* 38 (1997): 193–214.

2 Marjorie Shaffer, *Pepper: A History of the World's Most Influential Spice* (New York: Thomas Dunne Books, St. Martin's Press, 2013), chap. 2, Kindle.

3 Fenglin Gu, Feifei Huang, Guiping Wu, and Hongying Zhu, "Contribution of Polyphenol Oxidation, Chlorophyll and Vitamin C Degradation to the Blackening of *Piper nigrum* L.," *Molecules* 23 (2018): 370–83; K. A. Buckle, M. Rathnawthie, and J. J. Brophy, "Compositional Differences of Black, Green and White Pepper (*Piper nigrum* L.) Oil from Three Cultivars," *Journal of Food Technology* 20 (1985): 599–613.

4 William J. Bernstein, *A Splendid Exchange: How Trade Shaped the World* (New York: Atlantic Monthly Press, 2008), 99–103.

5 K. G. Sajeeth Kumar, S. Narayanan, V. Udayabhaskaran, and N. K. Thulaseedharan, "Clinical and Epidemiologic Profile and Predictors of Outcome of Poisonous Snake Bites—an Analysis of 1,500 Cases from a Tertiary Care Center in Malabar, North Kerala, India," *International Journal of General Medicine* 11 (2018): 209–16.

6 Sebastián Montoya-Bustamante, Vladimir Rojas-Díaz, and Alba Marina Torres-González, "Interactions between Frugivorous Bats (Phyllostomidae) and *Piper tuberculatum* (Piperaceae) in a Tropical Dry Forest Remnant in Valle del Cauca, Colombia," *Revista de Biología Tropical* 64 (2016): 701–13.

7 W. John Kress and Chelsea D. Specht, "Between Cancer and Capricorn: Phylogeny, Evolution and Ecology of the Primarily Tropical Zingiberales," *Biologiske Skrifter* 55 (2005): 459–78.

8 P. N. Ravindran and K. N. Babu, eds., *Ginger: The Genus Zingiber* (Boca Raton, Fla.: CRC Press, 2005), 552.

9 Giby Kuriakose, Palatty Allesh Sinu, and K. R. Phivanna, "Domestication of Cardamom (*Elettaria cardamomum*) in Western Ghats, India: Divergence in Productive Traits and a Shift in Major Pollinators," *Annals of Botany* 103 (2009): 727–33; Stuart Farrimond, *The Science of Spice: Understand Flavor Connections and Revolutionize Your Cooking* (New York: DK, 2018), 134–35.

10 Margaret Mayfield and Vasuki V. Belavadi, "Cardamom in the Western Ghats: Bloom Sequences Keep Pollinators in Fields," in *Global Action on Pollination Services for Sustainable Agriculture, Tools for Conservation and Use of Pollination Services: Initial Survey of Good Pollination Practices* (Rome: FAO, 2008), 69–84.

11 Pei Chen, Jianghao Sun, and Paul Ford, "Differentiation of the Four Major Species of Cinnamons (*C. burmannii, C. verum, C. cassia,* and *C. loureiroi*) Using a Flow Injection Mass Spectrometric (FIMS) Fingerprinting Method," *Journal of Agricultural and Food Chemistry* 62 (2014): 2516–21; Gopal R. Mallavarapu and B. R. Rajeswara Rao, "Chemical Constituents and Uses of *Cinnamomum zeylanicum* Blume," in *Aromatic Plants from Asia: Their Chemistry and Application in Food and Therapy,* ed. Leopold Jirovetz, Nguyen Xuân Dung, and V. K. Varshney (Dehradun, India: Har Krishan Bhalla and Sons, 2007), 49–75.

12 Jack Turner, *Spice: The History of a Temptation* (New York: Random House, 2008), 145–82.

4장 향신료 제도

1 "The Historic and Marine Landscape of the Banda Islands," UNESCO, January 30, 2015, https://whc.unesco.org/en/tentativelists/6065/.

2 T. R. van Andel, J. Mazumdar, E. N. T. Barth, and J. F. Veldkamp, "Possible Rumphius Specimens Detected in Paul Hermann's Ceylon Herbarium (1672–1679) in Leiden, The Netherlands," *Blumea—Biodiversity, Evolution and Biogeography of Plants* 63 (2018): 11–19.

3 Manju V. Sharma and Joseph E. Armstrong, "Pollination of *Myristica* and

Other Nutmegs in Natural Populations," *Tropical Conservation Science* 6 (2013): 595–607.

4 Diego Francisco Cortés-Rojas, Cláudia R. F. de Souza, and Wanderley Pereira Oliveira, "Clove (*Syzygium aromaticum*): A Precious Spice," *Asian Pacific Journal of Tropical Biomedicine* 4 (2014): 90–96.

5 Stuart Farrimond, *The Science of Spice: Understand Flavor Connections and Revolutionize Your Cooking* (New York: DK, 2018), 12–15.

5장 사프란, 바닐라, 초콜릿

1 Maria Grilli Caiola and Antonella Canini, "Looking for Saffron's (*Crocus sativus* L.) Parents," in *Saffron*, ed. Amjad M. Husaini (Ikenobe, Japan: Global Science Books, 2010), 1–14.

2 Juno McKee and A. J. Richards, "Effect of Flower Structure and Flower Colour on Intrafloral Warming and Pollen Germination and Pollen-Tube Growth in Winter Flowering *Crocus* L. (Iridaceae)," *Botanical Journal of the Linnean Society* 128 (1998): 369–84; Casper J. van der Kooi, Peter G. Kevan, and Matthew H. Koski, "The Thermal Ecology of Flowers," *Annals of Botany* 124 (2019): 343–53.

3 Angela Rubio et al., "Cytosolic and Plastoglobule-Targeted Carotenoid Dioxygenases from *Crocus sativus* Are Both Involved in β-Ionone Release," *Journal of Biological Chemistry* 283 (2008): 24816–25.

4 Victoria Finlay, *Color: A Natural History of the Palette* (New York: Random House, 2004), 202–44; Corine Schleif, "Medieval Memorials: Sights and Sounds Embodied; Feelings, Fragrances and Flavors Re-membered," *Senses and Society* 5 (2010): 73–92.

5 J. C. Motamayor et al., "Cacao Domestication I: The Origin of the Cacao Cultivated by the Mayas," *Heredity* 89 (2002): 380–86.

6 Luis D. Gómez P., "*Vanilla planifolia,* the First Mesoamerican Orchid Illustrated, and Notes on the de la Cruz-Badiano Codex," *Lankesteriana* 8 (2008): 81–88.

7 Gigant Rodolphe, Séverine Bory, Michel Grisoni, and Pascale Besse, "Biodiversity and Evolution in the *Vanilla* Genus," in *The Dynamical Processes of Biodiversity: Case Studies of Evolution and Spatial Distribution,*

ed. Oscar Grillo (InTechOpen, 2011), doi: 10.5772/24567.

8 R. Kahane et al., "Bourbon Vanilla: Natural Flavour with a Future," *Chronica Horticulturae* 48 (2008): 23–29; Nethaji J. Gallage et al., "The Intracellular Localization of the Vanillin Biosynthetic Machinery in Pods of *Vanilla planifolia*," *Plant and Cell Physiology* 59 (2018): 304–18.

9 Corine Cochennec and Corinne Duffy, "Authentication of a Flavoring Substance: The Vanillin Case," *Perfumer and Flavorist* 44 (2019): 30–43.

10 Kimberley J. Hockings, Gen Yamakoshi, and Tetsuro Matsuzawa, "Dispersal of a Human-Cultivated Crop by Wild Chimpanzees (*Pan troglodytes verus*) in a Forest–Farm Matrix," *International Journal of Primatology* 38 (2016): 172–93; Maarten van Zonneveld et al., "Human Diets Drive Range Expansion of Megafauna-Dispersed Fruit Species," *PNAS* 115 (2018): 3326–31.

11 Kofi Frimpong-Anin, Michael K. Adjaloo, Peter K. Kwapong, and William Oduro, "Structure and Stability of Cocoa Flowers and Their Response to Pollination," *Journal of Botany* 2014 (2014): 513623.

12 Eric A. Frimpong, Barbara Gemmill-Herren, Ian Gordon, and Peter K. Kwapong,"Dynamics of Insect Pollinators as Influenced by Cocoa Production Systems in Ghana," *Journal of Insect Pollination* 5 (2011): 74–80.

13 Crinan Jarrett et al., "Moult of Overwintering Wood Warblers *Phylloscopus sibilatrix* in an Annual-Cycle Perspective," *Journal of Ornithology* 162 (2021): 645–53.

14 Veronika Barišić et al., "The Chemistry Behind Chocolate Production," *Molecules* 24 (2019): 3163; Van Thi Thuy Ho, Jian Zhao, and Graham Fleet, "Yeasts Are Essential for Cocoa Bean Fermentation," *International Journal of Food Microbiology* 174 (2014): 72–87.

15 Efraín M. Castro-Alayo et al., "Formation of Aromatic Compounds Precursors During Fermentation of Criollo and Forastero Cocoa," *Heliyon* 5 (2019): e01157.

향기로운 정원과 향긋한 허브

1 W. E. Friedman, "The Meaning of Darwin's 'Abominable Mystery,' "

American Journal of Botany 96 (2009): 5–21; L. Eiseley, *The Immense Journey* (New York: Vintage Books, 1957), 61–76.

2 Stephen Buchmann, *The Reason for Flowers: Their History, Culture, Biology, and How They Change Our Lives* (New York: Scribner, 2015), 44–61.

3 Chelsea D. Specht and Madelaine E. Bartlett, "Flower Evolution: The Origin and Subsequent Diversification of the Angiosperm Flower," *Annual Review of Ecology, Evolution, and Systematics* 40 (2009): 217–43.

4 Dani Nadel et al., "Earliest Floral Grave Lining from 13,700–11,700-Y-Old Natufian Burials at Raqefet Cave, Mt. Carmel, Israel," *PNAS* 110 (2013): 11774–78.

6장 정원

1 S. Yoshi Maezumi et al., "The Legacy of 4,500 Years of Polyculture Agroforestry in the Eastern Amazon," *Nature Plants* 4 (2018): 540–47.

2 Cynthia Barnett, *Rain: A Natural and Cultural History* (New York: Crown, 2015), 210–26; Saba Tabassum, S. Asif, and A. Naqvi, "Traditional Method of Making Attar in Kannauj," *International Journal of Interdisciplinary Research in Science Society and Culture (IJIRSSC)* 2 (2016): 71–80.

3 L. Mahmoudi Farahani, "Persian Gardens: Meanings, Symbolism, and Design," *Landscape Online* 46 (2016): 1–19; Negar Sanaan Bensi, "The Qanat System: A Reflection on the Heritage of the Extraction of Hidden Waters," in *Adaptive Strategies for Water Heritage: Past, Present and Future*, ed. Carola Hein (Basel: Springer International, 2020), 40–57.

4 Phil L. Crossley, "Just Beyond the Eye: Floating Gardens in Aztec Mexico," *Historical Geography* 32 (2004): 111–35.

5 Wikimedia Contributors, "Gardens of Bomarzo," Wikipedia, https://en.wikipedia.org/wiki/Gardens_of_Bomarzo.

6 Christopher Thacker, *The History of Gardens* (Kent, U.K.: Croom Helm 1979), 263–65.

7 Carolyn Fry, *The Plant Hunters: The Adventures of the World's Greatest Botanical Explorers* (London: Andre Deutsch, 2017).

8 Daniel Stone, *The Food Explorer: The True Adventures of the Globe-Trotting Botanist Who Transformed What America Eats* (New York: Dutton,

2019), 39.

9 Greg Grant and William C. Welch, *The Rose Rustlers* (College Station: Texas A&M University Press, 2017).

7장 향기로운 꽃과 향긋한 허브

1 Alice Walker, *In Search of Our Mothers' Gardens: Prose*, reprint ed. (Boston: Mariner Books, 1983); Dianne D. Glave, "Rural African American Women, Gardening, and Progressive Reform in the South," in "*To Love the Wind and the Rain": African Americans and Environmental History*, ed. Dianne D. Glave and Mark Stoll (Pittsburgh, Pa.: University of Pittsburgh Press, 2006), 37–41.

2 Pat Willmer, *Pollination and Floral Ecology* (Princeton, N.J.: Princeton University Press, 2011), 261–63, 434–35.

3 Siti-Munirah Mat Yunoh, "Notes on a Ten-Perigoned *Rafflesia azlanii* from the Royal Belum State Park, Perak, Peninsular Malaysia," *Malayan Nature Journal* 72 (2020): 11–17.

4 Robert A. Raguso, "Wake Up and Smell the Roses: The Ecology and Evolution of Floral Scent," *Annual Review of Ecology, Evolution, and Systematics* 39 (2008): 549–69.

5 John Paul Cunningham, Chris J. Moore, Myron P. Zalucki, and Bronwen W. Cribb, "Insect Odour Perception: Recognition of Odour Components by Flower Foraging Moths," *Proceedings of the Royal Society B* 273 (2006): 2035–40.

6 Alison Abbott, "Plant Biology: Growth Industry," *Nature* 468 (2010): 886–88; Pavan Kumar, Sagar S. Pandit, Anke Steppuhn, and Ian T. Baldwin, "Natural History-Driven, Plant-Mediated RNAi-Based Study Reveals *CYP6B46*'s Role in a Nicotine-Mediated Antipredator Herbivore Defense," *PNAS* 111 (2014): 1245–52.

7 Danny Kessler, Celia Diezel, and Ian T. Baldwin, "Changing Pollinators as a Means of Escaping Herbivores," *Current Biology* 20 (2010): 237–42.

8 Anne Charlton, "Medicinal Uses of Tobacco in History," *Journal of the Royal Society of Medicine* 97 (2004): 292–96; Sterling Haynes, "Tobacco Smoke Enemas," *BC Medical Journal* 54 (2012): 496–97; Christine

Makosky Daley et al., " 'Tobacco Has a Purpose, Not Just a Past': Feasibility of Developing a Culturally Appropriate Smoking Cessation Program for a Pan-Tribal Native Nation," *Medical Anthropology Quarterly* 20 (2006): 421–40.

9 E. A. D. Mitchell et al., "A Worldwide Survey of Neonicotinoids in Honey," *Science* 358 (2017): 109–11; Thomas James Wood and Dave Goulson, "The Environmental Risks of Neonicotinoid Pesticides: A Review of the Evidence Post 2013," *Environmental Science and Pollution Research* 24 (2017): 17285–325; Ken Tan et al., "Imidacloprid Alters Foraging and Decreases Bee Avoidance of Predators," *PLoS ONE* 9 (2014): e102725.

10 Philip W. Rundel et al., "Mediterranean Biomes: Evolution of Their Vegetation, Floras, and Climate," *Annual Review of Ecology, Evolution, and Systematics* 47 (2016): 383–407.

11 Ben P. Miller and Kingsley W. Dixon, "Plants and Fire in Kwongan Vegetation," in *Plant Life on the Sandplains in Southwest Australia: A Global Biodiversity Hotspot*, ed. Hans Lambers (Perth: University of Western Australia Publishing, 2014), 147–70; Şerban Proches¸ et al., "An Overview of the Cape Geophytes," *Biological Journal of the Linnean Society* 87 (2006): 27–43; David Barraclough and Rob Slotow, "The South African Keystone Pollinator *Moegistorhynchus longirostris* (Wiedemann, 1819) (Diptera: Nemestrinidae): Notes on Biology, Biogeography and Proboscis Length Variation," *African Invertebrates* 51 (2010): 397–403.

12 Robert A. Raguso and Eran Pichersky, "New Perspectives in Pollination Biology: Floral Fragrances. A Day in the Life of a Linalool Molecule: Chemical Communication in a Plant-Pollinator System. Part 1: Linalool Biosynthesis in Flowering Plants," *Plant Species Biology* 14 (1999): 95–120.

13 Maria Lis-Balchin, ed., *Lavender: The Genus "Lavandula"* (London: Taylor and Francis, 2002), 45.

14 Yann Guitton et al., "Differential Accumulation of Volatile Terpene and Terpene Synthase mRNAs During Lavender (*Lavandula angustifolia* and *L. x intermedia*) Inflorescence Development," *Physiologia Plantarum* 138 (2010): 150–63.

15 Carlos M. Herrera, "Daily Patterns of Pollinator Activity, Differential

Pollinating Effectiveness, and Floral Resource Availability, in a Summer-Flowering Mediterranean Shrub," *Oikos* 58 (1990): 277–88.

8장 장미

1 Natalia Dudareva and Eran Pichersky, "Biochemical and Molecular Genetic Aspects of Floral Scents," *Plant Physiology* 122 (2000): 627–34.

2 Constance Classen, *Worlds of Sense: Exploring the Senses in History and Across Cultures* (London: Routledge, 1993), chap. 1; Alain Corbin, *The Foul and the Fragrant: Odour and the Social Imagination* (London: Papermac/Macmillan, 1986), 89–100.

3 Charles Quest-Ritson and Brigid Quest-Ritson, *The American Rose Society Encyclopedia of Roses: The Definitive A–Z Guide to Roses* (London: DK Adult, 2003).

4 Peter E. Kukielski with Charles Phillips, *Rosa: The Story of the Rose* (New Haven: Yale University Press, 2021), 164–70.

5 A. S. Shawl and Robert Adams, "Rose Oil in Kashmiri India," *Perfumer & Flavorist* 34 (2009): 22–25.

6 P. I. Orozov, *The Rose—Its History* (Kazanlak, Bulgaria: Petko Iv. Orozoff et Fils, n.d.).

7 Gabriel Scalliet et al., "Scent Evolution in Chinese Roses," *PNAS* 105 (2008): 5927–32; Jean-Claude Caissard et al., "Chemical and Histochemical Analysis of 'Quatre Saisons Blanc Mousseux,' a Moss Rose of the *Rosa × damascena* Group," *Annals of Botany* 97 (2006): 231–38.

8 P. G. Kevan, "Pollination in Roses," in *Reference Module in Life Sciences* (Elsevier, 2017), https://doi.org/10.1016/B978-0-12-809633-8.05070-6.

9 Robert Dressler, *The Orchids: Natural History and Classification* (Cambridge, Mass.: Harvard University Press, 1981), 6–9, 140–41.

10 Salvatore Cozzolino and Alex Widmer, "Orchid Diversity: An Evolutionary Consequence of Deception?," *Trends in Ecology and Evolution* 20 (2005): 487–94; Stephen L. Buchmann and Gary Paul Nabhan, *The Forgotten Pollinators* (Washington, D.C.: Island Press/Shearwater Books, 1996), 47–64.

11 Claire Micheneau, Steven D. Johnson, and Michael F. Fay, "Orchid

Pollination: From Darwin to the Present Day," *Botanical Journal of the Linnean Society* 161 (2009): 1–19.

향수 제조, 만다린에서 머스크까지

1 Ann Harman, *Harvest to Hydrosol: Distill Your Own Exquisite Hydrosols at Home* (Fruitland, Wash.: IAG Botanics, 2015), 3–7.

2 Ernest Guenther, *The Essential Oils,* vol. 1: *History – Origin in Plants – Production – Analysis* (New York: D. Van Nostrand, 1948), 189–98.

9장 소박한 시작: 민트와 투르펜틴

1. Mandy Aftel, *Fragrant: The Secret Life of Scent* (New York: Riverhead Books, 2014), 79–122; Dan Allosso, *Peppermint Kings: A Rural American History* (New Haven: Yale University Press, 2020).

2 John C. Leffingwell et al., "Clary Sage Production in the Southeastern United States," in *6th International Congress of Essential Oils* (San Francisco, 1974).

3 William M. Ciesla, Non-Wood Forest Products from Conifers (Rome: FAO, 1998); Cassandra Y. Johnson and Josh McDaniel, "Turpentine Negro," in "*To Love the Wind and the Rain": African Americans and Environmental History*, ed. Dianne D. Glave and Mark Stoll (Pittsburgh, Pa.: University of Pittsburgh Press, 2006), 51–62.

4 Susan Trapp and Rodney Croteau, "Defensive Resin Biosynthesis in Conifers," *Annual Review of Plant Biology* 52 (2001): 689–724.

5 Aljos Farjon, "The Kew Review: Conifers of the World," *Kew Bulletin* 73 (2018): 8.

6 Herbert L. Edlin, *Know Your Conifers*, Forestry Commission Booklet No. 15 (London: Her Majesty's Stationery Office, 1966); James E. Eckenwalder, *Conifers of the World: The Complete Reference* (Portland, Ore.: Timber Press, 2009).

7 S. Khuri et al., "Conservation of the *Cedrus libani* Populations in Lebanon: History, Current Status and Experimental Application of Somatic Embryogenesis," *Biodiversity and Conservation* 9 (2000): 1261–73.

10장 향기 노트

1 G. W. Septimus Piesse, *The Art of Perfumery and Method of Obtaining the Odors of Plants* (Philadelphia: Lindsay and Blakiston, 1857), 162–63.

2 "The Skills Related to Perfume in Pays de Grasse: The Cultivation of Perfume Plants, the Knowledge and Processing of Natural Raw Materials, and the Art of Perfume Composition," UNESCO, https://ich.unesco.org/en/RL/the-skills-related-to-perfume-in-pays-de-grasse-the-cultivation-of-perfume-plants-the-knowledge-and-processing-of-natural-raw-materials-and-the-art-of-perfume-composition-01207.

3 J. W. Kesterson, R. Hendrickson, and R. J. Braddock, *Florida Citrus Oils* (Gainesville: University of Florida Agricultural Experiment Stations, 1971), 6–7.

4 Steffen Arctander, *Perfume and Flavor Materials of Natural Origin* (Carol Stream, Ill.: Allured, 1994), 69–70.

5 Gina Maruca et al., "The Fascinating History of Bergamot (*Citrus bergamia* Risso & Poiteau), the Exclusive Essence of Calabria: A Review," *Journal of Environmental Science and Engineering A* 6 (2017): 22–30.

6 Guohong Albert Wu et al., "Genomics of the Origin and Evolution of Citrus," *Nature* 554 (2018): 311–16.

7 Pierre-Jean Hellivan, "Jasmine: Reinventing the 'King of Perfumes,' " *Perfumer & Flavorist* 34 (2009): 42–51.

8 Peter Green and Diana Miller, *The Genus* Jasminum *in Cultivation* (Kew, U.K.: Royal Botanic Gardens, Kew, 2010), 1; A. B. Camps, "Atypical Jasmines in Perfumery," *Perfumer & Flavorist* 34 (2009): 20–26.

9 N. S. Lestari, "Jasmine Flowers in Javanese Mysticism," *International Review of Humanities Studies* 4 (2019): 192–200.

10 International Federation of Essential Oils and Aroma Trades, "Jasmine: An Overview of Its Essential Oils and Sources," *Perfumer & Flavorist*, January 28, 2019, www.perfumerflavorist.com/fragrance/rawmaterials/natural/Jasmine-An-Overview-of-its-Essential-Oils--Sources-504866941.html.

11 Olivier Cresp, Jacques Cavalier, Pierre-Alain Blanc, and Alberto Morillas, "Let There Be Light: 50 Years of Hedione," *Perfumer & Flavorist* 36 (2011): 24–26.

12 Ziqiang Zhu and Richard Napier, "Jasmonate — a Blooming Decade," *Journal of Experimental Botany* 68 (2017): 1299–302; Parvaiz Ahmad et al., "Jasmonates: Multifunctional Roles in Stress Tolerance," *Frontiers in Plant Science* 7 (2016): 1–15.

13 Selena Gimenez-Ibanez and Roberto Solano, "Nuclear Jasmonate and Salicylate Signaling and Crosstalk in Defense Against Pathogens," *Frontiers in Plant Science* 4 (2013): 72.

14 Rodrigo Barba-Gonzalez et al., "Mexican Geophytes I. The Genus *Polianthes*," *Floriculture and Ornamental Biotechnology* 6 (2012): 122–28.

15 A. J. Beattie, "The Floral Biology of Three Species of *Viola*," *New Phytologist* 68 (1969): 1187–201; J. P. Bizoux et al., "Ecology and Conservation of Belgian Populations of *Viola calaminara,* a Metallophyte with a Restricted Geographic Distribution," *Belgian Journal of Botany* 137 (2004): 91–104.

16 Günther Ohloff, Wilhelm Pickenhagen, and Philip Kraft, *Scent and Chemistry: The Molecular World of Odors* (Zurich: Wiley-VCH, 2012), 191–92.

17 Jianxin Fu et al., "The Emission of the Floral Scent of Four *Osmanthus fragrans* Cultivars in Response to Different Temperatures," *Molecules* 22 (2017): 430.

18 Joshua P. Shaw, Sunni J. Taylor, Mary C. Dobson, and Noland H. Martin, "Pollinator Isolation in Louisiana Iris: Legitimacy and Pollen Transfer," *Evolutionary Ecology Research* 18 (2017): 429–41.

19 Kapil Kishor Khadka and Douglas A. James, "Habitat Selection by Endangered Himalayan Musk Deer (*Moschus chrysogaster*) and Impacts of Livestock Grazing in Nepal Himalaya: Implications for Conservation," *Journal for Nature Conservation* 31 (2016): 38–42; Thinley Wangdi et al., "The Distribution, Status and Conservation of the Himalayan Musk Deer *Moschus chrysogaster* in Sakteng Wildlife Sanctuary," *Global Ecology and Conservation* 17 (2019): e00466.

20 D. Mudappa, "Herpestids, Viverrids and Mustelids," in *Mammals of South Asia,* ed. A. J. T. Johnsingh and Nima Manjrekar, vol. 1 (Hyderabad, India: Universities Press, 2012), 471–98.

21 R. Clarke, "The Origin of Ambergris," *Latin American Journal of Aquatic*

Mammals 5 (2006): 7–21; Christopher Kemp, *Floating Gold: A Natural (and Unnatural) History of Ambergris* (Chicago: University of Chicago Press, 2012), 13–16.

11장 불가능한 꽃과 향수 만들기

1 Marc O. Waelti, Paul A. Page, Alex Widmer, and Florian P. Schiestl, "How to Be an Attractive Male: Floral Dimorphism and Attractiveness to Pollinators in a Dioecious Plant," *BMC Evolutionary Biology* 9 (2009): 190; S. Dötterl and A. Jürgens, "Spatial Fragrance Patterns in Flowers of *Silene latifolia*: Lilac Compounds as Olfactory Nectar Guides?," *Plant Systematics and Evolution* 255 (2005): 99–109.

2 Chloé Lahondère et al., "The Olfactory Basis of Orchid Pollination by Mosquitoes," *PNAS* 117 (2020): 708–16.

3 G. W. Septimus Piesse, *The Art of Perfumery and Method of Obtaining the Odors of Plants* (Philadelphia: Lindsay and Blakiston, 1857).

12장 향기의 세계: 산업과 패션

1 Alain Corbin, *The Foul and the Fragrant: Odour and the Social Imagination* (London: Papermac/Macmillan 1986), 176–81.

2 George S. Clark, "An Aroma Chemical Profile: Coumarin," *Perfumer and Flavorist* 20 (1995): 23–34; Robin Wall Kimmerer, *Braiding Sweetgrass: Indigenous Wisdom, Scientific Knowledge, and the Teachings of Plants* (Minneapolis, Minn.: Milkweed Editions, 2013), 156–57.

3 Günther Ohloff, Wilhelm Pickenhagen, and Philip Kraft, *Scent and Chemistry: The Molecular World of Odors* (Zurich: Wiley-VCH, 2012), 7.

4 Anne-Dominique Fortineau, "Chemistry Perfumes Your Daily Life," *Journal of Chemistry Education* 81 (2004): 45–50.

5 Tilar J. Mazzeo, *The Secret of Chanel No. 5: The Intimate History of the World's Most Famous Perfume* (New York: Harper Perennial, 2011), 59–72.

6 Jean-Claude Ellena, *Perfume: The Alchemy of Scent* (New York: Arcade, 2011).

7 Catherine L. Ludlow et al., "Independent Origins of Yeast Associated with Coffee and Cacao Fermentation," *Current Biology* 26 (2016): 965–71.

8 Erick J. Vandamme, "Bioflavours and Fragrances via Fungi and Their Enzymes," *Fungal Diversity* 13 (2003): 153–66.

9 Anya McCoy, *Homemade Perfume: Create Exquisite, Naturally Scented Products to Fill Your Life with Botanical Aromas* (Salem, Mass.: Page Street, 2018).

10 Mandy Aftel, *Essence and Alchemy: A Natural History of Perfume* (Layton, Utah: Gibbs Smith, 2001); Harold McGee, *Nose Dive: A Field Guide to the World's Smells* (New York: Penguin, 2020).

용어 풀이

가위벌leafcutter bee 가위벌과Megachilidae에 속하는 벌로, 단독 생활을 한다. 구멍 안쪽에 잘라 낸 나뭇잎을 덧대어 둥지를 만들며, 중요한 꽃가루 매개 동물일 수도 있다.

감칠맛umami 식품에서 진하고 좋은 풍미를 묘사하는 맛의 한 종류.

개화기anthesis 꽃이 완전히 피어서 수분이 되는 시기.

겉씨식물gymnosperm 씨앗이 감싸여 보호되지 않고 겉으로 드러나 있는 식물.

게라니올geraniol 꽃 향, 장미 향, 달콤한 냄새를 내는 분자. 다양한 꽃향기에서 발견된다.

균류fungus 유기물을 먹고, 포자를 이용해서 번식하는 유기체. 곰팡이, 효모, 버섯이 포함된다.

깔따구midge 꽃가루 매개 동물로 작용할 수 있는 작은 날벌레. 꽃꿀과 피를 먹을 수도 있다.

꽃가루pollen 식물의 웅성 생식 세포. 일반적으로 작고 가루 형태이다.

꽃가루 매개 동물pollinator 한 꽃의 꽃밥에서 다른 꽃의 암술머리로 꽃가루를 옮기는 동물. 주로 곤충이다.

꽃가루 매개 동물 증후군pollinator syndrome 꽃가루 매개 동물의 유형과 꽃의 특징 사이의 관계를 설명하는 일반적인 방법.

꽃가루받이pollination 식물에서 일어나는 수정 작용. 수분이라고도 한다.

꽃꿀 유도선nectar guide 꽃에서 꽃가루 매개 동물을 꿀샘으로 유도하기 위한 꽃잎의 무늬나 구조.

꽃덮이perianth 꽃받침과 꽃부리를 모두 이르는 말.

꽃덮이 조각tepal 꽃잎과 꽃받침이 구별되지 않는 꽃의 구성 요소.

꽃받침sepal 일반적으로 녹색을 띠며, 꽃이 필 때 꽃잎을 떠받치는 부분이다. 꽃받침은 색을 띠는 경우도 있고, 꽃잎과 모양이 비슷할 수도 있다.

꽃밥anther 수술에서 꽃가루가 들어 있는 부분.

꽃부리corolla 한 꽃을 구성하는 꽃잎 전체.

꽃잎petal 꽃의 일부분으로 변형된 잎. 일반적으로 밝은색을 띠며 종종 꽃가루 매개 동물을 끌어들이곤 한다.

꿀벌honey bee 꿀벌속*Apis*에 속하는 진사회성 벌. 작물의 중요한 꽃가루 매개 동물이다.

꿀샘nectary 꽃꿀을 분비하는 샘. 대개 꽃에서 발견되지만 식물의 다른 부분에서 발견되기도 한다.

나방moth 나비목Lepidoptera에 속하는 야행성 곤충. 날개가 비늘로 덮여 있고 종종 몸에 털이 있다.

나비butterfly 나비목 중에서 낮 동안 날아다니는 곤충. 비늘로 덮인 밝은색의 날개가 있다.

다마스콘damascone 장미유에서 발견되는 방향 화합물로 장미유 특유의 향기를 만든다. 차와 담배에서도 발견된다.

단생벌solitary bee 명확한 사회 구조가 없는 크고 다양한 무리의 벌들. 암컷은 모두 생식을 할 수 있고, 일부 단생벌은 중요한 작물의 꽃가루 매개 동물이다.

대칭symmetry 꽃의 배열 방식. 꽃을 반으로 갈랐을 때 양쪽의 모양이 동일해지는 축이 하나이면 좌우 대칭이고, 어떤 방향으로 잘라도 양쪽의 모양이 동일하면 방사 대칭이다.

뒤영벌bumble bee 뒤영벌속*Bombus*에 속하는 몸집이 큰 사회성 벌. 야생화와 농작물의 꽃가루받이를 한다.

딱정벌레beetle 딱정벌레목Coleoptera에 속하는 곤충으로 단단한 딱지날개를 갖고 있다.

라일락 알데히드lilac aldehyde 시링가 알데히드syringa aldehyde라고도 부른다. 라일락을 포함한 식물에서 발견되는 방향 화합물. 꽃과 청량함과 초록 느낌을 향에 더한다.

락톤lactone 꽃향기의 구성 성분. 종종 우유나 과일과 같은 향이 난다.

리날로올linalool 많은 식물에서 발견되는 테르펜 알코올. 꽃 향을 낸다.

리모넨limonene 레몬 향조를 지닌 흔한 테르펜.

미르센myrcene 향이 있는 식물과 허브에서 발견되는 테르펜의 한 종류. 후추와 향신료 향을 낸다.

미리스티신myristicin 육두구에서 발견되는 화합물. 따뜻하고 나무 같은 향신료 향을 내며 곤충 기피제 역할을 할 수도 있다.

미생물microbe 세균, 효모, 곰팡이, 바이러스 같은 극히 작은 생물.

미티mitti 흙.

바닐린vanillin 바닐라의 독특한 맛과 향기를 만드는 유기 화합물.

발효fermentation 효소의 작용으로 인한 유기물의 변화. 종종 효모와 같은 미생물에 의해 일어난다.

배우체gamete 유성 생식을 하는 동안 융합하는 암수 생식 세포.

벌bee 네 개의 날개로 날아다니면서 꽃가루와 꽃꿀을 모으는 곤충.

베이스 노트base note 향수의 토대가 되는 향조. 종종 나무 향과 머스크 향으로 구성되며 향수의 지속력에 도움이 된다.

벤제노이드benzenoid 방향 탄화수소의 한 종류. 벤젠 고리를 갖고 있으며 꽃향기에서 발견된다.

부봉침벌stingless bee 침이 퇴화한 벌을 모두 아우르는 큰 무리. 일반적으로 열대 지방에 살고 사회생활을 하면서 꿀을 생산한다.

분변fecal 대변과 관련된 것.

뿌리줄기rhizome 땅속에서 기어가듯이 자라는 두꺼운 줄기. 새로운 순을 만들고 저장 기관으로 작용한다.

사비넨sabinene 일부 향신료에서 나무와 장뇌 느낌의 향신료 향과 풍미를 내는 성분.

사회성 벌social bee 명확한 형식의 사회 구조가 있는 다양한 종류의 벌.

살리실산 메틸methyl salicylate 가울테리아를 포함한 많은 식물에서 발견되는 방향 화합물. 달콤한 향기를 낸다.

상부 공간 분석headspace analysis 꽃 같은 방향 물체를 통에 넣고 그것을 구성하는 휘발성 성분을 포착하는 과정, 또는 기체 크로마토그래피를 이용한 분석 방법 .

세스퀴테르펜sesquiterpene 나무와 수지에서 종종 발견되는 큰 향기 분자.

속씨식물angiosperm 씨앗이 씨방 속에 들어 있는 꽃식물.

수술stamen 꽃의 웅성 생식 기관. 꽃가루를 만드는 꽃밥과 꽃실이라고도 불리는 수술대로 이루어져 있다.

순판labellum 꽃에서 입술 모양을 이루는 넓은 꽃잎.

스카톨skatole 일반적으로는 동물의 대변에서 발견되는 결정질 화합물이지만, 오렌지 꽃을 포함한 일부 식물에도 나타날 수 있다. 아주 낮은 농도에서는 꽃향기를 낸다.

시네올cineole 약초나 유칼립투스 같은 향을 내는 모노테르펜. 유칼리프톨eucalyptol이라고도 부른다.

시트랄citral 달콤한 레몬 향기를 내는 테르페노이드.

신남알데히드cinnamaldehyde 실론계피에서 향신료 향을 내는 향기 분자.

심피carpel 식물의 자성 생식 기관.

씨방ovary 밑씨나 씨앗이 들어 있는 식물의 구조. 수정이 일어난 후에는 열매로 발달하기도 한다.

아세트산벤질benzyl acetate 꽃향기의 구성 성분 중 하나로 재스민의 달콤한 꽃 향을 낸다.

아타르attar 장미 정유 혹은 단향나무 정유나 다른 재료로 꽃을 증류하여 얻은 산물 .

알줄기corm 식물의 땅속 저장 기관. 둥근 모양을 하고 있다.

암술pistil 하나 또는 여러 개의 심피.

암술머리stigma 꽃가루를 받는 암술의 꼭대기 부분.

앱솔루트absolute 알코올을 이용해 콘크리트에서 추출한 물질.

에우글로시니 벌euglossine bee 난초벌orchid bee이라고도 부르며 녹색 또는 청색의 광택을 띠는 곤충. 수컷은 향수를 만들기 위해 향기 분자를 모은다.

오시멘ocimene 미르센의 이성질체로 자연스러운 꽃향기를 낸다.

와디wadi 우기에는 물이 흘러서 강이 되지만, 평소에는 말라 있는 계곡.

유전자형genotype 한 개체의 유전자 구성.

유제놀eugenol 매콤한 정향 향기가 있는 액체 페놀. 정향유라고도 부르며 꽃에서 발견된다. 메틸유제놀methyl eugenol은 초파리 같은 곤충에서 페로몬으로 쓰인다.

이계 교배outcrossing 연관이 없는 개체들이 교배되는 과정. 보통 같은 종 내에서 이루어진다.

이성질체isomer 분자식은 같지만 다른 물리적, 화학적 성질을 갖는 화합물. 종종 다른 향이 난다.

이오논ionone 향수 제조에 쓰이는 화합물. 알파와 베타 형태의 이오논이 함께 작용하여 제비꽃 냄새를 내는데, 알파-이오논은 신선한 향기인 반면 베타-이오논은 분가루와 나무 냄새가 난다.

인돌indole 흰 꽃에서 발견되는 강력한 분자. 흰 꽃의 향에 동물적인 흥미를 더한다.

자스몬산jasmonate 재스민 향을 더하는 향기 화합물 집단. 식물에서 신호를 전달하는 작용을 한다.

장미 산화물rose oxide 장미 향과 일부 과일의 풍미를 구성하는 성분.

장미 케톤rose ketone 장미 향을 내는 향기 화합물 무리.

증류distillation 끓이기와 응결을 통해서 성분이나 액체들을 분리하는 과정.

GC/MS 기체 크로마토그래피와 질량 분석법. 컬럼column이라고 부르는 기둥 모양 장치를 따라서 혼합물 속의 방향 화합물을 하나씩 분리한 다음 질량을 기반으로 확인하는 방법이다.

지중 식물geophyte 알뿌리, 덩이줄기, 알줄기, 뿌리줄기와 같은 땅속 저장 기관이 있는 식물.

진사회성eusocial 개미나 꿀벌처럼 발전된 사회 조직을 이루는 동물 집단.

진제론zingerone 생강에서 매운맛과 풍미를 내는 성분.

천연 향기 성분natural fragrance ingredient 정유 같은 방향 화합물. 식물이나 동물에서 분리된다.

카로티노이드carotenoid 식물에 있는 노란색이나 주황색을 내는 분자.

카리오필렌caryophyllene 나무, 향신료, 정향의 향기를 내는 향기 분자. 알파형은 나무 냄새가 나고, 베타형은 나무, 향신료, 마른 정향 냄새가 난다.

카페인caffeine 커피와 카카오 같은 식물에서 발견되는 쓴맛을 내는 화합물. 초식 동물로부터 식물을 보호하고, 주변 식물의 발아를 억제할 수도 있다.

콘크리트concrete 방향 추출물. 주로 식물에서 용매를 이용해서 추출한다.

쿠마린coumarin 일부 식물에 들어 있는 바닐라 향 성분.

크로신crocin 사프란에서 발견되는 색소.

테루아terroir 식물이 자라는 토질, 기후, 고도를 포함하는 식물의 자연환경.

테르펜terpene 식물에서 만들어지는 다양한 향기 화합물 집단의 하나.

테오브로민theobromine 초콜릿과 차에서 발견되는 쓴맛의 알칼로이드.

톱 노트top note 향수의 향조 중 하나. 일반적으로 감귤류와 일부 향신료나 허브 같은 작은 휘발성 분자로 구성된다.

파리fly 파리목Diptera에 속하는 작은 곤충. 날개는 두 개다.

페네틸 알코올phenethyl alcohol PEA라고도 부르며, 〈장미 같은〉 향기에 기여하는 장미 향의 중요한 성분.

페로몬pheromone 일반적으로 같은 종의 개체들 사이에 메시지를 전달하는 화학 물질.

푸라노쿠마린furanocoumarin 일부 감귤류 열매 속 성분. 햇빛에 노출되면 피부염을 일으킬 수 있다.

피넨pinene 상쾌하고 풋풋한 소나무 향을 내는 테르펜.

피페린piperine 테르펜의 일종. 후추 속에 들어 있는 톡 쏘는 방향성 물질.

하하ha-ha 땅을 우묵하게 파서 만든 정원이나 공원의 담장. 한쪽에만 수직 장벽을 만들어 다른 쪽에서는 경관을 막힘없이 볼 수 있다.

합성 향료 성분synthetic fragrance ingredient 일반적으로 석유 화학

원료에서 만들어지는 향료 성분.

핵심종keystone species 생태계에서 중요한 동물이나 식물종. 다른 종이 핵심종에 의존할 수 있다.

화학형chemotype 형태학적으로는 같은 식물이지만 화학적 구성이 다른 정유를 만드는 식물에서 발견되는 변이적 차이.

효모yeast 균계에 속하는 단세포 생물.

휘발성 물질volatile 휘발성 유기 화합물volatile organic compound 또는 VOC라고도 부르며, 쉽게 증발하는 화학 물질.

3,5-디메톡시톨루엔3,5-dimethoxytoluene DMT라고도 부르며, 장미 속 차향의 주요 화합물.

옮긴이의 말

후각은 모든 감각 중에서 가장 오래된 감각이라고 한다. 뇌에서 후각을 담당하는 영역도 일반적으로 더 오래전에 진화한 부분에 존재한다고 알려져 있다. 그래서인지 다른 동물과 달리 인간의 후각은 다른 감각에 비해 덜 중요하게 여겨지는 면이 있다. 〈백문이 불여일견〉이라는 말에도 드러나 있듯이 청각과 시각은 지식과 이성의 원천이다. 반면 후각은 본능이나 감정과 연결되는 경우가 많다. 좋은 냄새를 맡으면 기분이 좋아지고, 나쁜 냄새를 맡으면 불쾌하다. 우리는 본능적으로 좋은 향기를 찾는다.

좋은 향기의 급원은 주로 한자리에 붙박이로 사는 식물이었다. 식물에서 향기를 내는 물질은 번식을 위해 꽃가루 매개 동물을 끌어들이거나, 초식 동물이나 해충으로 인한 손상을 치유하고 주위의 다른 식물에게 알리는 역할을 하는 식물의 2차 화합물이다. 다시 말해서, 식물의 번식과 생존을 위한 산물이지 우리 인간을 위한 것은 아니었다. 그럼에도 인간은 고대부터 지금까지 식물의 향기 물질을 다방면으로 활용해 오고 있다. 이 책은 훈향, 향신료, 정원, 향수로 이어지는 향기의 역사를 따라가면서 다양한 주제를 다룬다. 정말 온갖 이야기가 다 있다. 저자는 자신을 조향사이자 자연학자라고 소개하는데, 이 책의 내용을 보면 자연학자보다는 박물학자라고 부르는 것이 더 어울릴 듯하다. 역사, 문화, 생태, 화학, 산업, 환경, 첨단 기술까지 포함하는 21세기의 박물학은 낯설면서도 정겹다.

2,000년 전, 동방 박사가 아기 예수에게 가져온 세 가지 선물 중 두 가지는 나무의 상처에서 얻는 수지였다. 태우면 공중으로 사라지는 덧없는 향이 황금에 비길 만한 가치가 있다고 여겼던 것이다. 소량으로 음식에 마법 같은 효과를 내는 향신료는 부피가 작고 저장성이 좋아서, 전 세계적인 탐험과 무역을 자극했다. 유럽인들은 아시아와 태평양의 여러 향신료 원산지에서 약탈을 자행했고, 큰 부를 일구었다. 그리고 그 부를 기반으로 아름답고 웅장한 정원과 호사스러운 향수를 만들고 즐겼다.

어떻게 보면 향기의 역사는 약탈의 역사 같기도 하다. 나무에 상처를 내어 수지를 긁어내고, 나무껍질을 벗기고, 가장 향기로울 때 꽃을 따서 그 향기를 악착스럽게 뽑아낸다. 그리고 같은 인간과 그들의 터전도 짓밟고 빼앗았다. 물론 다른 한편에는 더 평화롭고 소박하게 향기를 즐기고 가꾸는 사람들도 있었다. 그러나 인간이 이루어 온 다른 모든 것과 마찬가지로, 향기와 관련된 산업도 환경 파괴 문제에서 자유롭지 못하다.

향수나 향기 요법 같은 것에 딱히 관심이 없더라도, 우리는 다양한 향기를 맡으며 살고 있다. 세제 같은 생활용품을 고를 때도 향을 중요한 기준으로 삼으며, 향이 없는 제품을 찾기가 오히려 더 어려울 때도 있다. 그 향기가 어디서 왔는지, 어떤 과정을 거쳐 지금 내 앞에 있는지를 안다면, 향기를 이해하고 선택하는 데 도움이 될 뿐만 아니라 우리 삶을 더 풍성하게 만들어 줄 것이다.

개인적으로 향기에 관심이 많아서 이 책을 번역하게 되었을 때 무척 기대가 되었지만, 한편으로는 조금 걱정이 되기도 했다. 조향사가 향을 묘사하는 방식을 어느 정도 알고 있었기 때문이다. 그래서 왠지 향수에 대한 묘사만큼은 〈파우더리한 아이리스 노트, 부드럽고 은은한 우드 노트, 피오니 어코드〉 같은 식이 더 자연스럽게 느껴져서 난감했다. 아가우드는 침향나무로, 샌달우드는 단향나무라는 예쁜 우리말 이름으로 무난히 치환되는 경우도 있지만, 〈파우더리〉를 〈분가루 같다〉로 옮기면 영 느낌이 달라진다. 〈푸제르, 시프레, 앰버, 구르망〉으로 이어지는 향수의 계열을 나열할 때에는 〈그린, 플로럴, 우드〉를 나란히 붙이고 싶은 유혹을 떨치기 어려웠다. 저자의 독특한 글투나 복잡하고 까다로운 내용을 옮기느라 골머리를 썩이는 것은 늘 겪는 일이지만, 익숙한 것을 더 어색하게 바꾸는 일은 또 다른 종류의 어려움이고 도전이었다.

21세기에 들어오면서 세상이 변하는 속도는 그 이전과는 비교도 할 수 없을 정도로 빨라졌다. 급변하는 세상이 내게는 아찔하고 무섭다. 더 무서운 팬데믹이 닥칠까 두렵고, AI가 내 일거리를 빼앗을까 두렵다. 또 상상하지도 못한 어떤 변화가 내 조용한 일상을 뒤집어 놓을지 몰라서 두렵다. 향기는 그런 내 두려움을 조금이나마 다독여 준다. 향기가 내 몸에 어떤 생리적 변화를 일으키는지는 잘 모르겠다. 그렇지만 인간이 수천 년 전부터 향기에서 심신의 안정을 얻어 왔다는 사실에, 아주 오랫동안 변치 않는 것도 있다는 점에 위안을 얻는다.

김정은

찾아보기

ㅅ

ㅈ

ㅊ

ㅋ

ㅍ

지은이 **엘리스 버넌 펄스틴**Elise Vernon Pearlstine 야생 동물 생물학자로 17년 동안 경력을 쌓다가, 50세가 넘어서부터 〈향기〉에 매료되어 천연 조향사로 활동하고 있다. 직접 향수를 제조하기 위해 향수 성분을 면밀하게 조사하면서, 자연스럽게 다양한 식물은 물론 자연을 심도 있게 탐구하게 되었다. 그 과정에서 그는 〈사람들은 같은 향기를 다른 방식으로 경험한다〉는 사실을 깨달았고, 사람들에게 다채로운 향기의 세계를 전하기 위해 이 책을 집필했다. 현재 플로리다 북부의 어밀리아섬에 살면서, 해변에서 일출을 즐기고, 새와 바다거북을 찾고, 꽃 냄새를 만끽하고, 고양이와 낮잠을 자고, 정원을 가꾸며 지낸다.

그린이 **라라 콜 개스팅어**Lara Call Gastinger 일러스트레이터로서, 주로 식물을 주제로 삼는다. 특히 식물의 변화를 세밀하게 포착해 묘사하는 것으로 잘 알려져 있다. 자신의 작품을 통해 사람들이 자연을 더 깊이 들여다보고 잠시 멈추어 서서 그 아름다움을 음미할 수 있기를 바란다.

옮긴이 **김정은** 대학에서 생물학을 전공했고, 주로 과학책을 번역한다. 옮긴 책으로는 『미토콘드리아』, 『트랜스포머』, 『깊은 시간으로부터』, 『이전 세계의 연대기』, 『생명, 경계에 서다』, 『리처드 도킨스의 진화론 강의』,『가드닝을 위한 식물학』 외 다수가 있다.

향기

발행일 **2025년 4월 5일 초판 1쇄**

지은이 **엘리스 버넌 펄스틴**
그린이 **라라 콜 개스팅어**
옮긴이 **김정은**
발행인 **홍예빈**
발행처 **주식회사 열린책들**

경기도 파주시 문발로 253 파주출판도시
전화 **031-955-4000** 팩스 **031-955-4004**
홈페이지 **www.openbooks.co.kr** 이메일 **humanity@openbooks.co.kr**

ISBN 978-89-329-2503-5 03480